数据分析与挖掘技术

彭进香 张 莉 刘 鑫 著

清华大学出版社

北京

内 容 简 介

本书主要介绍数据分析与挖掘的相关理论和技术方法，重点介绍数据挖掘的相关技术，书中采取理论知识与具体实现任务相结合的方法，系统讲解了数据分析与挖掘的实用技术。全书共分为9章，主要内容包括数据分析与数据挖掘概论、数据仓库与联机分析处理、数据预处理、关联规则挖掘、聚类分析、回归分析、决策树分析、SPSS数据挖掘基础、SPSS数据挖掘统计分析方法。为了使学习者能轻松掌握数据分析与挖掘相关的概念、算法和应用，本书通过典型的应用实例以任务驱动的方式让学习者理解数据挖掘有关算法的实践思路并体验实现过程。

本书可作为计算机、大数据、智能科学等专业的课程的教材使用，也可以作为从事大数据分析与数据挖掘等相关工作技术人员的参考书。

图书在版编目(CIP)数据

数据分析与挖掘技术/彭进香，张莉，刘鑫著. —北京：清华大学出版社，2024.1

ISBN 978-7-302-65194-9

Ⅰ. ①数… Ⅱ. ①彭… ②张… ③刘… Ⅲ. ①数据处理 Ⅳ. ①TP274

中国国家版本馆 CIP 数据核字(2024)第 034013 号

责任编辑：桑任松
封面设计：李　坤
责任校对：周剑云
责任印制：刘　菲

出版发行：清华大学出版社

　　　　网　　址：https://www.tup.com.cn, https://www.wqxuetang.com
　　　　地　　址：北京清华大学学研大厦 A 座　　　　邮　编：100084
　　　　社 总 机：010-83470000　　　　　　　　　邮　购：010-62786544
　　　　投稿与读者服务：010-62776969, c-service@tup.tsinghua.edu.cn
　　　　质量反馈：010-62772015, zhiliang@tup.tsinghua.edu.cn
　　　　课件下载：https://www.tup.com.cn, 010-62791865

印 装 者：三河市君旺印务有限公司

经　　销：全国新华书店

开　　本：185mm×260mm　　　印　　张：16.25　　　字　　数：393 千字

版　　次：2024 年 3 月第 1 版　　　印　　次：2024 年 3 月第 1 次印刷

定　　价：48.00 元

产品编号：102327-01

前　　言

　　数据分析与挖掘技术是当今信息时代至关重要的领域之一。随着科技的飞速发展，我们生活和工作中产生的数据不断增加，数据已经成为一种宝贵的资源。然而，这些海量的数据并不总是直接可用或易于理解。数据分析与挖掘的目标就是从这些大数据中提取有价值的信息和知识，帮助人们发现隐藏的模式和关联，做出明智的决策，预测未来的趋势，从而增强企业的竞争力和创新能力。

　　数据分析与挖掘技术的应用范围非常广泛，涉及很多领域，包括商业、金融、医疗、社交网络、物流等。在商业领域，数据分析与挖掘技术可以帮助企业了解消费者的需求和行为，制定更加精准的营销策略，提高销售额和客户满意度；在金融领域，数据分析与挖掘技术可以帮助金融机构识别风险、预测市场趋势、优化投资组合、提高投资回报率；在互联网行业，企业通过大数据挖掘分析可以为人们提供更为方便的人机交互体验。因此，如何利用大数据创造出更多的价值是目前的研究重点。

　　本书通过对数据挖掘的理论、数据分析与挖掘的相关算法、SPSS 数据分析与挖掘等内容的讲解，旨在让读者可以真正理解数据分析与挖掘理论，掌握数据挖掘的实用技能。

　　本书具体内容包括以下方面。

　　第 1 章介绍数据分析与数据挖掘概论，包括数据分析的定义、工具、方法与案例，数据挖掘的定义、目的、工具和方法等。

　　第 2 章介绍数据仓库与联机分析处理，包括数据仓库的定义与特点、数据仓库的系统结构、数据仓库的数据模型、数据仓库的设计步骤和联机分析处理等。

　　第 3 章介绍数据预处理，包括数据预处理的目的和方法、数据清洗的方法和步骤、数据集成的方法、数据冲突的检测和解决、数据变换过程中的离散化、数据规约的定义与目的、常用的数据规约策略等。

　　第 4 章介绍关联规则挖掘，包括关联规则的分类及应用、Apriori 算法的定义与特点、Apriori 算法的应用、FP-Growth 算法的基本思想、FP-Growth 算法的特点及改进等。

　　第 5 章介绍聚类分析，包括聚类分析的有关概念、聚类中的相异度计算、K-means 算法、K-medoids 算法、层次聚类的基本思想、AGNES 算法、DIANA 算法、Birch 层次聚类算法、DBSCAN 算法、基于模型的聚类算法等。

　　第 6 章介绍回归分析，包括回归分析的有关概念、简单线性回归分析的定义与应用、多元回归分析的定义与应用、岭回归分析的原理与应用、逻辑回归分析的原理等。

　　第 7 章介绍决策树分析，包括决策树分析的有关概念、ID3 算法介绍、ID3 算法的实例分析、C4.5 算法介绍、C4.5 算法的特点及应用、CART 算法的原理与特点、CART 算法的应用等。

　　第 8 章介绍 SPSS 数据挖掘基础，包括 SPSS 应用入门、界面介绍、建立 SPSS 文件、SPSS 数据的变量属性定义、SPSS 数据管理、SPSS 数据转换等。

　　第 9 章介绍 SPSS 数据挖掘统计分析方法，包括基本描述统计、T 检验、方差分析，以及在 SPSS 中应用多元回归分析、聚类分析和相关分析等。

　　本书由彭进香、张莉、刘鑫撰写，并由其他学科团队成员协助完成。作者团队拥有丰富的相关领域教学与研究经验，本书在融入作者自身研究内容成果的基础上，也参考了相关的一些文献著作，在此对相关文献著作的作者表示衷心感谢。

　　由于作者水平和相关技术快速发展的现实，书中可能存在不足之处，欢迎广大读者提出宝贵意见和建议。

作　者

目 录

第 1 章

数据分析与数据挖掘概论

数据分析和数据挖掘相互关联，但它们有不同的应用方式和应用目标。数据分析是利用各种统计学和计算机科学方法来分析和解释数据，以提取有用信息的一种过程；数据挖掘是一种探索性的分析过程，是发现数据中尚未发现的、先前未知的、隐含在数据中的知识与信息的一种过程。

整体来看，数据分析和数据挖掘是两个相互补充的数据处理过程，都可以帮助我们挖掘出数据中的有用信息并做出相应的决策。在实际应用中，数据分析和数据挖掘常常被结合在一起，以便更好地发掘数据的价值。

1.1 数据分析

数据分析通常是对已有数据的深入分析和解读，侧重于对数据的统计分析、可视化和探索性分析。数据分析的目的是更好地理解数据，发现其中的规律和含义，并根据数据分析结果制定决策。

1.1.1 数据分析的定义

数据分析是指将数据以系统性和结构化的方式进行解释、分析和转换的过程。数据分析主要涉及整理、分类、处理数据，找出其中隐藏的模式、关联和趋势，以帮助人们进行更好的决策和规划。

在数据分析的过程中，通常需要使用不同的工具和技术，如统计分析、机器学习、人工智能、数据挖掘等。通过对数据进行可视化，数据分析者可以更直观地理解数据的含义和价值，同时，还可以通过数据模型和预测，预测未来的发展趋势并规划行动方向。

数据分析广泛应用于多种领域和行业，如金融、医疗、教育、企业管理等，以帮助决策者更好地理解市场、行业和客户需求，制定更明智的业务决策和战略规划。在疫情防控期间，数据分析在医疗行业的应用起到精准监测防控的作用，通过整合各类信息系统的数据资源，实现数据显示、情况分析、人员监测等多种功能，在卫生管理、医院管控、病例分析、社区监控等方面发挥作用，如图1-1所示。

图1-1 数据分析在医疗行业的应用实例

1.1.2 数据分析的工具

数据分析是一种将原始数据转化为有意义信息的过程。有许多工具可用于数据分析，以下是一些常用的数据分析工具。

1. Excel

Excel 是一种电子表格程序，广泛用于数据分析和数据可视化。它提供了强大的计算功能和各种数据操作函数。使用 Excel 进行数据分析的常见步骤和功能如下。

(1) 数据导入：将原始数据导入 Excel 工作簿。用户可以通过复制粘贴、导入文本文件、导入数据库等方式将数据导入 Excel。

(2) 数据清理和整理：对导入的数据进行清理和整理，包括去除重复值、填充缺失值、调整数据格式等操作。用户可以使用 Excel 的筛选、排序、查找替换等功能进行数据处理。

(3) 数据计算：使用 Excel 的内置函数进行数据计算和统计分析。例如，SUM、AVERAGE、MAX、MIN 等函数可用于求和、平均值、最大值、最小值等数据计算，用户还可以使用逻辑函数(IF、AND、OR)进行条件计算。

(4) 数据可视化：利用 Excel 的图表功能创建数据可视化图表。用户可以选择合适的图表类型，如柱状图、折线图、饼图等，将数据直观地呈现出来。通过调整图表样式、添加数据标签和图例等，使图表更具可读性。

(5) 数据透视表：使用 Excel 的数据透视表功能进行数据汇总和分析。数据透视表能够快速对大量数据进行汇总，并根据不同维度的分组和筛选，帮助发现数据中的模式和趋势。

(6) 条件格式化：利用 Excel 的条件格式化功能，根据特定条件对数据所在单元格进行格式设置。可以根据数值大小、文本内容等设置单元格颜色等不同的格式，以便于数据的分析和比较。

(7) 数据建模：Excel 提供了一些高级数据分析工具，如回归分析、数据表和数据验证。用户可以使用这些工具进行更复杂的数据建模和分析。

(8) 宏和自动化：Excel 支持宏录制和 VBA 编程，可以自动化数据处理和分析任务。用户通过编写宏或使用 VBA 代码，可以实现自定义功能和复杂的数据操作。

2. Python 语言

Python 是一种通用编程语言，拥有众多用于数据分析的库和工具，如 NumPy、Pandas、Matplotlib、Seaborn 和 SciPy 等。Python 在数据分析领域非常受欢迎，因为它具有灵活性和易用性。Python 在数据分析中的常见应用包括以下方面。

(1) 数据处理和清洗：Python 提供了多个库，如 NumPy 和 Pandas，用于高效处理和清洗数据。这些库提供了丰富的数据结构和函数，可用于数据过滤、排序、合并、去重、填充缺失值等操作。

(2) 数据可视化：Python 的 Matplotlib 和 Seaborn 库提供了广泛的数据可视化功能。用户可以创建各种类型的图表，包括折线图、散点图、柱状图、热图、箱线图等，从而可以直观地呈现数据的模式和趋势。

(3) 统计分析：Python 的 SciPy 和 Statsmodels 库提供了统计分析和建模的工具。用户可以执行各种统计测试，如 T 检验、方差分析、线性回归等。Statsmodels 还提供了更高级的统计模型，如时间序列分析和广义线性模型。

(4) 机器学习：Python 的 Scikit-learn 库是机器学习领域最流行的库之一。它提供了丰富的机器学习算法和工具，包括分类、回归、聚类、降维、模型评估等。用户可以使用

Scikit-learn 来构建和训练机器学习模型,并对数据进行预测和分类。

(5) 自然语言处理:Python 的 Natural Language ToolKit(NLTK)是一个用于处理和分析自然语言文本的库。它提供了各种文本处理功能,如分词、词性标注、文本分类、情感分析等,可用于处理和分析大量的文本数据。

(6) Web 数据采集:Python 的 BeautifulSoup 和 Scrapy 等库可以帮助用户从网页上抓取数据。用户通过编写脚本来实现自动的网页抓取和数据提取,用于构建数据集或进行网络数据分析。

(7) 大数据处理:Python 的 PySpark 库是与 Apache Spark 一起使用的工具,用于处理大规模数据集。Spark 提供了分布式计算和并行处理的能力,可以在集群上高效地处理大数据。

(8) 数据库连接:Python 的 SQLAlchemy 库提供了对多种数据库的连接和操作功能,可以使用它来连接关系型数据库(如 MySQL、PostgreSQL)或非关系型数据库(如 MongoDB),进行数据读取和写入。

3. R 语言

R 语言是一种专门用于统计计算和数据可视化的编程语言,它提供了丰富的统计分析包和图形库,非常适合数据分析和统计建模。R 语言在数据分析中的常见应用如下。

(1) 数据导入和处理:R 语言提供了多种数据导入函数,可轻松加载各种格式的数据,如 CSV、Excel、数据库等。R 语言的核心数据处理包是 dplyr,它提供了快速、一致的数据操作函数,如筛选、排序、合并、转换等。

(2) 统计分析:R 语言提供了丰富的统计分析函数和包,用于执行各种统计测试和建模,可以进行描述性统计分析、假设检验、方差分析、线性回归、逻辑回归等,常用的统计分析包包括 stats、lme4、ggplot2 等。

(3) 数据可视化:R 语言的数据可视化能力非常强大,ggplot2 是最常用的数据可视化包之一。它基于图形语法,可以创建各种精美的图表,如散点图、折线图、柱状图、箱线图等。另外,R 语言还有其他数据可视化包,如 ggvis、plotly、lattice 等。

(4) 机器学习:R 语言提供了丰富的机器学习算法和包,用于构建和训练机器学习模型。常用的机器学习包包括 caret、randomForest、xgboost、glmnet 等,用户使用这些包可以完成分类、回归、聚类、特征选择等任务。

(5) 时间序列分析:R 语言在时间序列分析方面非常强大,提供了许多用于处理和分析时间序列数据的包,如 forecast、xts、TTR,可以进行时间序列建模、季节性调整、趋势分析等。

(6) 数据挖掘:R 语言提供了多个数据挖掘和机器学习相关的包,如 arules、rpart、e1071。这些包包含了关联规则挖掘、决策树、支持向量机等算法,可以帮助用户发现数据中的模式和关联。

(7) 文本挖掘:R 语言提供了一些用于文本挖掘和自然语言处理的包,如 tm、text2vec、topicmodels。用户可以利用这些包进行文本预处理、词频统计、情感分析、主题建模等。

(8) 交互式报告和可视化:R Markdown 是一种结合 R 代码、文本和图形的交互式报告生成工具。用户可以使用 R Markdown 创建自包含的报告,并通过 HTML、PDF、Word 等格式分享分析结果。

4. SQL

SQL(Structured Query Language)是用于管理和操作关系型数据库的语言。用户通过编写 SQL 查询语句，可以实现从数据库中提取数据、进行聚合和过滤等操作。

SQL 是一种广泛使用的数据查询和管理语言，几乎所有关系型数据库都支持 SQL。它提供了强大的数据处理和操作功能，使得数据分析师能够有效地提取、过滤、聚合和分析数据，从而通过数据结果提供决策支持。

5. Tableau

Tableau 是一种强大的可视化和商业智能工具，可以将数据转化为交互式图表和仪表板。它支持多种数据源，并提供直观的拖放界面，在数据分析中的应用如下。

(1) 数据连接和整合：Tableau 可以连接各种数据源，包括数据库、Excel、文本文件、Web 数据等。它提供了简单易用的界面，使用户能够快速导入和整合多个数据源的数据。

(2) 数据探索和可视化：Tableau 提供了丰富的数据可视化功能，用户可以使用直观的拖放式界面创建各种图表，如柱状图、折线图、散点图、地图、仪表板等。用户可以通过交互式控件和过滤器来探索数据，并实时反馈数据的变化。

(3) 数据分析和计算：Tableau 提供了一系列内置的计算函数和统计功能，用户可以在图表中执行计算、聚合、排序等操作。这使得用户能够进行数据分析和洞察，并基于数据发现模式和关联。

(4) 数据挖掘和预测分析：Tableau 提供了一些高级分析功能，如聚类分析、时间序列分析、预测建模等。用户可以使用这些功能来发现隐藏的模式、预测趋势，并为业务决策提供支持。

(5) 仪表板和报告生成：Tableau 允许用户创建交互式的仪表板和报告，将多个可视化图表组合在一起，以便于数据展示和共享。用户可以自定义仪表板的布局、样式和交互方式，并将其导出为各种格式，如 PDF、PowerPoint、Web 页面等。

(6) 数据共享和协作：Tableau 提供了多种方式来共享分析结果和仪表板，包括在 Tableau Server 或 Tableau Public 上发布仪表板，通过链接、嵌入代码或共享权限进行访问，这样可以实现团队内的协作和数据共享。

(7) 实时数据分析：Tableau 支持实时数据源和流数据的分析和可视化。用户可以连接实时数据流，监视数据的动态变化，并及时作出反应。

Tableau 提供了友好的用户界面和丰富的功能，使得数据分析师和业务用户都能够利用其进行数据探索、可视化和分析，以获得有关数据的深入洞察和决策支持。

6. Power BI

Power BI 是微软推出的商业智能工具，可以连接各种数据源，创建丰富的数据可视化和报表。它具有强大的数据建模和分析功能，在数据分析中的常见应用如下。

(1) 数据连接和整合：Power BI 可以连接各种数据源，包括数据库、Excel、文本文件、在线服务等。它提供了直观的界面，使用户能够轻松导入和整合多个数据源的数据。

(2) 数据建模和转换：Power BI 具有强大的数据建模和转换功能。用户可以使用 Power Query 进行数据清理、转换和整理，以便于后续分析。Power BI 还支持创建关系模型和定义数据关系，以便进行多表关联和分析。

(3) 数据可视化和报表生成：Power BI 提供了丰富的数据可视化功能，用户可以创建各种交互式图表、仪表板和报表，也可以使用拖放式界面选择图表类型，并进行定制化设置，如设置颜色、标签、交互式过渡等，以呈现数据的模式和趋势。

(4) 实时数据分析：Power BI 支持实时数据源和流数据的分析。用户可以连接实时数据流，监视数据的动态变化，并即时进行数据分析和可视化。

(5) 自定义计算和指标：Power BI 允许用户定义计算、衍生字段和指标。用户可以使用 DAX(Data Analysis Expressions)编写复杂的计算公式，以实现高级计算和数据分析。

(6) 数据驱动的决策：Power BI 可以帮助用户通过仪表板和报表进行数据驱动的决策。用户可以将多个可视化图表组合在一起，构建交互式仪表板，以便于数据分析和决策支持。

(7) 数据共享和协作：Power BI 支持通过 Power BI 服务共享和协作。用户可以将仪表板和报表发布到 Power BI 服务中，设定访问权限，并与他人共享分析结果。

(8) 整合其他工具和服务：Power BI 可以与其他 Microsoft 工具和服务进行集成，如 Excel、Azure 数据库、SQL Server Analysis Services 等。这使得用户能够在 Power BI 中集成多个数据源和分析工具，进行更复杂的数据分析和建模。

Power BI 的强大功能和易用性使其成为数据分析和商业智能领域的热门工具，能够帮助用户从数据中提取有用的信息，并实现数据驱动的决策。

7. MATLAB

MATLAB 是一种用于科学计算和数据分析的编程环境。它提供了丰富的函数库和工具箱，适用于各种数值计算和数据处理任务，在数据分析中的一些常见应用如下。

(1) 数据处理和清洗：MATLAB 提供了丰富的数据处理和清洗函数，用于处理和转换数据。用户可以使用 MATLAB 的向量化操作和矩阵运算功能，高效地进行数据过滤、排序、合并、去重、缺失值处理等操作。

(2) 数据可视化：MATLAB 提供了强大的绘图和可视化功能，可以创建各种类型的图表，如折线图、散点图、柱状图、等高线图、热图等。用户可以自定义图形的样式、标签和颜色，以直观地展现数据的模式和趋势。

(3) 统计分析：MATLAB 提供了多个统计分析工具箱，包括统计和机器学习工具箱，用于执行各种统计测试、建模和预测分析。利用这些统计分析工具箱可以进行描述性统计、假设检验、回归分析、聚类分析、时间序列分析等。

(4) 机器学习：MATLAB 提供了丰富的机器学习功能和工具箱，用于构建和训练机器学习模型。用户可以使用 MATLAB 的机器学习工具箱执行特征提取、特征选择、分类、回归、聚类等任务。MATLAB 还支持深度学习框架，如 TensorFlow 和 PyTorch。

(5) 信号处理：MATLAB 在信号处理领域有强大的功能。用户可以使用 MATLAB 的信号处理工具箱进行信号滤波、频谱分析、波形分析、傅里叶变换等。这对于处理传感器数据、音频信号、图像等具有重要意义。

(6) 数据挖掘：MATLAB 提供了用于数据挖掘和模式识别的工具和函数。用户可以使用 MATLAB 进行特征提取、分类、聚类、关联规则挖掘等，以发现数据中的隐藏模式和关联。

(7) 大数据处理：MATLAB 提供了用于处理大规模数据的工具和技术。用户可以使用分布式计算工具箱和并行计算功能，在集群或多核机器上高效地处理大数据集。

(8) 数据交互和部署：MATLAB 提供了与其他编程语言和工具的接口，可以将

MATLAB 代码与其他工具集成。用户可以使用 MATLAB 的编程功能，创建数据分析应用程序、交互式界面和自动化工作流程。

MATLAB 在科学和工程领域应用广泛，其灵活性和丰富的功能使其成为数据分析、建模和可视化的强大工具。

8. KNIME

KNIME 是一个开源的数据分析平台，提供了可视化的工作流程编辑器。它支持大规模数据处理、机器学习和数据挖掘等任务。它具有灵活的节点集合，可以处理和分析各种类型数据，在数据分析中的应用如下。

(1) 数据处理和转换：KNIME 提供了丰富的数据处理节点，可以进行数据清洗、转换、合并、筛选等操作。用户可以使用这些节点来处理和准备数据，以便后续分析和建模。

(2) 数据可视化：KNIME 具有可视化节点，可以创建各种图表和图形，如散点图、柱状图、热图等。用户可以通过这些可视化节点来呈现数据的模式、关联和趋势，以便更好地理解数据。

(3) 数据挖掘和建模：KNIME 提供了多个节点和插件，用于数据挖掘和建模。用户可以使用这些节点来执行分类、回归、聚类、关联规则挖掘等任务，并生成相应的模型和预测结果。

(4) 机器学习：KNIME 集成了常见的机器学习算法和工具，如决策树、支持向量机、随机森林等。用户可以使用这些算法节点来训练和评估机器学习模型，并进行特征选择和模型优化。

(5) 文本分析：KNIME 提供了文本处理和分析节点，用于处理和分析文本数据。用户可以执行文本清洗、词频统计、情感分析、主题建模等任务，以便从文本中提取有价值的信息。

(6) 数据集成和连接：KNIME 允许连接和整合多个数据源，包括数据库、文本文件、Web 数据等。用户可以使用节点来导入、转换和整合数据，以便进行综合分析和建模。

(7) 大数据分析：KNIME 提供了适用于大数据处理和分析的节点和插件。用户可以使用分布式计算框架，如 Apache Spark 和 Hadoop，从而高效地处理大规模数据集。

(8) 工作流程管理和共享：KNIME 允许用户创建可重复使用的工作流程，并进行版本控制和共享。用户可以分享工作流程和节点，以促进团队内的协作和知识共享。

KNIME 是一个非常灵活和可扩展的数据分析平台，适用于各种行业和应用领域。它通过可视化工作流的方式，使用户能够快速构建和执行数据分析任务，并提供丰富的节点和插件，以满足不同的分析需求。

1.1.3　数据分析的方法与案例

1. 数据分析的方法

数据分析是指通过收集、清理、处理和解释数据来提取有用信息的过程。数据分析方法可以根据具体问题和数据类型的不同而有所变化。常见数据分析的方法包括以下几种。

1) 描述性统计分析

描述性统计分析用于总结和描述数据的主要特征，包括中心趋势(如平均值、中位数)、离散程度(如方差、标准差)和分布形态(如直方图、箱线图)等。

2) 探索性数据分析(Exploratory Data Analysis，EDA)

EDA 是一种用于探索数据集的方法，通过可视化和统计方法来发现数据中的模式、异常值和趋势。EDA 可以帮助数据分析人员了解数据的结构和关系，并提供进一步分析的线索。

3) 相关性分析

相关性分析用于确定两个或多个变量之间的关系强度和方向。常用的相关性分析方法包括皮尔逊相关系数和斯皮尔曼等级相关系数。

4) 预测建模

预测建模旨在基于历史数据的模式和趋势，预测未来事件或结果。常见的预测建模方法包括回归分析、时间序列分析和机器学习算法(如决策树、随机森林和神经网络)等。

5) 聚类分析

聚类分析用于将数据集中的观测值划分为不同的组或簇，使得同一组内的观测值相似度较高，而不同组之间的相似度较低。聚类分析可以帮助发现数据中的隐藏模式和群组结构。

6) 假设检验

假设检验用于根据样本数据来验证关于总体的假设。它可以帮助确定样本数据是否支持或反驳某个假设，并评估统计显著性。

7) 文本分析

文本分析是指对文本数据进行结构化和定量分析的方法。它可以包括情感分析、主题建模、文本分类等技术，用于从大量文本数据中提取有用的信息和见解。

2. 数据分析的案例

数据分析的应用涉及多个领域，下面是各行业中关于数据分析的案例。

1) 电子商务数据分析

在电子商务行业，人们通过分析销售数据、用户行为数据和市场数据，可以了解产品销售趋势、顾客购买偏好、广告效果等信息。这些分析结果可以帮助优化市场策略、改进产品和服务，提高销售业绩和用户满意度。

2) 社交媒体数据分析

社交媒体平台提供了大量用户生成的数据，如用户发帖内容、点赞、转发和评论等。通过分析这些数据，我们可以了解用户兴趣、情感倾向、影响力等，并根据分析结果制定精准的社交媒体营销策略和个性化推荐系统。

3) 客户细分分析

我们通过对客户的消费行为、购买历史和偏好进行分析，可以将客户划分为不同的细分群体，如高价值客户、潜在客户和流失客户等。这种细分分析可以帮助企业了解客户需求，个性化营销和提供定制化的产品和服务。

4) 风险管理和欺诈检测

在金融和保险领域，数据分析可以用于风险管理和欺诈检测。例如，通过分析交易数据和用户行为模式，可以识别潜在的欺诈行为和异常交易模式，并采取相应的措施来降低风险。

5)　医疗健康数据分析

医疗健康领域的数据分析可以用于疾病预测、流行病监测、临床决策支持等方面。医院通过分析大规模的医疗数据，如病历、生命体征和基因组数据，可以发现疾病模式和风险因素，提高诊断准确性和治疗效果。

1.2　数据挖掘

数据挖掘采用机器学习、人工智能、模式识别等技术，从大量的数据中自动提取模式、关联、分类等重要信息。数据挖掘的目的是通过对数据分析，探索和发现未知的知识和信息，帮助人们做出更好的决策和预测。

1.2.1　数据挖掘的定义

数据挖掘(Data Mining)，数据挖掘是从大量数据中发现有用信息和模式的过程。它是一种通过应用统计分析、机器学习、人工智能和数据库技术等方法，自动或半自动地探索和提取数据中的隐藏模式、关联、趋势和规律的过程。数据挖掘的目标是发现那些原先未被察觉或不易被发现的、对决策和预测有价值的信息。这些信息可以用于预测未来趋势，帮助人们做出决策、制定战略、优化业务流程等。

数据挖掘的过程通常包括以下几个步骤。

(1)　数据清洗和预处理：从原始数据中去除噪声、处理缺失值和异常值，并进行数据转换和归一化，以准备用于数据分析。

(2)　特征选择和降维：从大量的特征中选择最相关或最具代表性的特征，并进行降维处理，以减少数据的复杂性和冗余。

(3)　模式发现：应用数据挖掘算法和技术，如关联规则挖掘、分类、聚类、预测建模等，来发现数据中的模式、规律和关联。

(4)　模式评估和解释：对挖掘得到的模式和规律进行评估和解释，判断其有效性和可靠性，并进行可视化展示。

(5)　模型应用和预测：将挖掘得到的模型应用于新的数据集，用于预测和决策支持。数据挖掘可以应用于各个领域，如金融、医疗、电子商务、市场营销、社交媒体等，以挖掘数据中的潜在价值，并为组织、企业提供有关业务和决策的洞察、建议。

1.2.2　数据挖掘的目的

数据挖掘通过应用统计分析、机器学习和数据分析等技术，揭示隐藏在数据背后的趋势、关联和规律，从而帮助组织和企业做出更准确的预测，以便优化决策和改进业务流程。

数据挖掘能够发现的信息主要有以下 5 种。

(1)　概念信息，是对类别特征进行概括性描述的知识。根据数据的微观特征发现同类事物带有普遍性的、较高层次概念的共同性质，是对数据的概括、提炼和抽象。

(2)　关联信息，主要反映一个事件和其他事件之间的依赖或者关联性。如果两项或者多项属性之间存在关联，那么其中一项的属性值就可以根据其他属性值进行预测。这类知识发现方法中最有名的就是 Apriori 算法。

(3) 分类信息,主要反映同类事物的共同特征和不同事物之间的差异。

(4) 预测性信息,根据历史数据和当前数据对未来数据进行预测,主要是时间序列预测。

(5) 偏差性信息,是对差异和阶段特例的揭示,如数据聚类的离群值等。

数据挖掘的目的具体体现在以下几点。

1) 发现隐藏的模式和关联

数据挖掘可以揭示数据中的潜在模式和关联,这些模式和关联可能不易被人类直接观察或察觉到。通过挖掘数据中的关联规则、序列模式、时间趋势等,可以发现新的业务机会和潜在关联。

2) 预测和预测建模

数据挖掘可以利用历史数据和现有模式,建立预测模型来预测未来事件、趋势或结果。通过这些模型,可以进行需求预测、销售预测、市场趋势分析等,从而指导决策和规划。

3) 客户洞察和个性化推荐

通过分析客户行为和购买模式,数据挖掘可以帮助企业了解客户需求、偏好和行为特征。这有助于制定个性化的营销策略、提供个性化推荐,以增强客户满意度。

4) 欺诈检测和风险管理

数据挖掘可以帮助识别潜在的欺诈行为和风险因素。通过分析交易数据、行为模式和异常事件,可以发现不寻常的模式或异常行为,从而进行欺诈检测和风险管理。

5) 业务优化和效率提升

通过分析业务流程和操作数据,数据挖掘可以发现改进业务流程、提高效率和降低成本的机会。通过识别瓶颈、优化资源分配和预测需求,可以改善运营和决策过程。

因此,数据挖掘的目的是利用数据中的隐藏信息和模式,为组织和企业提供决策支持、业务改进和市场竞争优势。它有助于企业发现新的业务机会、优化资源利用、提高客户满意度,并推动创新和增长。

1.2.3 数据挖掘的工具

数据挖掘工具是用于实施数据挖掘任务的软件或编程工具。这些工具提供了各种算法、技术和功能,以支持数据预处理、特征选择、模型构建、模型评估和结果可视化等数据挖掘任务。Python 语言、R 语言这两种编程语言及 KNIME 软件均可以用于数据分析,它们同样可以用作数据挖掘。以下是常用的数据挖掘工具。

(1) Python 语言提供数据科学库和数据处理工具,通过它们所提供的功能和算法可以进行数据挖掘和统计分析等。

(2) R 语言提供了许多数据挖掘和机器学习的包和库,如 caret、e1071 和 RandomForest,用于数据挖掘模型的构建和评估。

(3) KNIME 是一个基于图形化界面的开源数据挖掘和分析平台。它提供了大量的节点和工具,可以通过可视化方式构建和执行数据挖掘工作流程,支持数据处理、特征工程、建模和结果评估。

(4) WEKA 是一个流行的开源数据挖掘工具,提供了丰富的算法和实用程序。它支持数据预处理、特征选择、聚类、分类、关联规则挖掘等任务，并提供可视化界面和命令行接口。

(5) RapidMiner 是一款易于使用的商业数据挖掘工具，提供了强大的数据挖掘和机器学习功能。它支持数据预处理、模型构建、模型评估和可视化，并提供可视化界面和工作流程设计。

(6) SAS 是一种广泛使用的商业数据分析和统计软件。它提供了丰富的数据挖掘功能和算法，支持各种数据挖掘任务，如聚类、分类、关联规则和预测建模。

除了以上列举的工具，还有许多其他的数据挖掘工具可供选择，如 Orange、Microsoft Azure Machine Learning、IBM Watson Analytics 等。选择适合自己需求的工具主要取决于具体的任务、数据和技术要求。

1.2.4　数据挖掘的方法和经典算法

1. 数据挖掘的方法

数据挖掘的方法常用的有以下几类。

1) 关联规则(association rules)挖掘

关联规则挖掘用于发现数据中的频繁项集和关联规则，揭示数据中的相关性，例如超市购物篮分析中的商品关联规则，或者在线推荐系统中的用户行为关联。

2) 聚类分析(cluster analysis)

聚类分析用于将相似的数据样本分组到同一类别或簇中，揭示数据中的内在结构和相似性，并帮助发现潜在的群体或模式。

3) 回归分析(regression analysis)

回归分析是一种统计分析方法，用于研究自变量(或预测变量)与因变量之间的关系。它可以帮助我们理解自变量对因变量的影响程度，并用于预测或解释因变量的变化。

4) 决策树分析(decision tree analysis)

决策树分析是一种常用的数据分析方法，用于帮助做出决策或预测事件的结果。它是一种基于树状结构的图形模型，通过一系列的判断条件将数据集划分为不同的子集，最终得出决策或预测的结果。

此外，还有一些数据挖掘方法，例如，①文本挖掘：文本挖掘用于从大量文本数据中提取信息和知识，包括文本分类、情感分析、主题建模和实体识别等技术，用于处理和分析文本数据的内容和特点；②时间序列分析：时间序列分析是一种用于处理按时间顺序排列的数据的方法，它用于分析和预测与时间相关的趋势、周期性和季节性变化，例如股票价格、天气数据等；③异常检测：异常检测用于识别数据中的异常或异常行为，可以帮助发现潜在的欺诈、故障、异常事件或异常行为，从而提供风险管理和问题排查的依据；④基于推荐的个性化分析：基于推荐的个性化分析是利用数据挖掘方法为用户提供个性化的推荐和建议，它可以通过分析用户行为和偏好，为用户推荐适合其兴趣和需求的产品、服务或内容。

以上是数据挖掘领域中的一些常见方法和技术，实际应用中可能需要结合多种方法和技术来解决具体问题。选择适当的方法取决于数据的特征、问题的性质和目标的需求。本书主要介绍关联规则挖掘、聚类分析、回归分析、决策树分析四种数据挖掘方法，具体见第 4~7 章。

2. 数据挖掘领域的经典算法

国际权威的学术组织 IEEE International Conference on Data Mining (ICDM) 2006 年 12 月评选出了数据挖掘领域的十大经典算法，具体介绍如下。

1) C4.5 算法

C4.5 算法是机器学习算法中的一种分类决策树算法，其核心算法是 ID3 算法。C4.5 算法继承了 ID3 算法的优点，并在以下几方面对 ID3 算法进行了改进。

(1) 用信息增益率来选择属性，克服了用信息增益选择属性时偏向选择取值多的属性的不足。

(2) 在树构造过程中进行剪枝。

(3) 能够完成对连续属性的离散化处理。

(4) 能够对不完整数据进行处理。

C4.5 算法的优点是产生的分类规则易于理解，准确率较高。其缺点是在构造树的过程中，需要对数据集进行多次顺序扫描和排序，因而导致算法低效。

2) K-means 算法

K-means 算法是一个聚类算法，把 n 个对象根据它们的属性分为 k 个分割，$k < n$。它与处理混合正态分布的最大期望算法很相似，因为它们都试图找到数据中自然聚类的中心。它假设对象属性来自空间向量，目的使各个群组内部的均方误差总和最小。

3) 支持向量机(Support Vector Machine，SVM)算法

支持向量机是一种监督式学习的算法，广泛应用于统计分类以及回归分析中。支持向量机将向量映射到一个更高维的空间里，在这个空间里建有一个最大分隔超平面。在分开数据的超平面的两边，建有两个互相平行的超平面。分隔超平面使两个平行超平面的距离最大化。假定平行超平面间的距离或差距越大，分类器的总误差越小。一个极好的参考教程是 C.J.C Burges 的《模式识别支持向量机指南》。Van der Walt 和 Barnard 将支持向量机和其他分类器进行了比较。

4) Apriori 算法

Apriori 算法是一种用于挖掘频繁项集的经典关联规则挖掘算法，用于发现数据集中的频繁项集和关联规则，它基于 Apriori 原理，通过逐层生成候选项集和剪枝操作来减少计算复杂度。

Apriori 算法的基本步骤如下。

(1) 寻找频繁 1-项集：扫描整个数据集，统计每个项的频次，选取满足最小支持度阈值的项作为频繁 1-项集。

(2) 逐层生成频繁 k-项集：根据 Apriori 原理，通过频繁$(k-1)$-项集生成候选 k-项集。具体方法是，将频繁$(k-1)$-项集两两合并，得到候选 k-项集，并过滤掉其中包含非频繁$(k-1)$-子集的候选项。然后，扫描数据集，计算每个候选 k-项集的支持度，并选取满足最小支持度阈值的项作为频繁 k-项集。

(3) 终止条件：重复步骤(2)，直到没有更多的频繁项集被发现。

(4) 生成关联规则：对于每个频繁项集，生成其所有非空子集作为候选关联规则。计

算每个候选规则的置信度，选取满足最小置信度阈值的规则作为关联规则。

Apriori 算法的关键在于通过候选项集的逐层生成和剪枝，减少计算的复杂度。通过确定频繁项集和关联规则，Apriori 算法可以发现数据中的有趣关联关系，例如购物篮分析中的商品组合、Web 点击数据中的用户行为等。

Apriori 算法存在的问题是：随着项集长度的增加，候选项集的数量会呈指数级增长，导致算法的计算复杂度较高。为了改进这个问题，后续提出了一些优化的关联规则挖掘算法，如 FP-Growth 算法、Eclat 算法等，用于加速频繁项集的挖掘过程。

5) 最大期望(Expectation Maximization，EM)算法

EM 算法是一种用于估计含有隐变量的概率模型参数的迭代优化算法，常被用于解决在观测数据中存在缺失值或未观测变量的情况下的参数估计问题。

EM 算法的基本思想如下。

(1) 初始化参数：选择合适的初始参数值。

(2) E 步(expectation step)：根据当前的参数估计，计算在观测数据和隐变量的条件下，对应于每个样本的隐变量的期望值(后验概率)。

(3) M 步(maximization step)：利用计算得到的隐变量的期望值、最大化完整数据的对数似然函数值来估计模型的参数。这通常涉及对观测数据和隐变量的期望值进行加权计算。

(4) 迭代更新：重复执行 E 步和 M 步，直到模型参数收敛或达到预定的停止条件。

EM 算法的核心思想是通过迭代的方式，不断更新模型参数以逐渐优化似然函数。在每次迭代中，E 步估计隐变量的期望值，M 步更新模型参数。通过交替执行 E 步和 M 步，EM 算法能够在每次迭代中逐渐提高对概率模型参数的估计。

EM 算法的应用非常广泛，特别是在混合高斯模型、隐马尔可夫模型、高斯混合模型等概率模型的参数估计中常被使用。然而，EM 算法的收敛性并不保证收敛到全局最优解，可能只收敛到局部最优解。因此，在使用 EM 算法时，需要注意初始参数的选择和算法停止的条件设置，以克服局部最优解的问题。

6) PageRank 算法

PageRank 是谷歌算法的重要内容，2001 年 9 月被授予美国专利，专利人是谷歌创始人之一拉里·佩奇(Larry Page)。因此，PageRank 里的 Page 不是指网页，而是指佩奇，即这个等级方法是以拉里·佩奇之姓来命名的。

PageRank 根据网站的外部链接和内部链接的数量与质量来衡量网站的价值。PageRank 背后的含义是：每个到页面的链接都是对该页面的一次投票，被链接的次数越多，就意味着被其他网站投票越多。这个就是所谓的"链接流行度"——衡量多少人愿意将他们的网站和你的网站挂钩。

7) AdaBoost 算法

AdaBoost 算法是一种集成学习算法，用于提高分类器的准确性。它通过反复迭代训练一系列弱分类器，并根据其性能进行加权组合，最终形成一个强分类器。

AdaBoost 算法的基本思想如下。

(1) 初始化样本权重：对于包含 n 个样本的训练集，初始化每个样本的权重为 $1/n$。

(2) 迭代训练弱分类器：进行 T 轮迭代，每一轮迭代中，根据当前样本权重分布训练一个弱分类器。弱分类器是一个在某个特定特征上表现较差的分类器，通常是一个简单的

决策树或者一个弱学习算法(如单层感知机)。

(3) 更新样本权重：根据当前弱分类器的分类结果，更新样本的权重。被错误分类的样本权重会增加，而被正确分类的样本权重会减少。

(4) 计算弱分类器权重：根据每个弱分类器的分类错误率，计算其在最终分类器中的权重。分类错误率越低的弱分类器权重越高。

(5) 组合弱分类器：将每个弱分类器按照其权重进行加权组合，形成最终的强分类器。

AdaBoost 算法的关键在于每一轮迭代中样本权重的更新和弱分类器权重的计算。通过逐步调整样本权重和弱分类器权重，AdaBoost 能够将注意力集中在难以分类的样本上，提高整体分类性能。

AdaBoost 算法的优点包括简单易用、不容易过拟合、能够处理高维数据和复杂分类问题等。然而，AdaBoost 算法对异常值敏感，因为异常值往往被错误分类，导致权重调整过多。此外，AdaBoost 算法的计算复杂度较高，因为每一轮迭代都需要重新调整样本权重和训练弱分类器。

8) K 最近邻分类算法

K 最近邻(K-Nearest Neighbor，KNN)分类算法，是一种常用的分类算法。它基于实例之间的相似性进行分类，即通过找到与待分类样本最相似的 k 个邻居，根据它们的标签来确定待分类样本的类别。

KNN 算法的基本思想如下。

(1) 计算距离：对于待分类样本，计算它与训练集中每个样本之间的距离。常用的距离度量方法包括欧氏距离、曼哈顿距离、闵可夫斯基距离等。

(2) 选择 k 个邻居：根据距离的大小，选择与待分类样本最近的 k 个邻居。

(3) 确定类别：根据 k 个邻居的标签，采用多数表决的方式确定待分类样本的类别，即统计 k 个邻居中各类别样本的数量，将数量最多的类别作为待分类样本的预测类别。

(4) KNN 算法的关键参数是 k 值的选择。较小的 k 值会增加模型的复杂度，使得模型对噪声和异常值更敏感，可能导致过拟合；而较大的 k 值会降低模型的复杂度，使得模型过于简单，可能导致欠拟合。因此，选择合适的 k 值是 KNN 算法的一个重要问题，可以通过交叉验证等方法来确定最优的 k 值。

KNN 算法的优点包括简单易用、无须训练过程、对异常值和噪声数据具有一定的鲁棒性等。然而，KNN 算法的计算复杂度较高，特别是当训练集较大时，计算距离的开销会很大。此外，KNN 算法对特征空间的维度敏感，维度较高时会出现所谓的"维度灾难"问题。

总的来说，KNN 算法在许多实际应用中效果良好，特别是在样本数据较小且类别分布较均匀的情况下。

9) 朴素贝叶斯算法

在众多的分类模型中，应用最为广泛的两种分类模型是决策树模型(Decision Tree Model，DTM)和朴素贝叶斯模型(Naive Bayesian Model，NBM)。朴素贝叶斯模型发源于古典数学理论，有着坚实的数学基础以及稳定的分类效率。同时，NBM 模型所需估计的参数很少，对缺失数据不太敏感，算法也比较简单。理论上，NBM 模型与其他分类方法相比具有最小的误差率。但是实际上并非总是如此，因为 NBM 模型假设属性之间相互独立，而这个假设在实际应用中往往是不成立的，这给 NBM 模型的正确分类带来了一定影响。

10)　分类与回归树(Classification And Regression Tree，CART)算法

分类与回归树算法，是一种常用的决策树算法，可用于分类和回归问题。CART算法使用递归分割的方式构建决策树，通过对特征空间进行递归划分，将数据集划分为多个子集，直到满足某个终止条件。

在分类问题中，CART算法通过计算基尼不纯度(gini impurity)或熵(entropy)来选择最佳的特征和切分点。基尼不纯度和熵都是度量样本集合不确定性的指标，通过最小化这些指标，可以使得划分后的子集纯度更高。

CART算法构建的决策树具有良好的可解释性和灵活性。它可以处理离散特征和连续特征，并且能够处理多分类问题和回归问题。此外，CART算法还可以处理缺失数据，能够自动选择特征和切分点，并且对异常值具有一定的鲁棒性。但是，CART算法容易产生过拟合的问题。为了解决过拟合，用户可以通过剪枝(pruning)等技术来对构建好的决策树进行修剪，以提高泛化能力。

小　结

数据分析和数据挖掘是在大数据时代中应对海量数据的重要工具，涉及从数据中提取知识、获取有价值的信息和模式，以支持决策和解决实际问题。本章主要从数据分析和数据挖掘的定义、工具和方法等方面进行介绍，侧重数据分析与挖掘的有关算法的原理讲解，让读者能够从整体上了解数据分析和数据挖掘的基本概念。

思　考　题

1. 数据分析的定义与常用工具有哪些？
2. 简述Python在数据分析中的常见应用。
3. 常用的数据分析方法有哪些？数据分析的应用领域涉及哪些方面？
4. 数据挖掘领域的十大经典算法包括哪些？
5. 简述Aprior算法的步骤。

第 2 章

数据仓库与联机分析处理

数据仓库(Data Warehouse，DW)，是一个用于集成、存储和管理企业中各种来源数据的集合，目的是支持企业各级别的决策制定过程。它是为了分析性报告和决策支持的目的而创建的，为企业提供业务智能服务，并帮助指导业务流程改进，监控时间、成本和质量。联机分析处理(On-Line Analytical Processing，OLAP)系统是数据仓库系统最主要的应用。它是一种多维数据分析技术，允许用户以灵活的方式探索数据，进行多维度的数据切片、切块、钻取等操作，以获得更精准的数据信息。

本章针对数据仓库与联机分析处理的初学者，主要讲解数据仓库的基本概念和设计步骤，并介绍联机分析处理技术的分类和特点，帮助建立对数据仓库和联机分析的基本认识。

数据仓库

数据仓库的主要目标是将散乱在各个业务系统和数据源中的数据整合到一个统一的、一致的数据模型中,为企业提供全面的、历史性的数据视图。这样一来,企业内部的决策者和分析师就可以在不影响系统性能的情况下,执行复杂分析、报表生成、未来趋势分析和预测等任务。

2.1.1 数据仓库的定义和特点

1. 数据仓库的定义

数据仓库是指集成、存储和管理组织中各个数据源的大型数据存储系统。它是一个面向主题的、集成的、稳定的、历史性的数据集合,用于支持企业决策和业务分析。数据仓库是决策支持系统和联机分析应用数据源的结构化数据环境,研究和解决了从数据库中获取信息的问题。

2. 数据仓库的特点

数据仓库的主要特点包括以下几点。

(1) 面向主题:数据仓库是按照业务主题或关注领域组织数据的,例如销售、客户、产品等。这种主题导向的设计使得数据仓库能够提供与业务相关的数据视图和报表。

(2) 集成性:数据仓库从多个源系统中提取、转换和加载数据,实现了数据的集成和统一性。通过数据抽取(extract)、转换(transform)和加载(load)过程,即 ETL 过程,数据仓库整合来自企业内部不同部门和外部数据源的数据,消除了数据的冗余和不一致性。

(3) 持久性:数据仓库存储历史和当前的数据,使得用户能够追溯数据的变化和演变。这种历史数据的存储能力为组织提供了对过去事件和未来趋势的分析,支持时间序列分析和决策制定。

(4) 相对稳定:数据仓库的结构和数据模型相对稳定,不经常变化。这使得数据仓库能够提供一致性的数据视图和报表,用户可以依赖这些稳定的数据模型进行数据分析和决策制定。

(5) 决策支持:数据仓库提供强大的数据分析和查询功能,支持复杂的查询、报表生成和分析操作。决策者可以通过数据仓库获取准确的数据、了解和洞察行业趋势,从而更好地支持决策制定。

(6) 高性能查询:数据仓库通过优化查询性能和索引技术,实现高效的数据访问和查询操作。这使得用户可以快速地从数据仓库中提取所需数据,支持实时或近实时的数据分析和报表生成。

数据仓库的建立和维护涉及数据抽取、转换、加载(ETL)以及数据建模、索引和查询优化等技术和方法。它在企业中起着关键的作用,帮助组织进行全面的数据分析、业务报告和决策支持,从而提高效率、降低风险,并发现潜在的商业机会和趋势。

2.1.2 数据仓库与数据库的区别

数据仓库和数据库(Data Base,DB)是两个不同的概念,它们在设计、目的和使用方式上存在一些明显的区别,数据仓库和数据库之间的几个关键区别主要体现在以下方面。

1. 数据结构和设计

数据库:数据库通常采用关系模型(如 SQL 数据库),以表格形式存储数据,并使用事先定义的结构(表、列和行)来组织数据。数据库设计注重数据的规范性、一致性和完整性。

数据仓库:数据仓库采用维度模型(如星型模型、雪花模型等),以事实表和维度表的形式存储数据,通过将数据组织为多维度的结构,便于数据分析和决策支持。

2. 数据处理和用途

数据库:数据库用于事务处理,即支持业务的日常操作和数据的增删改查。数据库的重点在于数据的存储、管理和操作,以保证数据的一致性和可靠性。

数据仓库:数据仓库用于数据分析和决策支持,旨在从大量历史和当前数据中提取知识、发现模式和预测趋势。数据仓库的重点在于数据的集成、清洗、转换和分析,以支持企业的决策制定。

3. 数据存储和查询性能

数据库:数据库通常针对单个应用程序或业务领域进行优化,对于高并发的事务处理具有较好的性能。数据库使用索引和查询优化技术,以快速检索和更新数据。

数据仓库:数据仓库存储大量的历史和当前数据,针对复杂的分析查询进行优化,具有高性能的数据查询和报表生成能力。数据仓库使用预计算、聚合和分区等技术,以支持复杂的多维分析查询。

4. 数据时间性质

数据库:数据库通常存储实时或近实时的数据,包括当前的业务交易和操作。数据库强调数据的即时性和实时更新。

数据仓库:数据仓库存储历史和当前的数据,包括过去的业务事件和发展趋势。数据仓库强调数据的持久性和历史追溯能力。

总之,数据库和数据仓库在数据结构、设计目的、数据处理和查询性能等方面存在明显的区别。数据库适用于事务处理和实时数据操作,而数据仓库适用于数据分析和决策支持,提供对历史数据和大规模数据的多维分析能力。在实际应用中,这两者常常相互配合使用,共同满足组织的数据管理、操作和分析需求。

数据仓库的应用场景通常包括以下方面。

(1) 决策支持和业务分析:数据仓库提供了数据驱动的决策支持,帮助企业管理层和决策者基于准确的数据进行决策。通过数据仓库,企业可以进行复杂的数据分析、业务报表和可视化展示,从而获取有价值的信息、识别趋势,并优化业务流程和战略规划。

(2) 销售和市场分析:数据仓库可以帮助企业深入了解销售和市场情况。通过整合和分析来自不同渠道的销售数据、客户数据和市场数据,企业可以识别最佳销售渠道、优化产品组合、了解客户行为和未来发展趋势，并进行市场细分和定位。

(3) 客户关系管理：数据仓库可以整合和分析与客户相关的数据，包括客户交易数据、行为数据、反馈数据等。通过客户关系管理，企业可以建立全面的客户画像，了解客户需求和偏好，实施个性化营销方案和提供卓越的客户服务。

(4) 运营分析和效率提升：数据仓库可以帮助企业分析运营数据，包括供应链数据、生产数据、库存数据等。通过对这些数据进行整合和分析，企业可以发现生产瓶颈、优化供应链管理、提升生产效率和减少成本。

(5) 金融风险管理：数据仓库在金融行业的风险管理中起着重要作用。通过整合和分析大量的交易数据、市场数据和客户数据，数据仓库可以帮助金融机构进行风险评估、欺诈检测、反洗钱监控等，保护机构和客户的利益。

(6) 健康医疗分析：数据仓库可以整合和分析医疗机构的患者数据、医疗记录和研究数据。通过对这些数据的分析，可以支持医疗决策、疾病监测、临床研究和医疗资源优化。

2.1.3　数据仓库的系统结构

数据仓库的系统结构主要由数据源、数据存储与管理、OLAP 服务器、前端工具与应用这四大模块组成，如图 2-1 所示。

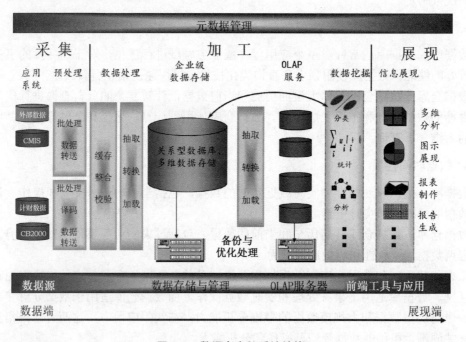

图 2-1　数据仓库的系统结构

1. 数据源

数据源指的是提供数据给数据仓库的原始数据来源。数据源可以包括企业应用系统、关系型数据库、多个数据库、文件和文档、第三方数据提供商、Web 和移动应用程序、外部接口和 API、传感器和物联网设备等类型。数据仓库系统中的数据源多样化，需要根据企业的需求和数据的特点选择合适的数据提取、转换和加载方法，确保数据仓库中的数据准确、完整和一致。

2. 数据存储与管理

数据存储与管理是整个数据仓库系统的核心。数据仓库的组织管理方式决定了它有别于传统数据库，同时也决定了其对外部数据的表现形式。要决定采用什么产品和技术来建立数据仓库的核心，则需要从数据仓库的技术特点着手分析。针对现有各业务系统的数据，进行抽取、清理，并有效集成，按照主题进行组织。数据仓库按照数据的覆盖范围可以分为企业级数据仓库和部门级数据仓库(通常称为数据集市)。数据仓库中的数据是以面向主题的方式组织，而业务数据库的数据总是围绕着一个或几个业务处理流程，因此，数据从业务数据库到数据仓库不是简单的复制过程而是需要十分复杂的数据处理，我们称之为数据整合。数据整合的工作可以笼统地分割为数据抽取、转换和加载，即所谓的 ETL。市场上有很多专用的 ETL 工具可供选择，但企业级数据仓库系统的后台数据整合工作一般不会由某一种工具独立完成，通常是多种不同的数据处理工具和手工编程互相配合来完成。

3. 联机分析处理(OLAP)服务器

联机分析处理系统是数据仓库系统最主要的应用，专门设计用于支持复杂的分析操作，侧重对决策人员和高层管理人员的决策支持，可以根据分析人员的要求快速、灵活地进行大量数据的复杂查询处理，并且以一种直观且易懂的形式将查询结果提供给决策人员，以便他们准确掌握企业(公司)的经营状况，了解对象的需求，制定正确的方案。该模块对分析需要的数据进行有效集成，按多维模型予以组织，以便进行多角度、多层次的分析，并发现趋势。其具体实现可以分为：关系型在线分析处理(Relational On-Line Analytical Processing, ROLAP)、多维在线分析处理(Multidimensional On-Line Analytical Processing, MOLAP)和混合型线上分析处理(Hybrid On-Line Analytical Processing, HOLAP)。ROLAP 基本数据和聚合数据均存放在关系型数据库管理系统(Relational DataBase Management System，RDBMS)之中；MOLAP 基本数据和聚合数据均存放于多维数据库中；HOLAP 基本数据存放于 RDBMS 之中，聚合数据存放于多维数据库中。

4. 前端工具与应用

前端工具和主要应用包括各种报表工具、查询工具、数据分析工具、数据挖掘工具及各种基于数据仓库或数据集市的应用开发工具。其中，数据分析工具主要针对 OLAP 服务器，报表工具、数据挖掘工具主要针对数据仓库。

5. 元数据

除上述模块之外，贯穿整个数据仓库体系的还有元数据(metadata)管理模块。数据是对事物的描述，元数据就是描述数据的数据，它提供了相关数据的环境。元数据实际上是要解决何人在何时何地什么原因及怎样使用数据仓库的问题，具体说，元数据对数据仓库管理员来说是数据仓库中包含的所有内容和过程的完整知识库及其文档，对用户来说就是数据仓库的信息地图。元数据在数据仓库中起着既特殊又重要的角色，它是数据仓库结构的目录清单，可以帮助建立数据分布图，这些数据可以从源数据转变而来。

2.1.4 数据仓库的数据模型

数据模型的构造是数据仓库设计过程中非常重要的一步。数据模型对数据仓库影响巨大，不仅决定了数据仓库的分析种类、详细程度、性能效率和响应时间，还是存储策略和更新策略的基础。在关系型数据库中，逻辑层一般采用关系表和视图进行描述，而数据仓库采用的是数据模型，比较常见的有星型模型和雪花模型，如图 2-2 所示。

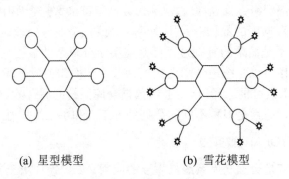

(a) 星型模型　　　　　　　(b) 雪花模型

图 2-2　数据模型形态

1. 星型模型

星型模型是最常见的和最简单的数据模型之一，如图 2-3 所示。它由一个中心事实表(fact table)和多个维度表(dimension tables)组成。中心事实表包含了业务度量和指标，而维度表包含了描述事实表中度量的各种维度信息。在星型模型中，事实表与维度表之间通过外键关联，形成了星型的结构。这种模型简单直观，易于理解和查询，但可能存在数据冗余和维度层级的限制问题。一个逻辑简单的星型模型由一个事实表和若干个维度表组成。复杂的星型模型包含数百个事实表和维度表。

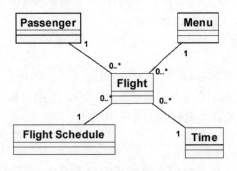

图 2-3　星型模型实例

2. 雪花模型

雪花模型是在星型模型基础上的扩展，用于解决维度表中的细节信息和层级关系，如图 2-4 所示。在雪花模型中，维度表可能进一步细分成多个子维度表，形成层级结构。这种模型的优点是可以更好地处理维度的细化和扩展，减少了数据冗余，但也增加了查询的复杂性和性能开销。在数据仓库的逻辑设计中，除了定义关系模式外，还包括数据粒度的选择、表的时间字段增加、表的分割、合理化表的划分等方面。

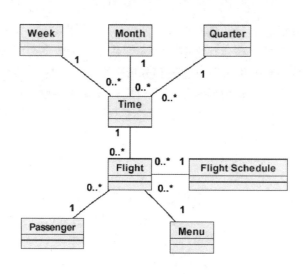

图 2-4　雪花模型实例

数据仓库的数据模型有别于一般联机交易处理系统，数据模型可以分为逻辑数据模型与实体数据模型。逻辑数据模型陈述业务相关数据的关系，基本上是一种与数据库无关的结构设计，通常均会采用正规方式设计，主要思路是从企业业务领域的角度及高度定出主题域模型，再逐步向下深入到实体和属性。在设计时不会考虑未来采用的数据库管理系统，也不需考虑分析性能问题。实体数据模型则与数据库管理系统有关，是建立在该系统上的数据架构，故设计时需考虑数据类型、空间及性能相关的议题。实体数据模型的设计，则较多采用正规方式或多维方式，但从实务上来看，要灵活运用理论，遵从业务需要，才是企业在建设数据仓库时的正确思路。

数据仓库的体系构建不仅是计算机工具技术层面的运用，在规划和执行层面更需对产业知识、行销管理、市场定位、策略规划等相关业务有深入的了解，这样才能真正发挥数据仓库以及后续分析工具的价值，提升企业竞争力。

2.2　数据仓库的设计步骤

数据仓库的设计和传统数据库系统的设计有着本质区别。传统的数据库设计首先定义了明确的应用需求，然后严格遵循系统生命周期的阶段划分，为每个阶段都规定明确的任务，采取先收集、分析并确定应用需求，再利用构建数据库的系统生命周期模型实施。相对而言，数据仓库的用户一般是中高层的管理人员，其原始需求往往并不明确，且在开发过程中需求还会不断地变化和增加，另外，分析需求和业务需求也有很大差异。因此，传统数据库的设计方法不能直接用来设计数据仓库。在设计之初考虑用户的分析需求很有必要，同时也要考虑业务数据源的结构，因为它是数据仓库的基础。

分析需求之后，就是建立模型了。模型是对现实事物的反映和抽象，它可以帮助我们更加清晰地了解客观世界。模型是用户业务需求的体现，是决定数据仓库项目成功与否最重要的技术因素。大型企业的信息系统一般具有业务复杂、机构复杂、数据庞大的特点，数据仓库建模必须注意以下几个方面。

(1) 业务需求：理解和明确业务需求是数据仓库建模的基础。与业务方沟通，确保清楚地了解他们的数据分析需求和目标。

(2) 数据源和数据质量：在建模之前，需要评估和清洗数据源，确保数据的准确性、一致性和完整性。不良的数据质量会对建模和分析产生负面影响。

(3) 维度建模：数据仓库建模通常采用星型模型或雪花模型。在维度建模中，需要明确主题和维度，并定义它们之间的关系。良好的维度设计有助于提高查询性能和数据分析效率。

(4) 明确度量指标：明确度量指标是数据仓库建模的关键。度量指标是需要进行分析和报表的数值，如销售额、利润等。确保定义度量指标明确，并将其与相应的维度进行关联。

(5) 时间维度：时间维度在数据仓库建模中非常重要。需要确定适当的时间粒度，如年、季度、月、周或日，以便进行与时间相关的分析和趋势分析。

(6) 数据集成：数据仓库建模通常涉及多个数据源的集成。确保对数据进行适当的整合和转换，以便在数据仓库中建立一致的数据模型。

(7) 性能优化：在建模过程中，需要考虑查询性能和数据加载的效率。合理设计数据模型和索引，以优化查询性能，并选择合适的 ETL 工具和技术来提高数据加载效率。

(8) 安全性和隐私：数据仓库中通常包含敏感数据。在建模过程中，需要考虑数据安全性和隐私保护措施，如数据加密、访问控制和数据脱敏等。

(9) 可扩展性：数据仓库建模应具备可扩展性，以便在需要时进行容量和性能的扩展。考虑到未来的增长和变化，要设计灵活的数据模型和架构。

(10) 文档和元数据管理：建模过程中要记录和管理相关文档和元数据。清晰的文档和元数据有助于后续维护、管理和理解数据仓库模型。

总之，在数据仓库建模中，需要注重业务需求、数据质量、维度设计、度量指标、时间维度、数据集成、性能优化、安全性和隐私、可扩展性以及文档和元数据管理等关键问题，以确保建立有效、可靠和可维护的数据仓库模型。数据模型是对现实世界进行抽象的工具。在信息管理中需要将现实世界的事物及其有关特征转换为信息世界的数据，才能对信息进行处理与管理，这就需要依靠数据模型作为转换的桥梁。这种转换经历了从现实到概念模型，从概念模型到逻辑模型，从逻辑模型到物理模型的转换。在数据仓库建模的过程中同样也要经历概念模型、逻辑模型与物理模型的三级模型开发。因此，数据建模可以分为三个层次：概念模型(高层建模，实体关系层)，逻辑模型(中间层建模，数据项集)，物理模型(底层建模)，如图 2-5 所示。

图 2-5　数据建模的三个层次

2.2.1　概念模型设计

在数据仓库设计中，概念模型设计是一个关键的阶段，用于定义数据仓库的整体结构和逻辑。概念模型表征了待解释的系统的学科共享知识。为了把现实世界中的具体事物抽象、组织为某一数据库管理系统支持的数据模型，人们常常首先将现实世界抽象为信息世界，然后将信息世界转换为机器世界。这也就是说，首先把现实世界中的客观对象抽象为某一种信息结构，这种信息结构并不依赖于具体的计算机系统，不是某一个数据库管理系统(DBMS)支持的数据模型，而是概念级的模型，称为概念模型。

通常在对数据仓库进行开发之前可以对数据仓库的需求进行分析，从各种途径了解数据仓库用户的意向性数据需求，即在决策过程中需要什么数据作为参考。而数据仓库概念模型的设计需要给出一个数据仓库的粗略架构，来确认数据仓库的开发人员是否已经正确地了解数据仓库最终用户的信息需求。在概念模型的设计中必须很好地对业务进行理解，保证所有的业务处理都被归纳进概念模型。

概念模型设计的成果是在原有数据库的基础上建立了一个较为稳固的概念模型。因为数据仓库是对原有数据库系统中的数据进行集成和重组而形成的数据集合，所以数据仓库的概念模型设计，首先要对原有数据库系统加以分析理解，了解在原有的数据库系统中“有什么”“怎样组织的”和“如何分布的”等，然后再来考虑应当如何建立数据仓库系统的概念模型。一方面，通过原有数据库的设计文档以及在数据字典中的数据库关系模式，可以对企业现有的数据库中的内容有一个完整而清晰的认识；另一方面，数据仓库的概念模型是面向企业全局建立的，它为集成来自各个面向应用的数据库数据提供了统一的概念视图。概念模型的设计是在较高的抽象层次上设计的，因此建立概念模型时不用考虑具体技术条件的限制。

本阶段主要需要完成的工作是界定系统的边界、确定主要的主题域及其内容。

1. 界定系统的边界

数据仓库是面向决策分析的数据库，我们无法在数据仓库设计的最初就得到详细而明确的需求，但是一些基本的方向性需求还是可以事先确定下来的。

(1) 要做的决策类型有哪些？
(2) 经营者感兴趣的是什么问题？
(3) 这些问题需要什么样的信息？
(4) 要得到这些信息需要包含原有数据库系统的哪些数据？

这样，我们可以划定一个当前大概的系统边界，集中精力对最需要的部分进行开发。因而，从某种意义上讲，界定系统边界的工作也可以看作是数据仓库系统设计的需求分析，因为它将决策者数据分析的需求用系统边界定义的形式反映出来。

2. 确定主要的主题域及其内容

在这一步中，要确定系统所包含的主题域，然后对每个主题域的内容进行较明确的描述，描述的内容包括主题的公共码键、主题之间的联系、充分代表主题的属性组。

由于数据仓库的实体绝不会是相互对等的，在数据仓库的应用中，不同的实体数据载入量会有很大差别，因此需要一种不同的数据模型设计处理方式，用来管理数据仓库中载入某个实体大量数据的设计结构，这就是星型模型。星型模型是最常用的数据仓库设计结构的实现模式。星型模型通过使用一个包含主题的事实表和多个包含事实的非正规化描述的维度表，支持各种决策查询。星型模型的核心是事实表，围绕事实表的是维度表。

假设我们以一个网上药店为例建立星型模型。建立网上药店的数据仓库对于卖家来说，可以通过数据仓库掌握商品的销售和库存信息，以便及时调整营销策略。对于买家来说，可以通过数据仓库了解商品的库存信息，以便顺利地购买成功。比较传统数据库，数据仓库更有利于辅助企业做出营销决策，对企业制定策略时更加有参考价值。通过数据仓库中的信息可以帮助企业更加准确地分析用户行为和把握需求：买家的购买喜好、买家的信用度、药品供应外部市场行情、药品的销售量、药品的采购量、药品的库存量、药品的利润和供应商信息等。

数据仓库通常是按照主题来组织数据的，所以设计概念模型首先要确定主题并根据主题设定系统的边界。我们经过对网上药店各层管理人员所需要信息的内容以及数据间关系的分析、抽象和综合，得到系统的数据模型。再将数据模型映射到数据库系统，就可以了解到现有数据库系统完成了数据模型中的哪些部分，还缺少哪些部分。然后再将数据模型映射到数据仓库系统，总结出网上药店系统需要的主题。

网上药店系统主要包括下列主题：药品(商品)主题、买家主题、仓储主题。在充分分析各层管理人员决策过程中需要的行业信息以及信息粒度(详细程度)后，还可以衍生出供应主题和销售主题，如表 2-1 所示。

表 2-1　网上药店的主题

主　题	内容描述
药品主题	药品信息、保质期、库存信息
买家主题	买家信息、级别权限、送货信息
供应主题	供应商信息、资质、药品供应信息
仓储主题	仓储方式、数量、管理情况
销售主题	销售订单、付款记录等

我们可以通过包图来描述药店数据仓库的主题。包图是类图的上层容器，可以使用类图描述各主题，而用包图来描述主题之间的关联。网上药店数据仓库主题确定的星型模型，如图 2-6 所示。当然，这还不是完备的模型，还需要细化到表格进行关联，这在本书的实例部分会详细阐述，这里不再赘述。

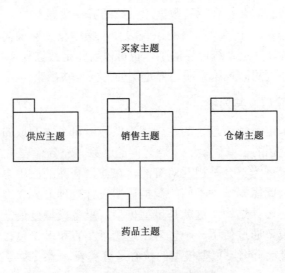

图 2-6　网上药店星型模型

2.2.2　逻辑模型设计

逻辑模型设计是在概念模型的基础上进一步详细化和精确化数据仓库结构的过程，它是用来构建数据仓库的数据库逻辑模型。根据分析系统的实际需求决策构建数据库逻辑关系模型，定义数据库实体结构及其关系。它关联着数据仓库的逻辑模型和物理模型。逻辑建模是数据仓库实施中的一个重要环节，因为它能直接反映出业务部门的需求，同时对系统的物理实施有着重要的指导作用，它的作用在于可以通过实体及其关系勾勒出企业的数据蓝图。

数据仓库不单要能满足现有的信息消费需求，还要有很好的可扩展性以便能满足新的需求，并能作为一个未来其他系统的数据平台。因此，数据仓库必须要有灵活、统一的数据组织结构，并试图包含所有现在和未来客户关心和可能关心的信息，也许对其中一部分数据目前没有直接的需求，但是未来可能会非常有用，这是一个成功的数据仓库逻辑模型设计应该需要考虑的。

逻辑模型应该是按主题域组织起来的，主题域之间的关联关系可以引申到各主题下各个逻辑模型之间的关联关系，不但可以很容易满足现有的一些跨主题查询需求，还可能产生大量有价值、但尚未提出需求的分析。并且，在逻辑模型设计中还应尽可能充分地考虑各主题的指标、相关维度，以及其他与分析无关但有明确查询意义的字段。

逻辑模型是指数据仓库数据的逻辑表现形式。从最终应用的功能和性能的角度来看，数据仓库的数据逻辑模型设计也许是整个项目最重要的方面，主要包括确立主题域、划分粒度层次、确定数据分割策略和确定关系模式几个阶段。

1. 确立主题域

在概念模型设计中，确定了几个基本的主题域，但是，数据仓库的设计方法是一个逐步求精的过程，在进行设计时，一般是一次一个主题或一次若干个主题逐步完成的。所以，我们必须对概念模型设计步骤中确定的几个基本主题域进行分析，并选择首先要实施的主题域。选择第一个主题域所要考虑的是它要足够大，以便使得该主题域能建设成为一个可应用的系统；它还要足够小，以便于开发和较快地实施。如果所选择的主题域很大并且很复杂，那么我们可以针对它的一个有意义的子集来进行开发。在每一次的反馈过程中，都要进行主题域的分析。

2. 划分粒度层次

数据仓库逻辑模型设计中要解决的一个重要问题是确定数据仓库的粒度层次划分，粒度层次划分适当与否直接影响到数据仓库中的数据量和所适合的查询类型。确定数据仓库的粒度划分，可以通过估算数据行数和所需的 DASD(直接存取存储设备)数，来确定是采用单一粒度还是多重粒度，以及粒度划分的层次。在数据仓库中，包含了大量事务系统的细节数据。如果系统每执行一个查询操作，都扫描所有的细节数据，则会大大降低系统的效率。在数据仓库中将细节数据进行预先综合，形成轻度综合或者高度综合的数据，这样就满足了某些宏观分析对数据的需求。这虽然增加了冗余，却缩短了响应时间。所以，确定粒度层次划分是数据仓库开发者需要面对的一个最重要的设计问题。其核心是使粒度处于一个合适的级别，粒度级别既不能太高也不能太低。确定适当粒度级别所要做的第一件事就是对数据仓库中将来的数据行数和所需的 DASD 数进行粗略估算。对将在数据仓库中存储的数据行数进行粗略估算对于体系结构设计人员来说是非常有意义的。如果数据只有万行级，那么几乎任何粒度级别都不会有问题；如果数据有千万行级，那么就需要一个低粒度级别；如果有百亿行级，不但需要有一个低粒度级别，还需要考虑将大部分数据移到溢出存储器(辅助设备)上。数据空间和行数的计算方法如下。

(1) 确定数据仓库所要创建的所有表，然后估计每张表中一行的大小。确切的大小可能难以确定，估计一个下界和上界就可以了。

(2) 估计一年内表的最大和最小行数。

(3) 用同样的方法估计五年内表的最大和最小行数。

(4) 计算索引数据所占的空间，确定每张表(对表中的每个关键字或会被直接搜索的数据元素)的关键字或数据元素的长度，并弄清楚是否原始表中的每条记录都存在关键字。

将各表中行数可能的最大值和最小值分别乘以每行数据的最大长度和最小长度。另外，还要将索引项数目与关键字长度的乘积累加到总的数据量中去，以确定出最终需要存储的数据总量。

3. 确定数据分割策略

数据分割是数据仓库设计的一项重要内容，是提高数据仓库性能的一项重要技术。数据分割是指把逻辑上统一的整体的数据分割成较小的、可以独立管理的物理单元(称为分片)进行存储，以便于数据的重构、重组和恢复，以提高创建索引和顺序扫描的效率。数据分割使数据仓库的开发人员和用户具有更大的灵活性。选择适当的数据分割标准，一般要考虑以下几方面因素：数据量(而非记录行数)、数据分析处理的实际情况、简单易行以及粒度划分策略等。数据量的大小是决定是否进行数据分割和如何分割的主要因素；数据分析处理的要求是选择数据分割标准的一个主要依据，因为数据分割是跟数据分析处理的要求紧密联系的；我们还要考虑到所选择的数据分割标准应是自然的、易于实施的，同时也要考虑数据分割的标准与粒度层次划分是相适应的，最常见的是以时间进行分割，如产品每年的销售情况可分别独立存储。

4. 确定关系模式

数据仓库的每个主题都是由多个表来实现的，这些表之间依靠主题的公共码键联系在一起，形成一个完整的主题。在概念模型设计时，我们就确定了数据仓库的基本主题，并对每个主题的公共码键、基本内容等做了描述，在这一步将要对选定的当前实施的主题进行模式划分，形成多个表，并确定各个表的关系模式。

2.2.3 物理模型设计

物理模型设计是数据仓库设计的一个关键步骤，它将逻辑模型转化为实际的物理存储结构和数据库设计。物理模型设计是构建数据仓库的物理分布模型，主要包含数据仓库的软硬件配置、资源情况以及数据仓库模式。概念世界是现实情况在人们头脑中的反映，人们需要利用一种模式将现实世界在自己的头脑中表达出来。逻辑世界是人们将存在于自己头脑中的概念模型转换到计算机中实际物理存储过程中的一个计算机逻辑表示模式。通过这个模式，人们可以容易地将概念模型转换成计算机世界的物理模型。物理模型是指现实世界中的事物在计算机系统中的实际存储模式，只有依靠这个物理存储模式，人们才能实现利用计算机对现实世界进行信息管理。

物理模型设计所做的工作是根据信息系统的容量、复杂度、项目资源以及数据仓库项目自身(当然，也可以是非数据仓库项目)的软件生命周期确定数据仓库系统的软硬件配置、数据仓库分层设计模式、数据的存储结构、确定索引策略、确定数据存放位置、确定存储分配模式等。这部分应该是由项目经理和数据仓库架构师共同实施的。确定数据仓库实现的物理模型，要求设计人员必须做到以下三方面。

(1) 要全面了解所选用的数据库管理系统，特别是存储结构和存取方法。

(2) 了解数据环境、数据的使用频度、使用方式、数据规模以及响应时间要求等，这些是对时间和空间效率进行平衡和优化的重要依据。

(3) 了解外部存储设备的特性，如分块原则、块大小的规定、设备的 I/O 特性等。

一个好的物理模型设计还必须符合以下规则。

1. 确定数据的存储结构

一个数据库管理系统往往都提供多种存储结构供设计人员选用，不同的存储结构有不同的实现方式，各有各的适用范围和优缺点。设计人员在选择合适的存储结构时应该权衡存取时间、存储空间利用率和维护代价三个方面。

2. 确定索引策略

数据仓库的数据量很大，因而需要对数据的存取路径进行仔细的设计和选择。由于数据仓库的数据都是不常更新的，因而可以设计多种多样的索引结构来提高数据存取效率。在数据仓库中，设计人员可以考虑对各个数据存储建立专用的、复杂的索引，以获得最高的存取效率。因为在数据仓库中的数据是不常更新的，也就是说每个数据存储是稳定的，因而虽然建立专用的、复杂的索引有一定的代价，但一旦建立就几乎不需再付出维护索引的代价。

3. 确定数据存放位置

同一个主题的数据并不要求存放在相同的介质中。在物理模型设计时，常常要按数据的重要程度、使用频率以及对响应时间的要求进行分类，并将不同类的数据分别存储在不同的存储设备中。重要程度高、经常存取并对响应时间要求高的数据就存放在高速存储设备上，如硬盘；存取频率低或对存取响应时间要求低的数据则可以放在低速存储设备上，如磁盘或磁带。数据存放位置的确定还要考虑到一些其他因素，例如，决定是否进行表的合并，是否对一些经常性的应用建立数据序列，是否对常用的、不常修改的表或属性进行冗余存储。如果采用了这些技术，就要记入元数据。

4. 确定存储分配

许多数据库管理系统提供了一些存储分配的参数供设计者进行物理优化处理，如块的尺寸、缓冲区的大小和个数等，都要在物理模型设计时确定。

物理数据模型是依据中间层的逻辑模型创建的，它是通过模型的键码属性和模型的物理特性，扩展中层数据模型而建立的。物理数据模型由一系列物理表构成，其中最主要的是事实表模型和维度表模型。

物理模型中的事实表来源于逻辑模型中的主题，以客户主题为例，结合网上药店属性分析可设计网上药店用户分析模型中的事实表，如图 2-7 所示。

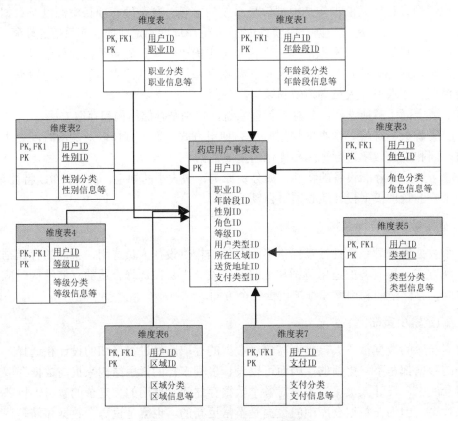

图 2-7 网上药店用户分析模型

数据仓库中的事实表一般很大，包含大量的业务信息。因此，在设计事实表时，可使事实表尽可能小，还要处理好数据的粒度问题。

设计维度表的目的是为了把参考事实表的数据放置在一个单独的表中，即将事实表中的数据有组织地分类，以便于进行数据分析。在数据仓库维度体系设计中，要详细定义维度类型、名称及成员说明，客户流失分析主要依据自然属性、用户属性、消费属性来建立维度表。

在物理建模的过程中，应根据概念模型和逻辑模型设计建立其他维度表，帮助决策分析。例如，本例中还可以有以下维度表。

(1) 时间维度表：年、季度、月、日。

(2) 地区维度表：省、市、市区、郊区、县城、乡镇。

(3) 用户类型维度表：标识用户对医药网站的重要程度信息，如医院采购客户、普通客户等。

(4) 职业维度表：定义用户的社会行业类别属性，帮助分析归类购买行为。

(5) 年龄段维度表：对用户所属消费年龄群体进行分类，帮助分析归类购买行为。

(6) 注册时间维度表：按用户注册网站时间长短进行分类，帮助分析归类购买行为。

(7) 购买类型维度表：用户所购买药品类型，如常备药、慢性病药、化疗药品等。

(8)　增值服务类型维度表：药品网站提供的各项增值业务的收费项目类别。

物理模型设计还有以下三个最基本的原则，这三点是数据库设计与优化的最低要求，其他设计与优化措施也要考虑。

(1)　尽量提高性能。

(2)　防止产生过多的碎片。

(3)　快速重整数据库。

这三个原则既有独立性，又密切相关，所以在数据仓库的开发中应注意以下三个方面的问题。

(1)　表空间的设计，主要考虑性能方面以及便于数据库的快速重整。

(2)　重点表的存储空间设计，主要考虑性能方面以及防止产生过多的碎片。

(3)　索引的设计，主要考虑性能方面以及索引的存储空间。

2.2.4　数据仓库的生成

1. 数据仓库生成的任务和目标

数据仓库生成需完成的任务和需实现的目标主要有以下几方面。

(1)　数据整合：从多个源系统中抽取、转换和加载数据，将不同数据源的数据整合到一个统一的数据仓库中。这包括数据清洗、数据集成和数据转换等过程。

(2)　数据存储：将整合的数据存储在数据仓库中，采用适当的物理模型和存储结构，以支持高效的数据访问和查询。

(3)　数据一致性和准确性：确保数据仓库中的数据是一致和准确的，经过清洗、验证和校验的数据，可以提供可靠的决策支持和分析结果。

(4)　数据查询和分析：提供强大的查询和分析功能，支持复杂的多维分析、数据挖掘和报表生成等需求。数据仓库应提供高性能的查询性能和灵活的分析能力。

(5)　决策支持：为企业决策提供可靠的数据基础，支持各级管理人员和业务用户做出准确、及时的决策。数据仓库的生成应满足业务需求和决策支持的要求。

(6)　可扩展性：数据仓库生成应具备良好的可扩展性，能够支持未来的数据增长和业务扩展。数据仓库的架构和设计应具备良好的扩展性，以满足不断变化的业务需求。

(7)　数据安全和权限控制：确保数据仓库中的数据安全，并实施适当的权限控制策略。只有授权用户可以访问和修改数据，保护敏感数据的机密性和完整性。

(8)　数据质量管理：通过数据清洗、验证和监控等手段，确保数据仓库中的数据质量达到预期的标准。数据仓库的生成需要关注数据质量管理的流程和策略。

数据仓库生成的任务是将分散的、异构的数据整合为一个统一的、一致的数据存储和分析平台，这样的数据平台可以支持企业决策和业务分析的需求，提供准确、可靠的数据基础。

2. 数据仓库生成的技术手段

在实际应用中常常把数据仓库生成的方法总结和拓展为 ETL。ETL 用来描述将数据从来源端经过抽取、转换、加载至目的端的过程。ETL 负责将分布的、异构数据源中的数据(如关系数据、平面数据文件等)抽取到临时中间层后进行清洗、转换、集成，最后加载到数据仓库或数据集中，成为联机分析处理、数据挖掘的基础。

ETL 过程在很大程度上受企业对元数据的理解程度的影响，也就是说从业务的角度看数据集成非常重要。一个优秀的 ETL 设计应该具有如下功能。

1) 管理简单

采用元数据方法，集中进行管理；接口、数据格式、传输有严格的规范；尽量不在外部数据源安装软件；数据抽取系统流程自动化，并有自动调度功能；抽取的数据及时、准确、完整；可以提供同各种数据系统的接口，系统适应性强；提供软件框架系统，系统功能改变时，应用程序改变很少便可适应变化；可扩展性强。

2) 标准定义数据

合理的业务模型设计对 ETL 至关重要。数据仓库是企业唯一、真实、可靠的综合数据平台。数据仓库的建模常用星型模型和雪花模型，并按照建模三层次流程进行设计。无论哪种设计思想，都应该最大化地涵盖关键业务数据，把运营环境中杂乱无序的数据结构统一成为合理的、关联的、分析型的新结构，而 ETL 则会依照模型的定义去提取数据源，进行转换、清洗，并最终加载到目标数据仓库中。

模型的重要之处在于对数据做标准化定义，实现统一的编码、统一的分类和组织。标准化定义的内容包括：标准代码统一、业务术语统一。ETL 依照模型进行初始加载、增量加载、缓慢增长维、慢速变化维、事实表加载等数据集成，并根据业务需求制定相应的加载策略、刷新策略、汇总策略和维护策略。

3) 拓展新型应用

对业务数据本身及其运行环境的描述与定义的数据，称之为元数据。元数据是描述数据的数据。从某种意义上说，业务数据主要是用于支持业务系统应用的数据，而元数据则是企业信息门户、客户关系管理、数据仓库、决策支持和 B2B 等新型应用所不可或缺的内容。

元数据的典型表现为对象的描述，即对数据库、表、列、列属性(类型、格式、约束等)以及主键/外部键关联等的描述。特别是在现行应用的异构性与分布性越来越普遍的情况下，统一的元数据就愈发重要了。"信息孤岛"曾经是很多企业对其应用现状的一种抱怨和概括，而合理的元数据则会有效地描绘出信息的关联性。

元数据的作用对于 ETL 的集中表现为：定义数据源的位置及数据源的属性、确定从源数据到目标数据的对应规则、确定相关的业务逻辑、确定在数据实际加载前的其他必要的准备工作等，这些一般贯穿整个数据仓库项目，而 ETL 的所有过程必须最大化地参照元数据，这样才能快速实现 ETL。

为了能更好地实现 ETL，在实施 ETL 过程中应注意以下几点。

(1) 如果条件允许，可利用数据中转区对运营数据进行预处理，保证集成与加载的高效性。

(2) 如果 ETL 的过程是主动"拉取"，而不是从内部"推送"，其可控性将大为增强。

(3) ETL 之前应制定流程化的配置管理和标准协议。

(4) 关键数据标准化至关重要。目前，ETL 面临的最大挑战是当接收数据时其各元数据的异构性和低质量。而 ETL 在处理过程中会定义一个关键数据标准，并在此基础上，制定相应的数据接口标准。

2.2.5　数据仓库的运行与维护

数据仓库的运行与维护的主要工作是建立决策支持系统(Decision Support System，DSS)应用，即使用数据仓库理解需求，调整和完善系统，维护数据仓库。

DSS 能够为决策者提供所需的数据、信息和背景资料，帮助明确决策目标和进行问题的识别，建立或修改决策模型，提供各种备选方案，并且对各种方案进行评价和优选，通过人机交互功能进行分析、比较和判断，为正确的决策提供必要的支持。

1. 建立 DSS 应用

1)　DSS 应用的特点

DSS 应用具备的特点包括以下方面。

(1) 面向决策：DSS 应用旨在帮助用户做出决策。它提供了数据分析、可视化和决策模型等功能，以支持用户在复杂和不确定的环境中进行决策。

(2) 数据驱动：DSS 应用基于数据进行决策支持。它集成和分析来自多个数据源的数据，并提供数据可视化、报表和查询功能，以帮助用户理解和利用数据来做出决策。

(3) 实时性和交互性：DSS 应用通常具有实时性和交互性。它能够及时获取最新的数据，并支持用户与数据进行交互、探索和分析，以便快速做出决策。

(4) 多维分析：DSS 应用支持多维分析，用户可以从不同角度和维度对数据进行分析和切片，以获取对数据深入的洞察和全面的视角。

(5) 可视化展示：DSS 应用提供丰富的可视化展示功能，如图表、仪表板和报表等。通过可视化展示数据，用户可以更直观地理解和分析数据，从而为正确的决策提供更好的支持。

(6) 灵活性和可定制性：DSS 应用具有灵活性和可定制性。它可以根据用户的需求和偏好进行定制，包括自定义报表、指标、查询界面等，以适应不同用户的决策需求。

(7) 敏捷性和快速响应：DSS 应用通常具有敏捷性和快速响应的特点。它能够快速适应业务变化和新的决策需求，及时提供最新的数据和分析结果，以支持快速决策。

(8) 决策模型和智能算法：DSS 应用可以集成决策模型和智能算法，帮助用户进行决策分析和优化。这包括统计分析、预测模型、优化算法和机器学习等技术的应用。

(9) 协作与共享：DSS 应用支持用户之间的协作和共享。用户可以共享数据、报表和分析结果，进行团队协作，促进知识共享和决策的一致性。

(10) 决策追溯和审计：DSS 应用具有决策追溯和审计功能，记录和跟踪决策过程、参数设置和决策结果，以便追溯决策的合理性和可信度。

这些特点使得 DSS 应用成为组织在决策过程中的有力工具，提供准确、全面和及时的决策支持。

2)　DSS 应用开发的步骤

DSS 应用开发的一般步骤如下。

(1) 确定需求：与用户和利益相关者合作，明确 DSS 应用的目标、范围和功能需求。了解用户的决策需求和业务流程，确保应用能够满足他们的需求。

(2) 数据收集与整合：确定所需的数据来源，包括内部和外部数据。设计数据收集和整合策略，考虑数据抽取、清洗、转换和加载等步骤，将数据整合到数据仓库或数据湖中。

(3) 数据建模与准备：设计合适的数据模型，以支持 DSS 应用所需的数据分析和查询。进行数据清洗、转换和加工，以确保数据的准确性和一致性。创建数据集、指标和维度，以便用户进行数据分析和报表生成。

(4) 分析工具选择与开发：选择合适的分析工具或开发环境，以实现 DSS 应用的功能和特性。其包括商业智能工具、数据可视化工具、编程语言和开发框架等。根据需求开发报表、仪表板、查询界面等功能。

(5) 用户界面设计与开发：设计直观、易用的用户界面，以方便用户进行数据查询、分析和决策。考虑用户交互和可视化需求，设计可自定义和交互性强的界面。

(6) 数据分析与挖掘：根据业务需求和用户期望，设计、开发数据分析和挖掘功能。建立基于规则的决策模型、统计分析、预测建模、机器学习和数据挖掘等。

(7) 应用开发与测试：基于需求和设计，进行 DSS 应用的开发和编码。进行系统测试和用户验收测试，确保应用的功能和性能符合预期。

(8) 部署与上线：将 DSS 应用部署到目标环境中，配置服务器和数据库，确保可用性和性能可靠性。同时进行系统集成和用户培训，确保用户能够正确使用和理解应用。

(9) 监测与优化：持续监测 DSS 应用的运行情况，收集关键指标和用户反馈。根据分析结果进行优化和调整，以提高应用的效果和性能。

(10) 维护与更新：定期进行应用的维护和更新，包括数据更新、软件升级和功能扩展等。与用户和利益相关者保持沟通，持续改进和满足他们的需求。

上述步骤是一个基本的开发流程，可以根据具体的项目需求进行调整和扩展。在整个开发过程中，与用户和利益相关者的紧密合作和反馈非常重要，以确保开发出符合用户需求的高质量 DSS 应用。

2. 完善系统，维护数据仓库

数据仓库的开发是逐步完善原型法的开发过程，它要求尽快地让系统运行起来，尽早产生效益；要在系统运行或使用中，不断地理解需求，改进和完善系统。

维护数据仓库的工作主要是管理日常数据装入的工作，包括刷新数据仓库的当前详细数据，将过时的数据转化成历史数据，清除不再使用的数据，管理元数据等；同时还要能利用接口定期从操作型环境向数据仓库追加数据，确定数据仓库的数据刷新频率等。

2.3 联机分析处理

联机分析处理(On-Line Analytical Processing，OLAP)是一种数据分析技术，用于从大量数据中提取和分析多维信息。OLAP 主要用于支持 DSS 和商业智能(Business Intelligence，BI)应用。

2.3.1 联机分析处理的定义

联机分析处理(OLAP)是一种计算机技术和方法，用于对大规模、多维数据进行快速、灵活的分析和查询。在 OLAP 中，数据以多维数据模型来组织和表示，允许用户通过多个维度对数据进行切片、钻取、旋转和聚合,以获取多角度的数据分析结果。通过使用数据立方体(data cube)和查询语言(如 MDX,多维表达式语言),OLAP 能够提供高性能的数据分析和查询功能。

OLAP 的主要特点和功能包括以下几点。

(1) 多维数据分析:OLAP 支持多维数据分析,可以从不同的维度(如时间、地理位置、产品类别等)对数据进行切片、钻取和旋转,从而获得多角度的洞察和分析。

(2) 快速响应:OLAP 引擎具有高性能和快速响应的特点,可以处理大规模数据集和复杂查询,提供实时或接近实时的查询结果。

(3) 聚集和汇总:OLAP 可以根据事实数据的不同层次进行聚集和汇总,以支持不同层次的数据分析和摘要。

(4) 多维数据模型:OLAP 使用多维数据模型(如星型模型或雪花模型)来组织和表示数据,以便进行高效的分析和查询。

(5) 数据立方体:OLAP 通过数据立方体来表示和存储多维数据。数据立方体是一个多维数组,其中每个单元格包含聚合的数据值。

(6) 分析功能:OLAP 提供丰富的分析功能,如切片(slice)、钻取(drill)、旋转(pivot)、过滤(filter)、排序(sort)等,以帮助用户探索和分析数据。

(7) 可视化展示:OLAP 结果可以以图表、仪表板、报表等形式进行可视化展示,以便用户更好地理解和传达数据分析结果。

(8) 基于查询的分析:OLAP 使用查询语言(如多维表达式语言)来进行数据分析和查询。用户可以使用查询语言编写复杂的查询,从数据立方体中提取所需的信息。

(9) 数据挖掘和预测:OLAP 可以与数据挖掘和预测模型集成,以发现隐藏的模式、趋势和关联规则,从而提供更深入的分析和决策支持。

OLAP 技术使得用户能够以直观和交互的方式探索和分析大规模数据,从而获得深入的洞察和决策支持。它在商业智能、数据仓库和决策支持系统等领域得到广泛应用。

2.3.2　联机分析处理的多维数据存储

联机分析处理使用多维数据存储来组织和表示数据,以支持多维分析和查询。多维数据存储是一种特定的数据结构,用于有效地存储和检索多维数据。

假设有一个销售数据集,其中包含产品、时间和地区三个维度,并且有一个销售金额的指标。我们可以使用一个三维的数据立方体来表示这些数据,如图 2-8 所示。

在图 2-8 中,每个单元格表示具有特定维度组合的数据值。例如,单元格(A)表示在 2022 年 1 月销售到美国的产品 A 的销售额为 100 美元;单元格(B)表示在 2022 年 2 月销售到美国的产品 B 的销售额为 200 美元;单元格(C)表示在 2022 年 1 月销售到加拿大的产品 C 的销售额为 150 美元;单元格(D)表示在 2022 年 2 月销售到加拿大的产品 D 的销售额为 300 美元。

通过使用多维数据存储,我们可以轻松地进行多维分析和查询。例如,可以通过切片、钻取和旋转操作对数据进行分析,按时间查看销售趋势、按地区分析销售表现等。

图 2-8 中只展示了简单的示例数据,实际的多维数据存储可能包含更多的维度和指标,以及更大规模的数据集。多维数据存储的设计和表示方式会根据具体的需求和应用场景而

有所不同，但遵循的基本原理和概念是一致的。

```
+------------+---------------+-------------+-----------+
|            |    Product    |    Time     |  Region   |
+------------+---------------+-------------+-----------+
| Cell |     |   Sales ($)   | Year/Month  |  Country  |
+------------+---------------+-------------+-----------+
|  A   |     |     100       |  2022/Jan   |   USA     |
+------------+---------------+-------------+-----------+
|  B   |     |     200       |  2022/Feb   |   USA     |
+------------+---------------+-------------+-----------+
|  C   |     |     150       |  2022/Jan   |  Canada   |
+------------+---------------+-------------+-----------+
|  D   |     |     300       |  2022/Feb   |  Canada   |
+------------+---------------+-------------+-----------+
```

图 2-8　使用三维数据立方体表示销售数据集

在多维数据存储中，数据被组织为数据立方体，其中每个维度都对应立方体的一个轴，而数据值则存储在立方体的单元格中。常见的多维数据存储模型包括以下几种。

(1) 基于多维数组的存储：这是最简单和最直观的多维数据存储模型。数据立方体被表示为一个多维数组，每个维度对应一个数组的维度。每个单元格中存储了对应维度组合的数据值。

(2) 基于稀疏矩阵的存储：对于大型的数据立方体，存储所有可能的维度组合可能会导致大量的冗余和空间浪费。因此，可以使用稀疏矩阵的概念来存储仅包含非空单元格的数据。

(3) 基于位图的存储：位图存储是一种基于位运算的高效存储方法。对于每个维度，使用位图表示每个可能的属性值的存在与否。通过对位图进行位运算，可以快速筛选和聚合数据。

(4) 基于索引的存储：在多维数据存储中，使用各种索引技术来加快数据检索和查询操作的速度。例如，使用 B 树、R 树、哈希索引等来加速维度和数据值的查找。

这些多维数据存储模型可以根据具体的应用和数据特点进行选择和组合。旨在提供高效的数据存储和查询性能，以支持多维分析和快速决策。通过合理的多维数据存储设计，可以优化数据访问和查询操作的效率，提供更好的用户体验和分析能力。

2.3.3　联机分析处理的分类

联机分析处理可以根据不同的分类方式进行分类，常见的 OLAP 分类方法有以下几种。

1. 按数据存储方式分类

(1) 基于多维数组的 OLAP(MOLAP)：数据以多维数组的形式存储在 OLAP 服务器中，适用于小到中等规模的数据集，提供较快的查询性能。MOLAP 以多维数据库(MultiDimensional Data Base，MDDB)为核心，以多维方式存储数据。MDDB 由许多经过压缩的、类似于数组的对象构成，每个对象又由单元块聚集而成，然后单元块通过直接的偏移计算来进行存取，表现出来的结构是立方体。MOLAP 的结构如图 2-9 所示。

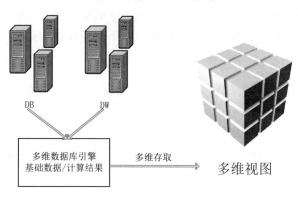

图 2-9　MOLAP 的结构

MOLAP 应用逻辑层与 DB 服务器合为一体，数据的检索和存储由 DW 或者 DB 负责；全部的 OLAP 需求由应用逻辑层执行。来源于不同的业务系统的数据利用批处理过程添加到 MDDB 中去，当载入成功之后，MDDB 会自动进行预综合处理，建立相应的索引，从而提高了查询分析的性能和效果。

(2)　基于关系数据库的 OLAP(ROLAP)：数据存储在关系数据库 DB 中，通过 SQL 查询语言进行查询和分析，适用于大规模数据集和复杂的分析需求。ROLAP 的结构如图 2-10 所示。

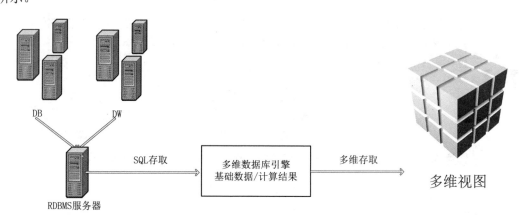

图 2-10　ROLAP 的结构

为了更好地在关系型数据库中存储和表示多维数据，多维数据结构在 ROLAP 中分为两个类型的数据表：其一是事实表，事实表中存放了维度的外键信息和变量信息；其二是维度表，多维数据模型中的每个维度都至少包含了一个表，维度表中包含了维的成员类别信息、维度的层次信息以及对事实表的描述信息。数据模型主要包含星型模型和雪花模型，多维数据模型在定义完毕之后，来自不同数据源的数据将被添加到数据仓库中，然后系统将根据多维数据模型的需求对数据进行整合，并且通过索引的创建来优化存取的效率。最后在进行多维数据分析的时候，将用户的请求语句通过 ROLAP 引擎动态地翻译为 SQL 请求，然后经过传统的关系数据库 DB 来对 SQL 请求进行处理，最后将查询的结果经多维处理后返回给用户。

(3) 混合型 OLAP(HOLAP)：结合了 MOLAP 和 ROLAP 的特点，将部分数据以多维数组方式存储，部分数据以关系数据库方式存储，以平衡查询性能和存储效率。

2. 按分析操作类型分类

(1) 切片和钻取：根据某个或多个维度对数据进行切片(按某个维度过滤数据)和钻取(通过增加维度进行更详细的分析)。

(2) 旋转：将数据从一个维度旋转到另一个维度，以便更好地观察和分析数据。

(3) 上卷和钻取：对数据进行聚合(合并数据到更高层次的摘要)和细化(展开数据到更详细的层次)。

OLAP 的多维分析操作如图 2-11 所示。

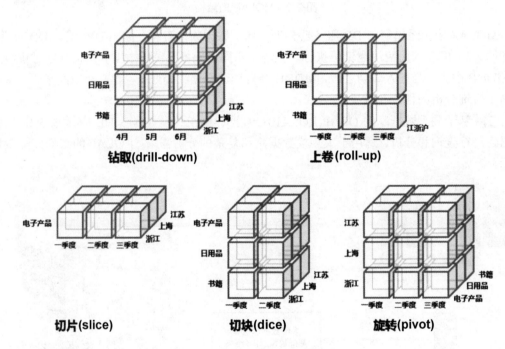

图 2-11　OLAP 的多维分析操作

3. 按数据模型分类

(1) 多维数据模型：使用多维数据结构(如数据立方体)来组织和表示数据，支持多维分析。

(2) 关系数据模型：使用关系数据库模型(如表和关联关系)来存储和处理数据，通过 SQL 查询语言进行分析。

4. 按使用方式分类

(1) 基于应用的 OLAP(application-oriented OLAP)：针对特定的业务应用或行业领域进行定制开发的 OLAP 解决方案。

(2) 基于用户的 OLAP(user-oriented OLAP)：提供自助式的 OLAP 工具和界面，使用户能够自行进行数据分析和查询。

这些分类方式并不是相互独立的，实际上，OLAP 系统可能同时具有多种特征和分类。具体选择哪种 OLAP 类型取决于数据规模、分析需求、性能要求和系统架构等因素。

小　　结

本章主要介绍数据仓库的定义特点、系统结构、数据模型和设计步骤，并介绍联机分析处理的定义、分类及多维数据存储。通过本章的学习，我们可以对数据仓库和 OLAP 有较为全面的了解。此外，我们需要知道，数据仓库和 OLAP 是相互关联且相互支持的概念和技术。数据仓库为 OLAP 提供了稳定、一致的数据源；而 OLAP 则利用数据仓库中的数据，提供多维分析和查询的能力。结合数据仓库和 OLAP，组织可以从庞大的数据中提取有价值的信息，并进行深入的业务分析和决策制定。

思　考　题

1. 数据仓库的数据模型形态有哪几种？
2. 请在下图中标出数据建模的 3 个层次。

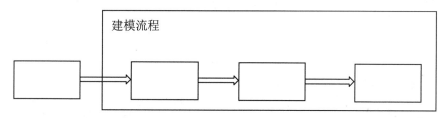

3. 在数据仓库的设计过程中，物理模型设计应该遵循的规则包括哪些？如何设计物理模型中的事实表？
4. 什么是联机分析处理？其包括哪些分类？

第 **3** 章

数据预处理

　　数据预处理是数据分析和机器学习任务中至关重要的一步，它涉及对原始数据进行清洗、转换和整理，以使数据能够更好地适用于后续的分析和建模过程。不同的问题和数据类型可能需要不同的数据预处理技术，因此在实际应用中，数据预处理是一个灵活和逐步优化的过程。本章主要从数据预处理方法、数据清洗、数据集成、数据转换等方面进行介绍，让读者能够系统掌握有关数据预处理的相关知识。

3.1 数据预处理概述

数据预处理(data preprocessing)是指在进行数据分析或进行机器学习任务之前,对原始数据进行清洗、转换和整理的过程。数据预处理的整体目标是消除数据中的噪声、处理缺失值、解决数据不一致性,并将数据转换为更具意义和有用的形式。

3.1.1 数据预处理的目的

数据预处理主要是为保证数据的质量,包括确保数据的准确性、完整性和一致性,其目的具体包括以下三个方面。

(1) 把数据转换成可视化更直观的及便于分析、传送或进一步处理的形式。

(2) 从大量的原始数据中抽取部分数据,推导出对人们有价值的信息以作为行动和决策的依据。

(3) 利用计算机科学地保存和管理经过处理(如校验、整理等)的大量数据,这样更方便人们充分地利用这些宝贵的信息资源。

3.1.2 数据预处理的方法

数据预处理是指在处理数据之前对数据进行一些必要的处理。例如,在对大部分地球物理面积性观测数据进行转换或增强处理之前,首先将不规则分布的测网经过插值转换为规则网的处理,以利于计算机的运算。另外,对于一些剖面测量数据,数据预处理时可以采取垂直叠加、重排、加道头、编辑、重新取样、多路编辑等操作。

数据预处理会占用许多时间,但这是必不可少的一个步骤。数据预处理的主要目的就是在数据计算的过程中,可以提升分析结果的准确性、缩短计算过程,使信息资源能够更好地为我们服务。

四类数据预处理方法可以概括为数据清理、数据集成、数据变换和数据规约。

1) 数据清理

数据清洗是数据预处理的一个重要步骤,旨在检查、处理和纠正原始数据中的错误、缺失、重复、不一致或不完整的记录,以确保数据的质量和准确性。数据清洗是数据分析和机器学习任务中不可或缺的一步,它可以提高模型的准确性、可靠性和泛化能力。

2) 数据集成

数据集成是将来自不同数据源的数据整合为一个一致的数据集的过程。在现实世界中,数据通常分布在不同的数据库、文件、API或系统中,而这些数据源可能具有不同的结构、格式和存储方式。数据集成的目标是将这些分散的数据源整合为一个统一的数据集,以便进行综合分析、洞察和决策。

数据集成涉及以下关键方面的问题。

(1) 数据源识别:首先,需要确定要整合的数据源。这可以包括数据库、数据仓库、日志文件、API等。对于每个数据源,需要了解其结构、数据类型和访问方式。

(2) 数据模式映射:在数据集成过程中,需要对不同数据源的数据模式进行映射和匹配。这包括识别相同的字段、定义字段的数据类型和规范，以确保数据能够正确地整合在一起。

(3) 数据转换：由于不同数据源的数据格式和结构不同，就需要进行数据转换。这包括数据类型转换、日期格式统一、单位转换等。数据转换确保了数据在整合后的一致性和可比性。

(4) 数据合并和连接：在数据集成过程中，需要根据关联键或共享字段将不同数据源中的数据进行合并和连接。这可以通过数据库的连接操作、关联键的匹配或其他数据合并方法来实现。

(5) 数据冲突解决：在不同数据源中可能存在数据冲突，即同一实体的不同数据源之间存在差异。解决数据冲突的方法可以是选择某个数据源的优先权、进行数据合并和聚合，或者根据业务规则进行决策。

(6) 数据一致性和完整性保障：在数据集成过程中，需要确保整合后的数据集具有一致性和完整性。这可以通过数据验证和清洗来实现，包括检查数据的唯一性、完整性和逻辑关系等。

(7) 数据集成策略和架构：数据集成需要制定适当的策略和架构。这包括选择合适的数据集成工具、确定数据集成的工作流程和周期性，以及设计适合数据集成需求的体系结构。

数据集成的目的是将分散的数据整合为一个一致的数据集，使数据分析、报告和决策过程更加高效和准确。它提供了包含整体数据的全面视图，帮助用户发现关联性、洞察和趋势，并支持数据驱动的决策制定。

3) 数据变换

数据变换是指对原始数据进行转换、映射或重构的过程，以便更好地适应特定的分析、建模或应用需求。数据变换可以改变数据的表达方式、结构或特征，从而提取更有用的信息或使数据更适合于特定的任务。数据变换的操作包括以下方面。

(1) 光滑：即去掉数据中的噪声，有分箱、回归和聚类等方法。

(2) 聚集：对数据进行汇总或聚集，如计算日销售数据、年销售数据等。

(3) 数据泛化：使用概念分层，例如工资水平高、中、低分层。

(4) 规范化：将属性数据按比例缩放，使之落在特定的区间，如[-1,0]或[0,1]。

(5) 离散化：数值属性的原始值用区间标签或概念标签替换，如将具体的年龄替换成youth、adult、senior，可以通过分箱、聚类、决策树等技术离散化。

(6) 属性构造：由给定的属性构造和添加新的属性，帮助提高准确率和对高维数据结构的理解。用户可以构造新的属性并添加到属性集中。

4) 数据规约

数据规约是一种数据预处理技术，旨在减少数据集的规模和复杂性，同时保持数据集的代表性和信息完整性。数据规约可以通过降低数据维度、压缩数据存储、合并相似数据等方式来实现。

数据规约的策略主要有数据立方体聚集、维规约、数据压缩、数值规约和概念分层。

(1) 数据立方体聚集：聚集操作用于数据立方体结构中的数据。数据立方体存储多维聚集信息。每个单元存放一个聚集值，对应于多维空间的一个数点，每个属性可能存在概念分层，允许在多个抽象层进行数据分析。

(2) 维规约：可以通过删除不相关的属性(或维)来减少不必要的数据量，这样不仅可以压缩数据集，而且还减少在发现模式上的属性数目，通常采用属性子集选择方法找出最小属性集，使得数据类的概率分布尽可能地接近使用所有属性的原分布。

(3) 数据压缩：数据压缩分为无损压缩和有损压缩，比较流行和有效的有损数据压缩方法是小波变换和主要成分分析，小波变换对于稀疏或倾斜数据以及具有有序属性的数据有很好的压缩效果。

(4) 数值规约：数值规约通过选择可替代的、较小的数据表示形式来减少数据量。数值归约技术可以是有参的，也可以是无参的。有参方法是使用一个模型来评估数据，只需存放参数，而不需要存放实际数据；无参方法有聚类、抽样和直方图。

(5) 概念分层：概念分层通过收集并用较高层的概念替换较低层的概念来定义数值属性的一个离散化。概念分层可以用来归约数据，尽管通过这种概化数据细节丢失了，但概化后的数据更有意义、更容易理解，并且所需的空间比原数据少。

3.2 数据清洗

数据清洗旨在识别和处理数据中的噪声、错误、缺失值和不一致性，以提高数据的质量和可靠性。数据清洗是确保数据准确性的关键步骤，因为原始数据通常包含许多问题，这些问题可能会对后续的分析和建模产生不良影响。

3.2.1 数据清洗的方法和步骤

数据清洗对于提升数据分析结果的准确率至关重要，因此在数据分析工作的过程中占用的时间在 70%以上，所以要特别地重视数据清洗工作。数据清洗的步骤包括以下方面。

1. 预处理阶段

在对数据进行预处理阶段，需要做的工作包括两个方面。

(1) 把数据导入处理工具：一般情况，建议使用数据库，搭建 MySQL 环境即可。如果数据量大(千万级以上)，可使用"文本文件存储加 Python 操作"的方式。

(2) 观察数据：观察数据包含两个部分：①观察元数据，包括字段解释、数据来源、代码表等一切描述数据的信息；②抽取部分数据，用人工查看方式，对数据本身有一个直观的了解，并且初步发现一些问题，为后面的处理做准备。

2. 缺失值清洗

存在缺失值是很常见的数据问题，一般来说，处理缺失值的方法步骤如下。

(1) 确定缺失值范围：对每个字段都计算其缺失值比例，然后按照缺失比例和字段重要性，分别制定策略。例如，重要性高的情况下，如果缺失率低，则采用计算填充、经验或业务知识估计的策略；如果缺失率高，则采用尝试从其他渠道取数补全、使用其他字段通过计算获取、去除字段并在结果中标明的策略。在要求不是很高的情况下，如果缺失率低，则采用不做处理或简单填充的策略；如果缺失率高，则采用去除该字段的策略。

(2) 去除不需要的字段：实际操作中我们直接删掉即可，不过需要提醒大家的是清洗数据的时候每做一步都进行一次备份，或者先在小规模数据上试验成功再应到大量的数据上，以免删错数据。

(3) 填充缺失内容：这是因为某些缺失值可以进行填充，方法包括：①以业务知识或经验推测填充缺失值；②以同一指标的计算结果(均值、中位数、众数等)填充缺失值；③以不同指标的计算结果填充缺失值。

(4) 重新取数：这是由于某些指标非常重要但缺失率高，那就需要和取数人员或业务人员了解情况，是否有其他渠道可以取到相关数据。

【实例 3-1】本实例对缺失值的处理进行具体讲解，如表 3-1 所示的数据集，假设由于数据传输的问题，导致我们发送给他人的部分数据丢失，因此我们该如何补充数据集中缺失的值？我们使用定性值的众数和定量值的舍入平均值，基于对象为同一类，目标属性"关系"具有相同的标签。

表 3-1　缺失值的填充

有缺失值的数据				无缺失值的数据			
职业	年龄	运动	关系	职业	年龄	运动	关系
教师	39	多	好	教师	39	多	好
			好	教师	34	少	好
乘务员	42	少	好	乘务员	42	少	好
警察	36	多	差	警察	36	多	差
教师	41		好	教师	41	多	好
教师			差	教师	50	少	差
警察		很多	好	警察	35	很多	好
教师	45	少	差	教师	45	少	差
乘务员	52	多	好	乘务员	52	多	好

在本例中，缺失值有可能是重要的信息，在某些情况下，属性必须要有一个缺失值，如住宅地址的公寓号。这时我们不能认为数据值是丢失的，而实际上是不存在的。一般来说，不存在的值很难自动处理，一种可能的方法是创建另一个相关属性，以指示另一个属性中的值何时不存在。

3. 格式内容清洗

如果数据是由系统日志而来，那么通常在格式和内容方面会与元数据的描述一致。而如果数据是由人工收集或用户填写而来的，则有很大可能性在格式和内容上存在一些问题，格式内容问题包括以下几种。

(1) 时间、日期、数值、全半角等显示格式不一致：这种问题主要跟输入端有关，另外，在整合多来源数据时也有可能遇到，对此，我们只需将其处理成一致的某种格式即可。

(2) 内容中有不该存在的字符：在某些内容中，如身份证号为数字+字母，中国人姓名通常为汉字，如果出现姓名中存在数字符号、身份证号中出现汉字等问题，这种情况下，需要以半自动校验半人工方式来找出可能存在的问题，并去除不需要的字符。

(3) 内容与该字段应有内容不符：内容与该字段应有内容不符的问题，如性别写成姓名、身份证号写成电话号码等。该问题的特殊性并不能简单地以删除来处理，因为成因有可能是人工填写错误，也有可能是前端没有校验，还可能是导入数据时部分或全部存在列没有对齐的问题，因此要详细识别问题类型。

以上列举的几类格式内容问题属于细节问题，实际操作中这类问题容易被疏忽而导致分析失误。因此，对格式内容清洗时务必细心，尤其在处理人工收集而来的数据时需要格外注意。

4. 逻辑错误清洗

逻辑错误的清洗操作主要包括以下几种。

1) 去重

关于去重的问题，例如，某个地图系统中存在两条路，分别叫"南桥路"和"西南桥路"，这时由于两条路并不是同一条路，因此不能直接去重。

另外，在一张表中，有的数据列允许重复，有的数据列则不允许重复。例如，对于一张车主信息表来说，姓名、身份证号可以重复，因为存在一人登记多辆车的情形，这种重复，不能认为是错误，也就不能去重。但是，车牌号则不允许重复，否则就存在业务逻辑的错误。所以，针对车牌号数据列，要进行去重操作。

2) 去除不合理值

如果有人填表时将年龄填为 300 岁，性别为"汉"，很明显这种填写不合理，那么就需要做删除处理或按缺失值处理。

3) 修正矛盾内容

某些字段可进行互相验证，比如身份证号码为1101011990********，年龄填写为 15 岁，此时，我们需要根据字段的数据来源，以此判定哪个字段提供的信息更为可靠，然后去除或重构不可靠的字段。

以上只列举了几种类逻辑错误，在实际操作中需根据实际问题酌情处理，在数据分析建模过程中此步骤可能重复进行，因为即使问题很简单，也并不能保证一次找出所有问题。因此，我们需要使用工具和方法，尽量减少问题出现的可能性，使分析过程更为高效。

5. 非需求数据清洗

非需求数据清洗主要是对不要的数据进行清除，在处理过程中容易出现的问题有如下几种情况：

(1) 误把看起来不需要而实际对业务很重要的字段删除。

(2) 不确定某个字段是否该删。

(3) 看错而导致删错字段。

针对问题(1)、(2)，通常尽量不做删除，除非数据量特别大而导致必须删除才可进行数据处理；对问题(3)主要是需要经常备份数据。

6. 关联性验证

关联性验证针对多个来源数据的关联整合。例如，你有线下购买小车的信息，也有电话客服问卷信息，两者通过姓名和手机号关联，要确认同一个人线下登记的车辆信息和线上问卷填写的车辆信息是否同一辆，如果不是，就需要调整或去除数据。

多个来源的数据整合工作比较复杂，我们一定要注意数据之间的关联性，尽量在分析过程中注意数据之间的互相矛盾问题。

假设我们有一个销售数据集，包含产品编号、销售日期、销售数量和销售金额等字段。在数据审查过程中，发现数据集中存在以下问题。

(1) 缺失值：某些记录的销售数量和销售金额字段为空，需要进行缺失值处理。我们可以选择删除这些记录或使用平均值进行填充。

(2) 异常值：某些记录的销售数量为负数，这是不合理的，需要处理异常值。我们可以将这些异常值替换为正确的值或将其视为缺失值进行处理。

(3) 重复值：数据集中有一些记录是重复的，即产品编号、销售日期、销售数量和销售金额完全相同。我们需要删除这些重复记录，以避免对分析结果产生影响。

(4) 数据格式规范化：销售日期字段的格式不一致，有的使用"YYYY-MM-DD"格式，有的使用"MM/DD/YYYY"格式。我们需要将日期格式统一为"YYYY-MM-DD"。

(5) 数据类型转换：销售数量和销售金额字段的数据类型应为数值型，但可能被错误地定义为文本型。我们需要将其转换为正确的数据类型。

(6) 数据一致性检查：我们需要验证销售数量和销售金额之间的关系是否正确，例如，是否存在数量为 0 但金额不为 0 的记录，或数量和金额之间的逻辑关系是否合理。

(7) 数据采样和筛选：根据分析需求，我们可能只对某个特定时间段或某个产品类别的数据感兴趣，可以根据条件进行数据筛选。

通过以上步骤，我们可以对销售数据集进行数据清洗，确保数据的准确性、一致性和可靠性，为后续的分析和建模提供高质量的数据基础。

总之，数据清洗是一个关键的数据预处理步骤，用于发现和处理原始数据中的错误、缺失、重复、不一致或不完整的记录。通过适当的方法和步骤进行数据清洗，可以提高数据的质量、准确性和可靠性。

3.2.2　缺失值的识别与处理技巧

缺失值是指粗糙数据中由于缺少信息而造成的数据的聚类、分组、删失或截断。它指的是现有数据集中某个或某些属性的值是不完全的。数据挖掘所面对的数据不是特地为某个挖掘目的而收集的，所以可能与分析相关的属性并未收集(或某段时间以后才开始收集)，这类属性的缺失不能用缺失值的处理方法进行处理，因为它们未提供任何不完全数据的信息，它和缺失某些属性的值有着本质的区别。缺失值产生的原因包括机械原因和人为原因。

(1) 机械原因是指因为硬件故障导致的数据收集或保存的失败而造成的数据缺失，例如数据存储的失败、存储器损坏、机械故障导致某段时间数据未能收集(对于定时数据采集而言)。

(2) 人为原因是指因为人的主观失误、历史局限或有意隐瞒造成的数据缺失，例如，在市场调查中被访人隐藏相关问题的答案，或者回答的问题是无效的，以及数据录入人员失误漏录数据等。

1. 缺失值的识别

R 语言对缺失值的识别方法如下。

(1) 使用 is.na()检测向量类型缺失值是否存在，并用 which()函数实现缺失值的填补。

```
(x<-c(1,2,3,NA))
is.na(x)   #返回一个逻辑向量，TRUE 为缺失值，FALSE 为非缺失值
```

```
table(is.na(x))  #统计分类个数
sum(x)  #当向量存在缺失值的时候统计结果也是缺失值
sum(x,na.rm = TRUE)  #很多函数里都有 na.rm=TRUE 参数,此参数可以在运算时移除缺失值
(x[which(is.na(x))]<-0)  #可以用 which()函数代替缺失值,which()函数返回符合条件
的响应位置
```

(2) 使用 is.na()判断数据框类型缺失值是否存在,通过 which()函数实现缺失值的填补,并通过使用 na.omit()删除缺失值所在行。

```
(test<-data.frame(x=c(1,2,3,4,NA),y=c(6,7,NA,8,9)))
is.na(test)  #判断是否存在缺失值
which(is.na(test),arr.ind = T)  #arr.ind=T 可以返回缺失值的相应行列坐标
test[which(is.na(test),arr.ind = T)]<-0  #结合 which()函数进行缺失值替代
(test_omit<-na.omit(data.frame(x=c(1,2,3,4,NA),y=c(6,7,NA,8,9))))  #na.o
mit()函数可以直接删除缺失值所在的行
```

(3) 识别缺失值的基本语法汇总。

```
str(airquality)
complete.cases(airquality)  #判断数据集是否有缺失值

airquality[complete.cases(airquality),]  #列出没有缺失值的行
nrow(airquality[complete.cases(airquality),])  #计算没有缺失值的样本量

airquality[!complete.cases(airquality),]  #列出有缺失值的行
nrow(airquality[!complete.cases(airquality),])  #计算有缺失值的样本量

is.na(airquality$Ozone)  #TRUE 为缺失值,FALSE 为非缺失值
table(is.na(airquality$Ozone))
complete.cases(airquality$Ozone)  #FALSE 为缺失值,TRUE 为非缺失值
table(complete.cases(airquality$Ozone))

#可用 sum()和 mean()函数来获取关于缺失数据的有用信息
sum(is.na(airquality$Ozone))  #查看缺失值的个数
sum(complete.cases(airquality$Ozone))  #查看没有缺失值的个数
mean(is.na(airquality$Ozone))  #查看缺失值的占比
mean(is.na(airquality))  #查看数据集 airquality 中样本有缺失值的占比
```

(4) 探索缺失值模式。

```
#列表缺失值探索
library(mice)
md.pattern(airquality)

#图形缺失值探索
library(VIM)
aggr(airquality,prop=FALSE,number=TRUE)
aggr(airquality,prop=TRUE,number=TRUE)  #生成相同的图形,但用比例代替了计数
aggr(airquality,prop=FALSE,number=FALSE)  #选项 numbers = FALSE(默认)删去数
值型标签
```

2. 缺失值的处理

1) 删除存在缺失值的个体或变量

(1) 当缺失值为个体少数，并且是在总体中的一个随机子样本中时，可以剔除。

(2) 当缺失值集中在少数变量，并且变量不是分析的主要变量时，可以剔除。

(3) 如果缺失值集中在少数个体，或散布在多个变量多个个体时，删除就会影响组间均衡，则采用其他方式处理。

2) 估计缺失值

估计缺失值就是利用辅助信息为每个缺失值寻找替代值。常用的估计方法有如下几种。

(1) 聚类填充(clustering imputation)：聚类填充代表性的方法是 K 均值算法，先根据欧式距离或相关分析来确定距离具有缺失数据样本最近的 K 个样本，将这 K 个值加权平均来估计该样本的缺失数据。与均值填充的方法都属于单值插补，不同的是它用层次聚类模型预测缺失变量的类型，再以该类型的均值插补。假设 $X=(X_1,X_2,\cdots,X_p)$ 为信息完全的变量，Y 为存在缺失值的变量，那么首先对 X 或其子集行聚类，然后按缺失个案所属类来插补不同类的均值。如果在以后统计分析中还需以引入的解释变量和 Y 做分析，那么这种插补方法将在模型中引入自相关，给分析造成障碍。

(2) 均值填充(mean completer)：数据的属性分为定距型和非定距型。如果缺失值是定距型的，则以该属性存在值的平均值来插补缺失的值；如果缺失值是非定距型的，则根据统计学中的众数原理，用该属性的众数(即出现频率最高的值)来补齐缺失的值。

(3) 回归估计法(regression)：以存在的缺失值的变量为应变量，以其他全部或部分变量为自变量，回归计算该值。适用于有适合的自变量完整数据存在的情况。

(4) 期望值最大法(Expectation Maximization，EM)：进行最大似然估计的一种有效方法，分两步：第一步求出缺失数据的期望值，第二步在假定的缺失值被替代的基础上做出最大似然估计。这种方法适用于大样本资料。

(5) 多重填补法(Multiple Imputation，MI)：根据缺失值的先验分布，估计缺失值，具体包括以下三个步骤：①为每个空值产生一套可能的插补值，这些值反映了无响应模型的不确定性；每个值都可以被用来插补数据集中的缺失值，从而产生若干个完整数据集合。②每个插补数据集合都用针对完整数据集的统计方法进行统计分析。③对来自各个插补数据集的结果，根据评分函数进行选择，产生最终的插补值。

多重填补法的思想类似贝叶斯估计，但多重插补的特点在于依据的是大样本渐近完整的数据理论，由于数据挖掘中的数据量都很大，所以先验分布对结果的影响不大。同时，利用了参数间的相互关系，多重插补对参数的联合分布做出了估计。

3) 建立哑变量

可按照某变量值是否缺失建立哑变量，然后统计分析，保证分析资料的完整性。

3.2.3 异常值的判断、检验与处理

异常值(outlier)是指一组测定值中与平均值的偏差超过两倍标准差的测定值。与平均值的偏差超过三倍标准差的测定值，称为高度异常的异常值。异常值的产生一般是由系统误差、人为误差或数据本身的变异引起的。在处理数据时，应剔除高度异常的异常值。

1. 异常值判断

判断异常值的方法有以下两种。

(1) 标准差已知——奈尔(Nair)检验法：采用奈尔检验法(样本容量 $3 \leqslant n \leqslant 100$)，根据式(3-1)计算统计量 R_n 。

$$R_n = \frac{|x_{\text{out}} - \overline{x}|}{\sigma} \tag{3-1}$$

(2) 标准差未知——狄克逊(Dixon)检验法：狄克逊检验法的原理是通过离群值与临近值的差值与极差的比值这一统计量 r_{ij} 来判断是否存在异常值。由于样本容量大小的不同会影响检验法的准确度，因此根据样本容量的不同，统计量的计算公式也不同，具体公式如表 3-2 所示。

表 3-2　狄克逊检验法不同样本容量所对应的统计量公式

样本容量	离群值为 x_n	离群值为 x_1
$n:3\sim7$	$r_{10} = \dfrac{x_n - x_{n-1}}{x_n - x_1}$	$r_{10} = \dfrac{x_2 - x_1}{x_n - x_1}$
$n:8\sim10$	$r_{11} = \dfrac{x_n - x_{n-1}}{x_n - x_2}$	$r_{11} = \dfrac{x_2 - x_1}{x_{n-1} - x_1}$
$n:11\sim13$	$r_{21} = \dfrac{x_n - x_{n-2}}{x_n - x_2}$	$r_{21} = \dfrac{x_3 - x_1}{x_{n-1} - x_1}$
$n:14\sim30$	$r_{22} = \dfrac{x_n - x_{n-2}}{x_n - x_3}$	$r_{22} = \dfrac{x_3 - x_1}{x_{n-2} - x_1}$

先判断离群值是最大值还是最小值，再根据样本容量 n 代入对应的统计量计算公式，求出统计值 r_{ij} 。确定检出水平 α ，检查狄克逊检验的临界值 $D_{P(n)}$ 。当 $r_{ij} > D_{P(n)}$ ，则判定为异常值，否则未发现异常值。

2. 异常值检验

异常值的检验包含以下几种方法。

1) 格拉布斯检验法(grubbs)

(1) 计算统计量：

$$\mu = (X_1 + X_2 + \cdots + X_n)/n \tag{3-2}$$

$$s = \sqrt{\frac{1}{n-1}\sum_{i=1}^{n}(X_i - \mu)^2} \quad (i = 1, 2, \cdots, n) \tag{3-3}$$

$$G_n = \frac{|X(n) - \mu|}{s} \tag{3-4}$$

式中 μ 表示样本平均值；s 表示样本标准差；G_n 表示格拉布斯检验统计量。

(2) 确定检出水平 α ，查表(见 GB4883)得出对应 n ，α 的格拉布斯检验临界值 $G_1 - \alpha(n)$ 。

(3) 当 $G_n > G_1 - \alpha(n)$ ，则判断 X_n 为异常值，否则无异常值。

(4) 给出剔除水平 α' 的 $G_1 - \alpha'(n)$ ，当 $G_n > G_1 - \alpha'(n)$ 时，X_n 为高度异常值，应剔除。

2) 正态分布判断异常值

(1)　当数据服从正态分布时：正态分布图如图 3-1 所示，根据正态分布的定义可知，距离平均值 3σ 之外的概率为 $P(|x-\mu|>3\sigma)\leqslant 0.003$，出现这种情况的概率极小，我们默认为距离超过平均值 3σ 的样本是不存在的。所以，当样本距离平均值大于 3σ，则认定该样本为异常值。

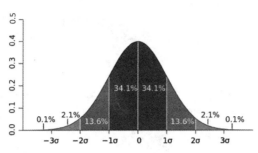

图 3-1　正态分布图

我们设 n 维数据集合 $\vec{x}_i=(x_{i,1},x_{i,2},\cdots,x_{i,n})$，$i\in\{1,2,\cdots,m\}$，每个维度的均值和方差分别为 μ_j 和 σ_j，$j\in\{1,2,\cdots,n\}$，μ_j 和 σ_j 的计算公式如下：

$$\mu_j=\sum_{i=1}^{m}x_{i,j}/m \tag{3-5}$$

$$\sigma_j^{\ 2}=\sum_{i=1}^{m}(x_{i,j}-\mu_j)^2/m \tag{3-6}$$

在正态分布的假设下，如果有一个新的数据 $\vec{x}$，计算其概率 $P(\vec{x})$ 如下：

$$P(\vec{x})=\prod_{j=1}^{n}p(x_j;\mu_j,\sigma_j^{\ 2})=\prod_{j=1}^{n}\frac{1}{\sqrt{2\pi}\sigma_j}e^{\left(-\dfrac{(x_j-\mu_j)^2}{2\sigma_j^{\ 2}}\right)} \tag{3-7}$$

通过式(3-7)计算概率值的大小即可判断数据是否为异常值。

(2)　当数据不服从正态分布时：我们可以通过计算远离平均距离值多少倍(倍数取值根据实际情况及经验判定)的标准差来判定。

以上是运用正态分布来判断异常值。

3)　箱形图判断异常值

如图 3-2 所示，超出箱形图上下四分位数的数值点视为异常值。对于上下四分位的定义如下：上四分位假设为 U，表示的是所有样本中只有 1/4 的数值大于 U；下四分位假设为 L，表示的是所有样本中只有 1/4 的数值小于 L。至于上下界，假设上四分位与下四分位的插值为 R，$R=U-L$，因此上界为 $U+1.5R$，下界为 $L-1.5R$。

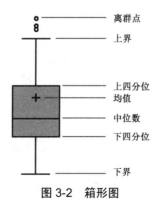

图 3-2　箱形图

箱形图选取异常值比较客观,在识别异常值方面有一定的优越性。

4) 回归线判断异常值

如图 3-3 所示,数据整体围绕在回归线周围,而偏离回归线的数据(离群点)较大概率是异常值。

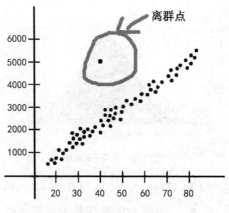

图 3-3 回归线判断异常值

5) 库克距离判断异常值

库克距离用来判断强影响点是否为异常值点,设库克距离为 d,当 $d < 0.5$ 时认为不是异常值点;当 $d > 0.5$ 时认为是异常值点。如图 3-4 所示,可以看出最大的库克距离为 0.3 左右,则为没有异常值点。

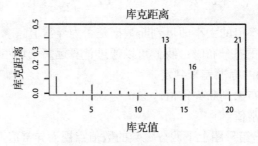

图 3-4 库克距离判断异常值

3. 异常值的处理

数据预处理时,异常值的删除需要考虑异常值蕴含的信息,以此决定是否删除。异常值的一般处理方法如下。

(1) 直接删除含有异常值的样本。

(2) 视为缺失值:利用缺失值处理的方法进行处理。

(3) 平均值修正:可以用前后两个观测值的平均值修正该异常值。

(4) 不处理:可以直接在具有异常值的数据集上进行数据建模。

3.3 数据集成

数据集成(data integration)是把不同来源、格式、特点性质的数据在逻辑上或物理上有机地集中，从而为企业提供全面的数据共享。在企业数据集成领域，已经有了很多成熟的框架可以利用。目前通常采用联邦式、基于中间件模型和数据仓库等方法来构造集成的系统，这些技术在不同的层面和应用上来实现数据共享，并为企业提供决策支持。

3.3.1　数据集成常见方法

数据集成是将来自不同数据库的数据整合在一起，形成一个统一的数据库，如图 3-5 所示。

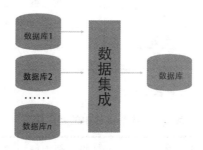

图 3-5　将多个数据库整合成一个数据库

在实际应用中，有多种方法可用于数据集成，以下是几种常见的方法。

(1) 手工集成：这是一种最基本的数据集成方法，通过人工的方式将不同数据源的数据逐一整合。这可能涉及手动复制粘贴、手动处理数据格式、手动匹配字段等操作。手工集成的优点是灵活性高，但缺点是效率低下、容易出错，且难以应对大规模数据集成的挑战。

(2) 数据库连接(database join)：对于存储在不同数据库中的数据，可以使用数据库的连接操作来进行数据集成。通过共享键或相同字段进行连接，可以将多个数据表合并为一个数据表。数据库连接的优点是处理效率高，适用于大规模数据集成，但需要具备数据库操作的相关知识和技能。

(3) 文件导入和导出：当数据源以文件形式存在时，可以通过文件导入和导出来进行数据集成。将数据源的文件导入到一个统一的数据处理工具中，或者将处理结果导出为一个文件。这种方法适用于小规模数据集成，但可能需要处理不同文件格式和数据结构的不统一问题。

(4) 数据仓库：数据仓库是一个集中存储和管理数据的系统，通过将不同数据源的数据加载到数据仓库中，实现数据集成。数据仓库通常具有统一的数据模型和结构，可以提供强大的查询和分析功能。数据仓库支持大规模的数据集成和数据分析，但数据仓库的建设和维护需要一定的技术和资源投入。

(5) 数据集成工具和平台：有许多专门设计用于数据集成的工具和平台，如 ETL 工具、数据集成平台等。这些工具提供了丰富的功能和简便的工作流程，可以简化数据集成的过程，支持自动化操作和大规模数据处理。

(6) API 集成：如果源系统和目标系统都提供了 API 接口，可以通过调用 API 来实现数据集成。这需要开发者具备编程和 API 调用的能力，并且要了解数据源的 API 文档和规范。

无论使用哪种方法进行数据集成，都需要考虑数据质量、数据结构匹配、数据冲突解

数据分析与挖掘技术

决等问题。数据集成是一个复杂的过程，需要综合考虑数据集成的目标、数据源的特点和数据集成方法的适用性，从而选择最合适的方法来实现数据的整合。

【实例 3-12】假设我们有两个数据源：数据源 A 和数据源 B，它们包含有关客户信息的数据。我们希望将这两个数据源进行集成，以便综合分析和应用。

数据源 A 中的客户信息示例如表 3-3 所示。

表3-3　数据源 A 中的客户信息

客户 ID	姓　名	年　龄	地　址
1	张三	30	北京市
2	李四	25	上海市
3	王五	35	广州市

数据源 B 中的客户信息示例如表 3-4 所示。

表3-4　数据源 B 中的客户信息

客户 ID	姓　名	性　别	电　话
1	张三	男	123456789
3	王五	男	987654321
4	赵六	女	654321987

在这个例子中，我们要进行数据集成的实践操作如下。

(1) 数据源连接：首先，我们需要连接数据源 A 和数据源 B，建立数据源之间的联系。通常可以通过数据库连接、文件导入或 API 调用等方式进行连接。

(2) 数据匹配和合并：在连接之后，我们需要识别相同的客户信息，以便进行匹配和合并。通过客户 ID，我们可以发现数据源 A 和数据源 B 中有共同的客户 ID 为 1 和 3。

(3) 数据冲突处理：对于客户 ID 为 1 和 3 的客户，我们可以观察到在数据源 A 和数据源 B 之间存在一些冲突。在这种情况下，我们需要根据冲突解决策略进行处理，例如，选择数据源 B 中的性别和电话信息作为准确的数据。

(4) 数据转换和整合：根据冲突解决策略，我们可以将数据源 B 中的性别和电话信息与数据源 A 中的其他信息进行整合。

最终的集成数据如表 3-5 所示。

表3-5　最终的集成数据

客户 ID	姓名	年　龄	地　址	性　别	电　话
1	张三	30	北京市	男	123456789
2	李四	25	上海市	—	—
3	王五	35	广州市	男	987654321
4	赵六	—	—	女	654321987

在整合后的数据中，我们可以看到数据源 A 和数据源 B 的客户信息已经合并到了一张表中，形成了完整的集成数据。其中，缺失的信息使用"—"表示。

(5) 数据验证和测试：在整合的数据中，我们可以进行验证和测试，确保数据的一致性和正确性。例如，检查客户 ID 为 1 和 3 的客户的性别和电话信息是否正确合并到了集成数据中。

通过上述的数据集成实践操作，我们能够将数据源 A 和数据源 B 的客户信息进行集成，并生成一张完整的、准确的集成数据表，以支持后续的分析和应用需求。

3.3.2 数据冲突的检测和解决

在数据集成过程中，数据冲突是指不同数据源中存在的不一致或矛盾的数据。数据冲突可能由于数据源之间的差异、更新频率、数据格式或人为错误等引起。为了确保数据集成的准确性和一致性，需要进行数据冲突的检测和解决。

处理数据冲突的一般步骤如下。

1) 冲突检测

首先需要对数据进行冲突检测，识别不一致或矛盾的数据。这可以通过比较不同数据源的数据，检查数据之间的差异和冲突来实现。常见的冲突检测方法包括比较数据值、检查数据范围、比较数据格式、识别数据缺失等。

2) 冲突解决策略

在识别冲突之后，需要制定冲突解决策略。这涉及确定如何处理冲突、选择哪个数据源的数据作为准确数据，并确保一致性。解决冲突的策略可以基于业务规则、专家知识、数据质量度量等进行制定。

3) 数据转换和整合

根据冲突解决策略，对冲突的数据进行转换和整合。这可能包括将数据进行合并、计算平均值、选择最新数据、进行插值或补充缺失值等操作。数据转换和整合的目的是生成一致的、准确的和可用于后续分析的数据。

4) 数据验证和测试

在冲突解决后，需要对整合的数据进行验证和测试，确保数据的一致性和正确性。这可以通过数据验证规则、统计分析、可视化等手段来实现。验证和测试过程可以帮助发现数据集成中的潜在问题和错误。

5) 监控和维护

数据冲突是一个动态的过程，因此需要建立监控机制以及定期维护数据集成的一致性和准确性。定期检查数据冲突，根据业务需求和数据更新情况进行冲突解决，以保持数据集成的有效性和可靠性。

处理数据冲突的方法和策略取决于具体的数据集成场景和需求。有时可能需要借助领域专家的知识和判断，制定适合的解决方案。同时，数据冲突的处理也需要充分考虑数据质量、业务需求和数据集成的成本和效益。

下面通过一个实例讲解数据冲突检测和解决的问题。

【实例 3-3】假设我们有两个数据源：数据源 A 和数据源 B，它们包含有关销售订单的数据。我们希望将这两个数据源集成起来，以便进行综合分析和报告。然而，由于数据源之间存在一些差异和不一致，可能会导致数据冲突。

数据源 A 中的订单数据示例如表 3-6 所示。

表3-6　数据源 A 中的订单数据

订单编号	产品名称	销售数量
1	产品 A	10
2	产品 B	15
3	产品 C	8

数据源 B 中的订单数据示例如表 3-7 所示。

表3-7　数据源 B 中的订单数据

订单编号	产品名称	销售数量
1	产品 A	12
2	产品 D	20
3	产品 C	5

在这个例子中，我们可以看到数据源 A 和数据源 B 之间存在以下冲突。

订单编号为 1 的订单，在数据源 A 中的销售数量为 10，在数据源 B 中的销售数量为 12。订单编号为 2 的订单，在数据源 A 中的产品名称为产品 B，在数据源 B 中的产品名称为产品 D。

订单编号为 3 的订单，在数据源 A 中的销售数量为 8，在数据源 B 中的销售数量为 5。

解决这些冲突的办法如下。

(1) 冲突检测：通过比较订单编号，我们可以发现订单编号为 1 和 3 的订单存在销售数量的冲突，订单编号 2 又存在产品名称的冲突。

(2) 冲突解决策略：我们可以选择采用数据源 B 中的销售数量作为准确的数据，因为数据源 B 可以实时更新，更准确。对于订单编号为 2 的产品名称冲突，我们可以选择使用数据源 A 中的产品名称，或者根据需求进行进一步的调查和决策。

(3) 数据转换和整合：根据冲突解决策略，我们可以将销售数量冲突的数据源 A 的订单进行更新，将其调整为数据源 B 中的销售数量。对于订单编号为 2 的产品名称冲突，我们可以根据决策结果将其产品名称设置为产品 B。

(4) 数据验证和测试：在整合后的数据中，我们可以进行验证和测试，确保数据的一致性和准确性。例如，检查订单编号为 1 和 3 的订单的销售数量是否已被更新为数据源 B 中的值。

(5) 监控和维护：定期监控数据集成过程，确保数据冲突得到及时解决，并根据需要进行更新和维护。

通过上述的数据冲突检测和解决过程，我们能够处理数据源 A 和数据源 B 之间的冲突，并生成一致的、准确的集成数据，以支持后续的分析和报告工作。

3.3.3　处理数据集成中的冗余数据

1. 冗余数据导致的问题

在数据集成过程中，冗余数据是指存在于不同数据源中的重复或类似的数据。冗余数据可能导致的问题如下。

(1) 数据不一致性：当相同的数据以不同的方式出现时，数据之间可能存在不一致性。这可能导致分析和决策过程中的混淆和错误。

(2) 存储浪费：冗余数据占用额外的存储空间，浪费了资源。特别是对于大规模数据集，这可能会导致存储成本的增加。

(3) 数据更新困难：如果数据存在冗余，那么当需要对数据进行更新时，必须在多个位置进行更新，这增加了数据管理的复杂性。

(4) 查询效率降低：冗余数据可能会导致查询性能下降。当数据重复存储在不同的位置时，需要更多的计算资源和时间来处理查询操作。

2. 冗余数据的常见处理方法

冗余数据会增加数据存储和处理的成本，同时可能引入错误和误解。因此，处理冗余数据是数据集成中的一个重要任务。以下是处理数据集成中冗余数据的常见方法。

(1) 去重(deduplication)：去重是一种基本的处理冗余数据的方法，它通过识别和移除数据集中的重复记录来减少冗余。去重可以基于数据的唯一标识符(如主键)或特定的属性进行操作。常用的去重算法包括哈希算法、排序算法和机器学习算法等。

(2) 规范化(normalization)：规范化是将冗余数据转换为规范形式的过程，以消除不一致性和类似性。例如，对于包含地理位置信息的冗余数据，可以将其转换为标准的地理编码或地理坐标形式。规范化可以通过清理和转换数据的方式来实现。

(3) 模糊匹配(fuzzy matching)：模糊匹配是一种在数据集成过程中处理冗余数据的技术，它允许在数据源中进行模糊的匹配和比较。模糊匹配算法可以通过考虑数据的相似性和近似匹配来识别和合并冗余数据。常用的模糊匹配算法包括字符串匹配算法、相似度度量算法和机器学习算法等。

(4) 数据合并(data merge)：数据合并是将具有相同或相似特征的数据记录合并为一个单一记录的过程。在数据集成中，可以通过合并具有相同键值或共享相似属性的记录来减少冗余。数据合并可以使用关系数据库的连接操作或特定的数据集成工具来实现。

(5) 数据清洗(data cleaning)：数据清洗是在数据集成过程中对冗余数据进行清理和转换的过程。通过识别和处理数据中的错误、缺失值、不一致性等问题，可以减少冗余数据的存在。数据清洗可以使用各种技术，如数据验证、数据填充、数据插补等。

(6) 数据一致性检查(data consistency checking)：数据一致性检查是在数据集成过程中验证数据的一致性和完整性。通过检查不同数据源之间的数据关系、约束和一致性规则，可以识别和解决冗余数据问题。数据一致性检查可以使用数据校验规则、数据约束、数据比较和数据匹配等方法。

处理数据集成中的冗余数据需要综合考虑数据的特点、数据集成的目标和可行性。选择合适的方法和技术来处理冗余数据，可以提高数据质量和整合的效果，减少冗余数据对后续数据分析和应用的影响。

【实例3-4】假设我们有两个数据源：数据源 A 和数据源 B，它们包含有关员工的信息。现在我们要将这两个数据源中的员工数据集成到一个统一的数据集中，并处理其中的冗余数据。

数据源 A 中的员工数据如表 3-8 所示。

表 3-8　数据源 A 中的员工数据

员工ID	姓名	部门
001	张三	销售部
002	李四	人力资源
003	王五	研发部
004	张三	销售部

数据源 B 中的员工数据如表 3-9 所示。

表 3-9　数据源 B 中的员工数据

员工ID	姓名	部门
001	张三	销售部
002	李四	人力资源
005	赵六	运营部

现在我们按照以下步骤处理这些冗余数据。

(1)　数据审查：我们注意到数据源 A 中有一个冗余数据记录，员工 ID 为 001 的张三在两行中出现。

(2)　数据清洗：我们删除数据源 A 中的重复记录。删除后，数据源 A 中的员工数据变为表 3-10 所示。

表 3-10　删除数据源 A 中的重复记录

员工ID	姓名	部门
001	张三	销售部
002	李四	人力资源
003	王五	研发部

(3)　数据合并：我们将数据源 B 中的员工数据与清洗后的数据源 A 中的员工数据进行合并。合并后的数据集如表 3-11 所示。

表 3-11　合并后的数据集

员工ID	姓名	部门
001	张三	销售部
002	李四	人力资源
003	王五	研发部
005	赵六	运营部

(4) 数据验证：我们可以查询数据集，确保冗余数据已被成功处理。在这个例子中，我们可以确认没有重复的员工记录。

通过这个实例，我们清理了冗余数据并成功将两个数据源中的员工数据集成到了一个统一的数据集中。这样做可以提高数据的一致性和准确性，并简化后续的数据分析和处理任务。

3.3.4　相关分析

1. 离散变量的相关分析

如果要进行离散变量的相关分析，常用的方法是使用列联表和卡方检验。

列联表是一种用于汇总和展示两个或多个离散变量之间关系的表格。表格的行和列代表了不同的离散变量的取值，而交叉点上的数值表示对应取值组合的观测频数。

卡方检验是用于确定两个离散变量之间是否存在显著关联的统计检验方法。它基于列联表中观测到的频数与期望频数之间的差异来判断关联程度。卡方检验的原理是比较观测频数与期望频数之间的差异是否显著，从而确定两个变量是否相关。

卡方检验的步骤如下。

1)　建立假设

零假设(H0)：两个离散变量之间不存在关联。

备择假设(H1)：两个离散变量之间存在关联。

2)　构建列联表

将两个离散变量的观测值进行分类汇总，构建列联表。

3)　计算期望频数

根据总体比例和边际分布计算期望频数，即预期在每个单元格中观察到的频数。

4)　计算卡方统计量

使用观测频数和期望频数的差异来计算卡方统计量。

5)　确定显著性水平

使用卡方分布表或计算机软件确定卡方统计量对应的显著性水平。

6)　进行假设检验

比较卡方统计量的显著性水平与预设的显著性水平，如果卡方统计量的显著性水平小于预设显著性水平(通常为 0.05)，则拒绝零假设，认为两个变量之间存在关联。

需要注意的是，卡方检验只能检测到两个离散变量之间的关联程度，不能提供关联的方向和强度信息。如果需要进一步分析关联的方向和强度，可以使用其他的相关性测量方法，如 Cramer's V 系数的计算方法等。

下面通过一个实例来解释卡方检验的步骤和原理。

【实例 3-5】假设我们正在研究一个医疗调查，想要确定吸烟习惯与患肺癌的关系是否存在显著相关性。我们收集了一组患者的数据，其中包括他们的吸烟状况和是否患有肺癌的情况。我们的目标是判断吸烟习惯和肺癌是否相关。

首先，我们需要构建一个列联表来总结吸烟状况和肺癌的观测频数，如表 3-12 所示。

表 3-12　吸烟状况和肺癌的观测频数

-	有肺癌	无肺癌
吸烟者	50	100
非吸烟者	30	120

在这个例子中，行表示吸烟状况(吸烟者和非吸烟者)，列表示肺癌的情况(有肺癌和无肺癌)，交叉点上的数值表示对应组合的观测频数。

接下来，我们计算期望频数。期望频数是在两个变量无关的情况下，在每个单元格中期望观察到的频数。计算期望频数的方法是基于总体比例和边际分布。我们可以使用以下公式计算期望频数：

期望频数 =(每行的边际总和 × 每列的边际总和) / 总体样本数

计算得到的期望频数如表 3-13 所示。

表 3-13　吸烟状况和肺癌的期望频数

-	有肺癌	无肺癌
吸烟者	40	110
非吸烟者	40	110

现在，我们可以计算卡方统计量。卡方统计量的计算公式如下：

$$卡方统计量=\sum \frac{(观测频数-期望频数)^2}{期望频数}$$

将观测频数和期望频数代入公式，进行计算，得到卡方统计量的值为 6.82。

最后，我们需要确定卡方统计量的显著性水平。可以使用卡方分布表或计算机软件来确定。在这个例子中，假设我们选择显著性水平为 0.05。查找卡方分布表可以得知，在自由度为 1(行数减去 1 乘以列数减去 1)时，卡方统计量为 6.82 对应的显著性水平为 0.143。

比较卡方统计量的显著性水平与预设显著性水平，我们发现 0.143 大于 0.05，因此我们不能拒绝零假设。这意味着在我们的样本中，吸烟习惯和肺癌之间的关系具有显著性。

这就是一个简单的卡方检验的示例。通过构建列联表、计算期望频数、计算卡方统计量，并与显著性水平进行比较，我们可以判断两个离散变量之间的关系是否显著。

2. 连续变量的相关分析

对于连续变量的相关分析，常用的方法是使用皮尔逊相关系数(pearson correlation coefficient)。皮尔逊相关系数用于衡量两个连续变量之间的线性关系强度和方向。

皮尔逊相关系数的计算公式如下：

$$r = \frac{\sum_{i-1}^{n}(x_i - \overline{x})(y_i - \overline{y})}{\sqrt{\sum_{i-1}^{n}(x_i - \overline{x})^2 \sum_{i-1}^{n}(y_i - \overline{y})^2}} \tag{3-8}$$

其中，x_i 和 y_i 是两个变量的观测值，$\overline{x}$ 和 $\overline{y}$ 分别是两个变量的均值，n 是观测值的数量。

皮尔逊相关系数的取值范围在-1 到 1 之间，其中 1 表示完全正相关，-1 表示完全负相关，0 表示无相关性。相关系数越接近于 1 或-1，说明两个变量之间的线性关系越强。

进行连续变量的相关分析时，需要注意一些前提条件。

(1)　连续变量之间的关系应该是线性的。如果存在非线性关系，皮尔逊相关系数可能不是一个适当的测量方法。

(2)　数据应该是成对观测的。每个数据点应该有对应的两个变量的取值。

(3)　相关系数对异常值敏感。如果数据中存在异常值，会对相关系数的计算结果产生影响。

除了皮尔逊相关系数，还有其他的相关系数适用于非线性关系的连续变量，如斯皮尔曼相关系数(spearman correlation coefficient)和肯德尔相关系数(kendall correlation coefficient)。

斯皮尔曼相关系数用于衡量连续变量之间的相关性，而不要求变量是线性相关的。肯德尔相关系数用于衡量无序分类变量之间的关联性。

相关分析可以帮助我们理解和预测连续变量之间的关系，并为建模和预测提供有用的信息。

【实例3-6】假设我们正在研究一个汽车制造公司的数据，想要确定汽车的引擎排量(单位为升)与汽车的燃油效率(单位为升/100公里)之间的关系。

我们收集了一组汽车的数据，包括它们的引擎排量和燃油效率。我们的目标是判断引擎排量和燃油效率之间的相关性，并了解它们之间的线性关系强度。

首先，我们计算引擎排量和燃油效率的均值($\bar{x}$ 和 $\bar{y}$)以及每个数据点与均值的差值。

假设我们有以下数据(示例数据):

引擎排量(x):　1.8，2.0，1.6，2.2，1.4

燃油效率(y):　6.5，6.2，7.0，5.8，7.5

计算 $\bar{x}$ 和 $\bar{y}$ 结果如下:

$$\bar{x} = \frac{1.8+2.0+1.6+2.2+1.4}{5} = 1.8$$

$$\bar{y} = \frac{6.5+6.2+7.0+5.8+7.5}{5} = 6.6$$

然后，计算每个数据点与均值的差值($x_i - \bar{x}$ 和 $y_i - \bar{y}$)。

$x_i - \bar{x}$:　0，0.2，-0.2，0.4，-0.4

$y_i - \bar{y}$:　-0.1，-0.4，0.4，-0.8，0.9

计算:

$$\sum_{i-1}^{n}(x_i - \bar{x})(y_i - \bar{y}) = (0x-0.1)+(0.2x-0.4)+(-0.2\times0.4)+(0.4x-0.8)+(-0.4\times0.9) = -0.84$$

$$\sqrt{\sum_{i-1}^{n}(x_i - \bar{x})^2 \sum_{i-1}^{n}(y_i - \bar{y})^2} = 0.844$$

最终得出 $r = \dfrac{-0.84}{0.844} \approx -0.995$

根据计算，我们得到了皮尔逊相关系数 r 的值为 -0.995。

解释皮尔逊相关系数的含义: 由于相关系数接近于-1，表示引擎排量与燃油效率之间的线性关系非常强。接近于零的相关系数说明两个变量之间几乎没有线性关系。

这就是使用皮尔逊相关系数进行连续变量的相关分析的一个实例。皮尔逊相关系数可以帮助我们量化两个连续变量之间的线性关系强度和方向。根据相关系数的值，我们可以判断两个变量之间的关系是强还是弱，以及是正相关还是负相关。

3.4 数据变换

数据变换(data transformation)是指在数据分析和统计建模过程中对原始数据进行转换或修改的操作。数据变换的目的是改变数据的分布、尺度或形式,以满足数据分析的需求或减少数据的偏差。

3.4.1 数据变换过程中的离散化

数据离散化将数据属性值域划分为区间,以此减少给定连续属性值的个数。区间的标记可以代替实际的数据值。用少数区间标记替换连续属性的数值,从而减少和简化原始数据,使得无监督学习的数据分析结果简洁、易用,且具有知识层面的表示。目前,离散化方法有多种,用户根据如何进行离散化可将离散化方法进行分类,如根据"是否使用类信息"或"进行方向"(即自顶向下或自底向上)分类。如果离散化过程使用类信息,则称其为监督离散化;反之,则是非监督的离散化。若先找出一点或几个点(称为分裂点或割点)来划分整个属性区间,然后在结果区间上递归地重复这一过程,则为自顶向下离散化或分裂。自底向上的离散化或合并恰好与之相反,可以对一个属性递归进行离散化,产生属性值的分层划分,称为概念分层。

数据离散化也是数据规约方法。离散化的方式主要是分箱、直方图分析以及聚类分析、决策树分析、相关分析。有关聚类分析、决策树分析、数据相关性分析在后面章节会具体讲解;直方图分析使用分箱来近似数据分布,是数据规约的一种形式,这里主要讲解分箱的方法。

1. 有监督的卡方分箱法

有监督的卡方分箱法(supervised chi-squared binning)是一种将连续变量分成多个离散箱体的方法,以便进行预测建模或数据分析。它通过最小化特征与目标变量之间的卡方统计量来确定最佳分箱方案。

1) 基本思想

对于精确的离散化,相对类频率在一个区间内应当一致。所以如果两个相邻的区间具有非常类似的类分布,那么这两个区间可以合并;否则,它们应当保持分开。而低卡方值表明它们具有相似的类分布。此方法的具体步骤如下。

(1) 首先设定一个卡方的阈值。

(2) 根据要离散的属性对实例进行排序:每个实例属于一个区间。

(3) 合并区间(分两步):计算每一对相邻区间的卡方值(见式(3-9));将卡方值最小的一对区间合并。

$$X^2 = \sum_{i=1}^{2} \sum_{j=1}^{2} \frac{(A_{ij} - E_{ij})^2}{E_{ij}} \tag{3-9}$$

式3-9中,A_{ij} 为第 i 区间第 j 类实例的数量;E_{ij} 为 A_{ij} 的期望频率;$E_{ij} = \dfrac{N_i \times C_j}{N}$,$N_i$ 为第 i 组的样本数,C_j 为第 j 类样本在全体中的比例,N 为总样本数。

2)　确定卡方阈值

根据显著性水平和自由度得到卡方值自由度比类别数量小 1。假设有 3 类,自由度为 2,那么 90%置信度(10%显著性水平)下,卡方的值为 4.6。

3)　阈值的意义

类别和属性独立时,有 90%的可能性,计算得到的卡方值会小于 4.6,而大于阈值 4.6 的卡方值就说明属性和类不是相互独立的,不能合并。如果阈值选得大,区间合并就会进行很多次,离散后的区间数量少、区间大。

【实例 3-7】假设我们有一个信用评分模型的数据集,其中包含两个变量:年龄和违约状态。我们的目标是将年龄变量分成多个离散箱体,并观察每个箱体中的违约率。

以下是实现有监督的卡方分箱法的步骤。

(1)　准备数据集。

首先,我们需要准备包含年龄和违约状态的数据集,确保数据集足够大且具有代表性。

(2)　分箱初始设置。

我们选择将年龄划分为初始的等宽箱体。例如,我们将年龄从 18～30 岁划分为三个箱体:18～23 岁、24～27 岁和 28～30 岁。

(3)　计算卡方统计量。

对于每个箱体,我们计算实际观测值与期望观测值之间的卡方统计量。我们计算每个箱体中的违约客户和非违约客户的数量,并计算出期望的违约和非违约客户数量。

假设在箱体 1(18～23 岁)中,有 50 个违约客户和 200 个非违约客户。我们可以计算出在该箱体中期望的违约客户数量的比例。

(4)　合并箱体。

我们根据卡方统计量选择相邻箱体进行合并。我们计算合并相邻箱体后的卡方统计量,并选择具有最小卡方统计量的相邻箱体进行合并。

假设合并箱体 1 和箱体 2 后,卡方统计量最小。我们将合并后的箱体称为新的箱体 1(18～27 岁),并更新相应的违约和非违约客户数量。

(5)　重复步骤(3)和步骤(4)。

我们重复进行步骤(3)和步骤(4),直到满足停止准则。停止准则可以是卡方统计量的阈值,或者箱体的数量达到预设的最大值。

(6)　评估分箱方案。

我们评估得到的分箱方案。我们可以计算每个箱体中的违约率,并观察分箱后的违约率是否有显著差异。我们还可以计算卡方统计量的 P 值来评估分箱方案的质量。

通过以上步骤,我们可以得到一个最佳的分箱方案,将年龄变量划分为多个离散的箱体,并观察每个箱体中的违约率,从而可以更好地理解年龄与违约状态之间的关系。

2. 无监督分箱法

无监督分箱法是一种将数据划分为不同箱子或组的方法,而无须使用任何目标变量或标签信息。这种方法主要用于处理连续型数据,并将其转换为离散化的数据。

无监督分箱方法包括等宽分箱法(equal width binning)、等频分箱法(equal frequency binning)和聚类分箱法(clustering binning)等,这些方法可以根据不同的需求和数据特点选择适合的方法来进行数据分箱。下面主要介绍常见的等宽分箱法,其方法步骤如下。

(1) 确定要划分的箱子数量。这可以根据数据的分布和需求来确定，通常可以根据经验或使用某些统计指标来选择合适的箱子数量。

(2) 确定数据的最小值和最大值，并计算每个箱子的宽度。宽度可以通过将数据范围除以箱子数量来计算得到。

(3) 将数据按照宽度划分到不同的箱子中。对于每个数据点，根据其数值大小，将其分配到相应的箱子中。

(4) 生成离散化的数据，每个数据集都代表一个箱子。可以使用箱子的标签或代表性值(例如箱子的中间值)来代表整个箱子。

需要注意的是，等宽分箱法对于数据分布较为均匀的情况可能效果较好，但在数据分布不均匀或存在离群值的情况下，可能会导致某些箱子中的数据集过于稀疏或过于密集。

【实例3-8】假设我们有一个包含一组房屋面积数据的数据集，我们希望将这些连续的面积值划分为几个离散的箱子，以便更好地理解和分析数据。我们将使用等宽分箱法来完成这个任务。

假设我们有以下一组房屋面积数据(以平方米为单位):

[75, 80, 90, 100, 110, 120, 130, 140, 150, 160, 170, 180, 190, 200]

现在我们将使用等宽分箱法将这些数据划分为 3 个箱子。

(1) 确定箱子数量。在这个例子中，我们希望将数据划分为 3 个箱子。

(2) 计算每个箱子的宽度。数据的最小值是 75，最大值是 200。我们可以计算出每个箱子的宽度为: $(200-75)/3 = 41.67$

由于宽度是连续的值，我们可以将它向上取整为 42，以确保箱子的宽度是整数。

(3) 将数据分配到不同的箱子中。

现在，我们将根据每个数据点的数值将其分配到相应的箱子中。根据等宽分箱法，我们可以确定以下分箱结果:

箱子 1: [75, 80, 90, 100]

箱子 2: [110, 120, 130, 140]

箱子 3: [150, 160, 170, 180, 190, 200]

(4) 生成离散化的数据。

我们可以使用箱子的标签或代表性值来代表整个箱子。例如，我们可以使用每个箱子的中间值作为代表性值。根据这个方法，我们可以得到以下离散化的数据:

箱子 1: 85

箱子 2: 125

箱子 3: 175

现在，我们已经成功地使用等宽分箱法将连续的房屋面积数据划分为了 3 个离散的箱子。这样，我们可以更好地理解和分析数据，并在需要时对其进行进一步的处理和可视化。

3.4.2　数据变换的规范化方法

数据规范化是将数据转换为特定范围或正态分布形式的过程，以便在进行数据分析或机器学习模型训练时能够获得更好的效果。常见的数据规范化方法包括以下几种。

1)　最小-最大缩放(min-max scaling)

"最小-最大缩放"是将数据线性转换到特定的范围,通常是[0, 1]或[-1, 1]。它通过对每个数据点进行以下计算来实现:

$$X\_new = (X - X\_min) / (X\_max - X\_min)$$

其中,X 是原始数据,X_min 是数据的最小值,X_max 是数据的最大值。该方法保持了数据的线性关系,并将其映射到指定的范围内。

2) z-score 标准化(z-score normalization)

z-score 标准化通过将数据转换为其标准分数(z-score),使其符合标准正态分布(均值为0,标准差为 1)。对于每个数据点,使用以下公式进行转换:

$$X\_new = (X - X\_mean) / X\_std$$

其中,X 是原始数据,X_mean 是数据的均值,X_std 是数据的标准差。该方法保持了数据的分布形状,并使其具有零均值和单位方差。

3) 小数定标标准化(decimal scaling)

小数定标标准化是通过移动数据的小数点位置来实现数据的规范化。对于每个数据点,将其除以一个适当的基数,使得结果落在[-1, 1]范围内。常见的基数选择是 10 的幂,以便于移动小数点的操作。

4) 归一化(normalization)

归一化是将数据向量进行单位化,使其具有单位长度。对于每个数据向量,使用以下公式进行转换:

$$X\_new = X / \|X\|$$

其中,X 是原始数据向量,$\|X\|$是数据向量的范数(例如 L2 范数)。该方法使得数据向量具有单位长度,用于衡量不同维度之间的相对关系。

这些方法可以根据数据的特点和需求进行选择。数据规范化可以提高数据的可比性和模型的稳定性,以及加速模型的收敛速度。选择适当的规范化方法取决于具体的应用场景和数据分布。

3.5 数据规约

在某些情况下,数据集可能非常庞大,难以直接应用于分析或建模任务,这时数据规约可以帮助简化数据,减小数据集的规模,加快分析过程,降低计算成本,并减少存储需求。然而,数据规约需要谨慎进行,因为过度规约可能导致信息损失,影响后续分析和建模的准确性。因此,在进行数据规约时,需要根据具体的分析任务和数据特点,选择合适的规约方法,并进行适当的评估和验证,以确保规约后的数据仍能满足分析和建模的需求。

3.5.1 数据规约的定义与目的

数据规约是指通过某种方法或技术,对数据进行处理和转换,以降低数据的复杂性、存储需求或计算开销,同时保持数据的关键信息和可用性。数据规约旨在使数据更加紧凑、高效,并提高数据的质量和可处理性。数据规约可以应用于不同种类的数据处理任务,包括数据预处理、特征工程、模型训练和数据分析等。

数据规约的目的包括但不限于以下几个方面。

(1) 维度减少：通过降低数据的维度，减少特征的数量，从而降低数据的存储需求和计算复杂度，提高处理效率。

(2) 冗余消除：通过去除冗余的数据信息，减少数据冗余，提高数据的紧凑性和存储效率。

(3) 噪声和异常值处理：通过检测和处理数据中的噪声和异常值，提高数据的质量和准确性。

(4) 数据抽样：通过对数据进行抽样，从大规模数据集中选择代表性样本，减少数据量，提高计算效率。

(5) 特征选择和特征提取：通过选择最相关的特征或从原始特征中提取最具代表性的特征，减少特征空间的维度，提高模型的泛化能力和性能。

数据规约是数据处理流程中的重要环节，能够帮助提高数据处理和分析的效率、准确性和可用性，从而为后续的建模、分析和决策提供更好的数据基础。

3.5.2　常用的数据规约策略

一般来说，常用的数据规约策略包括降维、降数据和数据压缩等。

1. 降维

降维是一种常用的数据规约策略，其目的是减少数据集的维度，同时保留数据的主要信息。降维可以分为两种类型：特征选择和特征提取。

1) 特征选择(feature selection)

特征选择是选择最具信息量的特征子集，以代表原始数据集中的特征。这可以通过过滤方法、包装方法或嵌入方法来实现。

(1) 过滤方法通过计算特征与目标变量之间的相关性或统计度量，选择具有最高相关性或最显著影响的特征。

(2) 包装方法通过将特征选择任务视为搜索问题，使用特定的评估指标(如交叉验证误差)来评估特征子集的性能，并进行迭代搜索。

(3) 嵌入方法将特征选择视为模型训练的一部分，通过在模型训练过程中自动选择最佳特征子集，例如，使用正则化技术(如 L1 正则化)。

特征选择有助于降低数据维度，减少冗余信息和噪声，提高模型的泛化能力和训练效率。

例如，假设有一个包含 100 个特征的数据集，但其中只有几个特征对于分析任务是关键的。可以使用特征选择算法，如信息增益或 L1 正则化，来选择那些与目标变量相关性较高的特征，而将其余特征舍弃。这样可以减少数据集的维度，同时保留了最相关的信息。

2) 特征提取(feature extraction)

特征提取是通过将原始数据转换为新的特征空间来减少数据的维度。常见的特征提取方法包括主成分分析(Principal Component Analysis，PCA)、线性判别分析(Linear Discriminant Analysis，LDA)和独立成分分析(Independent Component Analysis，ICA)等。

(1) PCA 是一种常用的无监督特征提取方法，通过线性变换将原始特征映射到新的正交特征空间，使得新的特征具有最大的方差。

PCA 计算方法的基本步骤如下。

① 数据标准化：对原始数据进行标准化处理，将每个特征的均值调整为 0，标准差调整为 1。这是因为 PCA 是基于数据的协方差矩阵计算的，标准化可以确保各个特征在相同的尺度上。

② 计算协方差矩阵：对标准化后的数据计算协方差矩阵。协方差矩阵描述了数据特征之间的相关性。

③ 计算特征值和特征向量：对协方差矩阵进行特征值分解，得到特征值和对应的特征向量。特征向量代表了数据集中的主要方向，特征值表示在这个方向上的方差。

④ 特征值排序：将特征值按照从大到小的顺序进行排序。这意味着排序后的特征向量对应着最大的特征值，即数据中的主要方向。

⑤ 选择主成分：根据降维的目标，选择前 k 个最大的特征值对应的特征向量作为主成分，其中 k 是希望降维后的维度。

⑥ 数据投影：将标准化后的数据乘以选定的特征向量，得到降维后的数据表示。每个数据点的投影值即为在选定主成分上的坐标。

这些步骤可以通过矩阵计算来高效地实现。在实际应用中，还可以使用奇异值分解 (Singular Value Decomposition，SVD)来计算 PCA，这是一种更稳定和可靠的方法。

需要注意的是，PCA 的结果受到数据的特征和特征值的选择数量的影响。选择更多的特征值会保留更多的原始数据信息，但也会导致降维，效果较差。选择合适的维度是根据具体应用和数据集特点来决定的。

【实例 3-9】假设我们有一个包含多个样本的数据集，每个样本有多个特征。我们将给出使用 PCA 进行主成分计算的实例。

假设我们有以下数据集，包含 4 个样本(S1、S2、S3、S4)和 3 个特征(F1、F2、F3)：

S1: [1, 2, 1]
S2: [3, 4, 2]
S3: [5, 6, 3]
S4: [7, 8, 4]

现在，我们将使用 Python 的 NumPy 库来计算 PCA。

```python
import numpy as np

# 创建数据集
data = np.array([[1, 2, 1], [3, 4, 2], [5, 6, 3], [7, 8, 4]])

# 计算数据集的均值
mean = np.mean(data, axis=0)

# 将数据集减去均值，得到零均值数据
centered_data = data - mean

# 计算协方差矩阵
covariance_matrix = np.cov(centered_data.T)

# 计算协方差矩阵的特征值和特征向量
eigenvalues, eigenvectors = np.linalg.eig(covariance_matrix)
```

```
# 将特征值和特征向量按照特征值大小进行排序
sorted_indices = np.argsort(eigenvalues)[::-1]
sorted_eigenvalues = eigenvalues[sorted_indices]
sorted_eigenvectors = eigenvectors[:, sorted_indices]

# 打印特征值和特征向量
print("特征值: ")
print(sorted_eigenvalues)
print("特征向量: ")
print(sorted_eigenvectors)
```

运行上述代码，我们将得到特征值和特征向量。

```
特征值:
[ 1.21677284e+01   2.76827164e-01  -3.19441124e-16]
特征向量:
[[ 0.31524124 -0.84552254  0.43046011]
 [ 0.54570633 -0.16959477 -0.82058748]
 [ 0.77552942  0.504333   -0.38019458]]
```

特征值表示主成分的方差，特征向量表示主成分的方向。在这个例子中，我们得到了 3 个特征值和对应的特征向量。特征值的排序表示每个主成分的重要性，即第一个主成分对应最大的特征值，第二个主成分对应次大的特征值，以此类推。

需要注意，特征值和特征向量的顺序是对应的，即第一个特征向量对应第一个特征值，以此类推。这些特征向量可以用来表示数据集在主成分方向上的投影，并用于降维、可视化等分析任务。

(2) LDA 是一种有监督特征提取方法，旨在通过最大化类别之间的差异和最小化类别内部的差异，将原始特征映射到一个低维的特征空间。

(3) ICA 是一种无监督特征提取方法，假设原始数据是由多个相互独立的信号混合而成，通过估计信号的独立成分来实现特征提取。

特征提取通过保留最重要的特征信息，可以降低数据维度、去除冗余和噪声，提高模型的泛化能力和鲁棒性。

2. 降数据

降数据是一种数据规约策略，通过减少数据集中的样本数量来实现数据规约。降数据可以采用多种方法，常用的降数据策略有以下几种。

(1) 随机采样(random sampling)：随机采样是最简单的降数据策略之一，通过在原始数据集中随机选择一部分样本来创建一个较小的数据集。这种方法的优点是简单快速，但可能会导致一些样本的丢失。随机采样在处理大型数据集时尤其有用，可以加快计算速度并减少存储需求。

(2) 分层采样(stratified sampling)：通过在不同层次上进行采样，以确保样本能充分代表不同层次数据集的分布情况。这种策略适用于具有明显层次结构的数据集，其中不同层次的样本具有不同的特征或属性。

分层采样的步骤如下。

① 确定层次：根据数据集的特征或属性，确定适当的层次划分。例如，如果数据集

包含人口数据，可以根据不同的地理区域(如国家、州、城市)划分层次。

②　在每个层次上确定采样比例：根据每个层次的重要性和样本数量，确定在每个层次上进行采样的比例。通常，较重要或样本较少的层次将具有较高的采样比例。

③　采样样本：在每个层次上，根据确定的采样比例，从该层次的样本中进行采样。可以使用随机采样或其他采样方法来选择样本。

④　组合样本：将从每个层次上采样得到的样本组合成最终的规约数据集。确保在组合样本时，每个层次的样本都有适当的代表性。

分层采样的优点是能够更好地保留数据集中不同层次的特征，并且能够更准确地反映整体数据的分布情况。这种策略尤其适用于具有层次结构的调查数据、地理数据等。

(3)　聚类采样(cluster sampling)：聚类采样是一种通过聚类分析来降低数据集大小的方法。它首先对原始数据进行聚类，将样本分组为多个簇，然后从每个簇中选择代表性样本作为降数据后的数据集。聚类采样可以确保从原始数据中选择具有代表性的样本，从而降低数据集的大小并保留数据的关键特征。这种方法对于大型数据集的降维和可视化非常有用。

这些降数据策略可以根据数据集的特点和分析任务的需求进行选择。随机采样适用于快速降低数据集大小，而聚类采样适用于保留数据的关键特征并降低数据集大小。在应用这些策略时，需要根据具体情况权衡降低数据集大小和保留数据信息之间的平衡。

通过数据规约方法，可以减少数据冗余、降低数据的维度、去除噪声和异常值，提高数据分析模型的效率和性能，并为后续的数据分析和建模任务提供更高质量的数据基础。

3. 数据压缩

数据压缩是一种数据规约策略，通过使用压缩算法来减少数据的存储空间，同时尽量保留数据的重要信息。数据压缩可以在不丢失数据的情况下减小数据的存储需求，从而节省存储空间和传输成本。

常见的数据压缩方法包括以下两种。

1)　无损压缩

无损压缩通过使用压缩算法将数据压缩为更小的表示形式，同时可以完全恢复原始数据。无损压缩方法包括哈夫曼编码、Lempel-Ziv 编码、算术编码等。这些方法利用数据中的重复模式、频率分布等特征来实现数据的高效压缩。无损压缩适用于需要完全还原始数据的场景，如数据备份、文件传输等。

2)　有损压缩

有损压缩是通过牺牲一定的数据精度来实现更高的压缩率。有损压缩方法通过去除数据中的冗余或者使用近似表示来减小数据量。常见的有损压缩方法包括 JPEG 图像压缩、MP3 音频压缩等。这些方法通过丢弃一些对人类感知不敏感的数据细节来减小数据量。有损压缩适用于对数据精度要求较低的场景，如图像、音频、视频等媒体数据的存储和传输。

在选择数据压缩方法时，需要考虑数据的重要性、对精度的要求以及压缩和解压缩的计算复杂度。同时，还需要注意对数据进行备份或传输时可能带来的数据损失风险。因此，在应用数据压缩策略时，需要权衡存储空间的节省和数据精度的保留，并根据具体需求选择合适的压缩方法。

小　结

　　数据预处理是数据分析和机器学习中至关重要的步骤，它对数据进行清洗、转换和规约，以使数据适合后续的分析和建模任务。数据预处理的目的是提高数据的质量、减少噪音和偏差，并为后续的分析和建模任务提供干净、一致和适合的数据。根据具体的数据和任务需求，可以选择适当的数据清洗、转换和规约方法来处理原始数据。本章主要讲解数据预处理的有关方法、数据清洗的方法和步骤、缺失值的识别和处理、异常值的判断与处理、数据集成的常见方法、数据冲突的检测和问题解决、数据集成中的冗余数据处理和相关分析、数据变换中的离散化和规范化方法、数据规约的目的和数据规约的常用策略等内容。通过本章的学习，读者能够基本掌握数据预处理的相关知识和方法，为后续进一步学习数据挖掘做好准备。

思　考　题

　　1. 数据预处理的目的是什么？有哪些数据预处理方法？

　　2. 简述数据清洗的方法步骤。

　　3. 如何进行缺失值填充？

　　4. 什么是去重？不相关、不一致和冗余数据有什么区别？

　　5. 异常值的判断方法有哪几种？

　　6. 什么是数据集成？请将以下数据源 A 和数据源 B 进行数据集成。

表 3-14　数据源 A

编　号	姓　名	年　龄	民　族
1	李明	28	汉族
2	王红	36	回族
3	张兰	41	蒙古族

表 3-15　数据源 B

编　号	姓　名	性　别	地　址
1	李明	男	北京市
2	张兰	女	天津市
3	赵四	男	重庆市

　　7. 数据变换的规范化方法包括哪几种？

　　8. 什么是数据规约？常用的数据规约策略有哪些？

第 4 章

关联规则挖掘

数据挖掘的目的是探索数据中的潜在模式、关联规则、趋势和异常值等，以揭示隐藏在数据背后的有用信息。数据挖掘可以帮助人们做出更准确的预测、发现隐藏的关联关系、识别重要因素等。在前面介绍了数据挖掘的相关定义和方法的基础上，本章主要针对数据挖掘的初学者，重点讲解数据挖掘的常用分析方法关联规则挖掘的算法和应用。

4.1 关联规则挖掘概述

关联规则挖掘旨在从大规模数据集中发现数据项之间的频繁关联关系。这些关联规则通常采用"如果……那么……"的形式，描述了数据项之间的依赖性，即在一个数据项出现的情况下，另一个数据项也很可能会出现。关联规则挖掘被应用在多个领域，如市场购物篮分析、电子商务推荐系统、医疗诊断和网络安全等。

4.1.1 关联规则的分类及应用

关联规则是数据挖掘领域中的一项重要技术，其主要目的是发现频繁项集和频繁关联规则。频繁项集是指在数据集中频繁出现的数据项的集合，而关联规则则是基于频繁项集构建的条件与结果之间的关联性规则。关联规则最早由阿格拉沃尔(Agrawal)等人在 1993年的论文 *Fast Algorithms for Mining Association Rules* 中提出，随后在 1994 年提出了著名的Apriori 算法，至今 Apriori 算法仍然作为关联规则挖掘的经典算法被广泛研究，以后诸多的研究人员对关联规则的挖掘问题进行了大量的研究。

关联规则是形如 $X{\rightarrow}Y$ 的蕴涵式，X 和 Y 分别称为关联规则的先导(antecedent 或 Left-Hand-Side，LHS)和后继(consequent 或 Right-Hand-Side，RHS)。其中，关联规则 XY 存在支持度和置信度。

关联规则最初是针对购物篮分析(market basket analysis)问题提出的。假设分店经理想更多地了解顾客的购物习惯，特别是想知道顾客可能会在一次购物时同时购买哪些商品？为回答该问题，可以对商店的顾客购买物品的零售数量进行购物篮分析。通过该过程发现顾客放入"购物篮"中的不同商品之间的关联，分析顾客的购物习惯。这种关联的发现可以帮助零售商了解哪些商品频繁地被顾客同时购买，从而帮助他们制定更好的营销策略。

假设 I 是项的集合。给定一个交易数据库 D，其中每个事务(transaction)t 是 I 的非空子集，即每一个交易都与一个唯一的标识符 TID(Transaction ID)对应。关联规则在 D 中的支持度(support)是 D 中事务 t 同时包含 X、Y 的百分比，即概率；置信度(confidence)是 D 中事务已经包含 X 的情况下同时包含 Y 的百分比，即条件概率。如果满足最小支持度阈值和最小置信度阈值，则认为关联规则是有价值的。这些阈值是根据挖掘需要人为设定的。

在美国沃尔玛超市有一个关于"尿布与啤酒"的故事：尿布和啤酒摆在一起出售，这个奇怪的举措却使尿布和啤酒的销量双双增加。这是发生在美国沃尔玛连锁超市的真实案例，并一直为商家津津乐道。沃尔玛拥有世界上最大的数据仓库系统，为了能够准确地了解顾客在其门店的购买习惯，沃尔玛对其顾客的购物行为进行购物篮分析，以便知道顾客经常一起购买的商品有哪些。沃尔玛数据仓库里集中了其各门店的详细原始交易数据。在这些原始交易数据的基础上，沃尔玛利用数据挖掘方法对这些数据进行分析和挖掘。一个意外的发现是，跟尿布一起购买最多的商品竟是啤酒。经过大量实际调查和分析，揭示了一个隐藏在"尿布与啤酒"背后的美国人的一种行为模式：美国的太太们常叮嘱她们的丈夫下班后为小孩买尿布，而丈夫们在买尿布后又随手带回了他们喜欢的啤酒。

我们怎么从看似无关的数据中挖掘关联规则呢？关联规则挖掘过程主要包含两个阶段：第一阶段必须先从资料集合中找出所有的高频项目组(frequent itemsets)，第二阶段则从这些高频项目组中产生关联规则。

关联规则挖掘的第一阶段必须从原始资料集合中找出所有的高频项目组。高频的意思是指某一项目组出现的频率相对于所有记录而言，必须达到某一水平。一个项目组出现的频率称为支持度，以一个包含 A 与 B 两个项目的 2-itemset 为例，我们可以求得包含{A,B}项目组的支持度，若支持度大于等于所设定的最小支持度(minimum support)值时，则{A,B}称为高频项目组。一个满足最小支持度的 k-itemset，则称为高频 k-项目组(frequent k-itemset)，一般表示为 Large k 或 Frequent k。算法从 Large k 的项目组中再产生 Large k+1，直到无法再找到更长的高频项目组为止。

关联规则挖掘的第二阶段是要产生关联规则。从高频项目组产生关联规则，是利用前一步骤的高频 k-项目组来产生规则，在最小置信度(minimum confidence)的条件下，若一个规则所求得的置信度满足最小置信度，称此规则为关联规则。例如，经由高频 k-项目组{A,B}所产生的规则 AB，若置信度大于等于最小置信度，则称 AB 为关联规则。

就上述超市案例而言，使用关联规则挖掘技术，对交易资料库中的记录进行资料挖掘，首先必须要设定最小支持度与最小置信度两个阈值，在此假设最小支持度 min_support=5%且最小置信度 min_confidence=70%。因此，符合该超市需求的关联规则将必须同时满足以上两个条件。若经过挖掘过程找到的关联规则「尿布，啤酒」满足下列条件，将可接受「尿布，啤酒」的关联规则。用公式可以描述 support(尿布，啤酒)≥5%且 confidence(尿布，啤酒)≥70%。其中，support(尿布，啤酒)≥5%在此应用范例中的意义为：在所有的交易记录资料中，至少有 5%的交易呈现尿布与啤酒这两项商品被同时购买的交易行为。confidence(尿布，啤酒)≥70%在此应用范例中的意义为：在所有包含尿布的交易记录资料中，至少有 70%的交易会同时购买啤酒。因此，今后若有某消费者出现购买尿布的行为，超市将可推荐该消费者同时购买啤酒。这个商品推荐的行为则是根据「尿布，啤酒」的关联规则，因为就该超市过去的交易记录而言，支持了"大部分购买尿布的交易，会同时购买啤酒"的消费行为。

从上面的介绍还可以看出，关联规则挖掘通常比较适用于记录中的指标取离散值的情况。如果原始数据库中的指标值是取连续值的数据，则在关联规则挖掘之前应进行适当的数据离散化(实际上就是将某个区间的值对应于某个值)，数据的离散化是数据挖掘前的重要环节，离散化的过程是否合理将直接影响关联规则的挖掘结果。

1. 关联规则的分类

关联规则一般分为以下三类。

1) 基于规则中处理的变量的类别

关联规则处理的变量可以分为布尔型和数值型两种。布尔型关联规则处理的值都是离散的、种类化的，它显示了这些变量之间的关系；而数值型关联规则可以和多维关联或多层关联规则结合起来，对数值型字段进行处理，将其进行动态的分割，或者直接对原始的数据进行处理，当然数值型关联规则中也可以包含种类变量。例如，性别="女"=>职业="秘书"，是布尔型关联规则；性别="女"=>avg(收入)=2300，涉及收入是数值类型，所以是一个数值型关联规则。

2) 基于规则中数据的抽象层次

基于规则中数据的抽象层次，可以分为单层关联规则和多层关联规则。在单层关联规则中，所有的变量都没有考虑到现实的数据是多层次的；而在多层关联规则中，对数据的多层性已经进行了充分的考虑。例如，IBM 台式机=>Sony 打印机，是一个细节数据上的单层关联规则；台式机=>Sony 打印机，是一个较高层次和细节层次之间的多层关联规则。

  3) 基于规则中涉及数据的维数

  关联规则中的数据，可以分为单维的和多维的。在单维关联规则中，我们只涉及数据的一个维，如用户购买的物品；而在多维关联规则中，要处理的数据将会涉及多个维。换句话说，单维关联规则是处理单个属性中的一些关系；多维关联规则是处理各个属性之间的某些关系。例如，啤酒=>尿布，这条规则只涉及用户购买的物品；性别="女"=>职业="秘书"，这条规则就涉及两个字段的信息，是两个维上的一条关联规则。

  2. 关联规则挖掘技术的应用

  关联规则挖掘的常用算法包括 Apriori 算法(使用候选项集找频繁项集)、FP-Growth 算法(FP-树频集算法)等，下面将进行详细介绍。

  关联规则挖掘技术已经被广泛应用在西方金融企业中，它可以成功地预测银行客户需求。一旦获得相关客户信息，银行就可以改善自身营销策略。例如，各银行在自己的 ATM 机上捆绑客户可能感兴趣的本行产品信息，供使用本行 ATM 机的客户了解。如果数据库中显示，某个高信用限额的客户更换了地址，这个客户很有可能最近购买了一栋更大的住宅，因此该客户有可能需要更高的信用限额，或更高端的新信用卡，亦或需要一个住房改善贷款，这些产品信息都可以通过信用卡账单邮寄给客户。当客户打电话咨询的时候，数据库可以有力地帮助电话销售代表处理客户问题。销售代表的计算机屏幕上可以显示出客户的特点，同时也可以显示出客户会对哪些产品感兴趣。

  再比如市场数据，它不仅十分庞大、复杂，而且包含着许多有用信息。随着数据挖掘技术的发展以及各种数据挖掘方法的应用，从大型超市数据库中可以发现一些潜在的、有用的、有价值的信息，从而应用于超级市场的经营。通过对所积累的销售数据的分析，用户可以得出各种商品的销售信息，从而更合理地制订各种商品的订货计划，对各种商品的库存进行合理的控制。另外，根据各种商品销售的相关情况，用户可分析商品的销售关联性，从而可以进行商品的购物篮分析和组合管理，更加有利于商品销售。

  同时，一些知名的电子商务站点也从强大的关联规则挖掘中受益。这些电子购物网站使用关联规则中的规则进行挖掘，然后设置用户有意要一起购买的捆绑包。也有一些购物网站使用它们设置相应的交叉销售，也就是购买某种商品的顾客会看到相关的另外一种商品的广告。

  但在我国，"数据海量，信息缺乏"是商业银行在数据集中普遍面对的尴尬问题。金融业应用的大多数数据库只能实现数据的录入、查询、统计等较低层次的功能，却无法发现数据中存在的各种有用的信息。譬如，对这些数据进行分析，发现其数据模式及特征，然后可能发现某个客户、消费群体或组织的金融和商业兴趣，并可以观察金融市场的变化趋势。可以说，关联规则挖掘技术在我国的研究与应用还有待广泛深入。

4.1.2 关联规则挖掘示例

  关联规则挖掘是一种用于发现数据中频繁项集和关联规则的数据挖掘技术。频繁项集是指在数据集中频繁出现的项的集合，而关联规则是表示项之间的关联性和依赖关系。

下面通过一个示例介绍关联规则挖掘，让读者更为清晰地认识关联规则挖掘的原理。

假设我们有一个超市的交易数据集，其中包含了不同顾客的购买记录。数据集的每一行代表一个交易，而每一列代表一个商品。以下是一个简化的交易数据集示例。

购买的交易 ID 项目：

1　面包、牛奶

2　面包、尿布、啤酒

3　面包、牛奶、尿布、鸡蛋

4　牛奶、尿布、啤酒

5　面包、牛奶、尿布、啤酒

如果我们希望通过关联规则挖掘来发现顾客购买商品之间的关联关系。具体可以采用以下步骤进行。

(1) 数据准备：将交易数据集进行预处理，确保每个交易的商品项之间用逗号分隔，并且数据格式正确。

(2) 构建频繁项集：通过扫描数据集并计算每个项集的支持度(在数据集中出现的频率)，找出频繁项集。例如，我们可以设置一个支持度阈值，如 50%，来确定哪些商品项是频繁的。

在示例数据集中，如果我们设置支持度阈值为 50%，那么频繁项集可以是：{面包}、{牛奶}、{尿布}、{啤酒}、{面包，牛奶}、{面包，尿布}、{牛奶，尿布}、{尿布，啤酒}、{面包，啤酒}、{牛奶，啤酒}、{面包，牛奶，尿布}、{面包，尿布，啤酒}、{牛奶，尿布，啤酒}。

(3) 构建关联规则：对于每个频繁项集，生成关联规则，并计算每个规则的置信度(规则发生的条件概率)。例如，对于频繁项集{面包，牛奶}，可以生成关联规则：{面包} => {牛奶}，{牛奶} => {面包}，并计算这些规则的置信度。

(4) 选择感兴趣的规则：根据置信度、支持度、提升度等指标，筛选出感兴趣的关联规则。例如，我们可以设置置信度阈值为 70%，以选择置信度高于该阈值的关联规则。

通过上述步骤，我们可以发现一些有意义的关联规则，例如：

{面包} => {牛奶}，置信度为 100%(所有购买面包的顾客也购买了牛奶)。

{牛奶} => {面包}，置信度为 75%(所有购买牛奶的顾客中有 75%也购买了面包)。

这些关联规则可以为超市的销售策略、商品摆放和促销活动提供有用的洞察和指导。

4.2　Apriori 算法

在数据挖掘和机器学习领域中，人们对于在大规模数据集中寻找有效的模式和关联性的需求日益增加。具体来说，在许多实际应用中，我们希望能够发现一些数据项之间的频繁关联关系，以便进行推荐、市场购物篮分析、交叉销售等任务。例如，在超市购物数据中，我们希望找到哪些商品经常被一起购买，从而可以用于优化商品摆放、推荐相关商品等。在这样的背景下，Apriori 算法应运而生。

4.2.1 Apriori 算法的定义与特点

1. Apriori 算法的定义

Apriori 算法是一种挖掘关联规则和频繁项集的经典算法，该算法基于 Apriori 原理，通过逐层扫描数据集并利用频繁项集的性质来减小搜索空间，从而高效地发现频繁项集和关联规则，它被广泛应用于关联规则挖掘任务中。

Apriori 算法基于一个重要的观察：频繁项集的子集也必定是频繁的。这个观察形成了 Apriori 算法的核心思想：该算法采用逐层的方式生成候选项集，并通过扫描数据集来计算候选项集的支持度，进而筛选出频繁项集。

Apriori 算法的主要步骤如下。

(1) 初始化：将每个单个项作为候选项集的初始项集，计算初始项集的支持度。

(2) 逐层生成候选项集：根据 Apriori 原理，通过频繁项集的连接和剪枝操作来生成下一层的候选项集。连接操作将两个频繁项集连接成一个更大的项集，剪枝操作排除不满足 Apriori 原理的项集。

(3) 计算候选项集的支持度：对于每个候选项集，扫描数据集并统计其在数据集中的出现次数，计算候选项集的支持度。

(4) 筛选频繁项集：根据设定的支持度阈值，将支持度大于等于阈值的项集作为频繁项集。

(5) 生成关联规则：对于每个频繁项集，生成关联规则，并计算每个规则的置信度和支持度。

(6) 根据需求程度筛选规则：根据设定的置信度、支持度、提升度等指标，筛选出感兴趣的关联规则。

通过上述步骤，Apriori 算法能够高效地发现频繁项集和关联规则，为数据分析和决策提供有用的关联性洞察。

Apriori 算法已被广泛地应用到商业、网络安全等领域，Apriori 算法利用频繁项集性质的先验知识(prior knowledge)，通过逐层搜索的迭代方法，即将 k-项集用于探察$(k+1)$-项集，来穷尽数据集中的所有频繁项集。先找到频繁 1-项集集合 L_1，然后用 L_1 找到频繁 2-项集集合 L_2，接着用 L_2 找 L_3，直到找不到频繁 k-项集，每个 L_k 需要一次数据库扫描。

首先，找出所有的频繁项集，这些项集出现的频繁性至少和预定义的最小支持度一样；其次，由频繁项集产生强关联规则，这些规则必须满足最小支持度和最小置信度；然后使用第 1 步找到的频集产生期望的规则，产生只包含集合的项的所有规则，其中每一条规则的后继只有一项。一旦这些规则被生成，那么只有那些大于用户给定的最小置信度的规则才能被留下来。为了生成所有频繁项集，通常使用递归的方法编程实现。

Apriori 算法采用连接和剪枝两个步骤来找出所有的频繁项集。

1) 连接

为找出 L_k(所有的频繁 k 项集的集合)，通过将 L_{k-1}(所有的频繁 k–1 项集的集合)与自身连接产生候选 k 项集的集合。候选集合记作 C_k。设 l_1 和 l_2 是 L_{k-1} 中的成员。记 $l_i[j]$ 表示 l_i 中的第 j 项。假设 Apriori 算法对事务或项集中的项按字典次序排序，即对于$(k-1)$项集 l_i，

$l_i[1]<l_i[2]<\cdots<l_i[k-1]$。将 L_{k-1} 与自身连接，如果有：

$$(l_1[1]=l_2[1]) \wedge (l_1[2]=l_2[2]) \wedge \cdots \wedge (l_1[k-2]=l_2[k-2]) \wedge (l_1[k-1]<l_2[k-1])$$

那么可以认为 l_1 和 l_2 可连接。连接 l_1 和 l_2 产生的结果为：

$$\{l_1[1],l_1[2],\cdots,l_1[k-1],l_2[k-1]\}$$

2) 剪枝

C_K 是 L_K 的超集，也就是说，C_K 的成员可能是频繁的，也可能不是频繁的。通过扫描所有的事务(交易)，确定 C_K 中每个候选项集的计数，判断是否小于最小支持度计数，如果不是，则认为该候选项集是频繁的。

为了压缩 C_K，可以利用 Apriori 原理：任一频繁项集的所有非空子集也必须是频繁的，反之，如果某个候选项集的非空子集不是频繁的，那么该候选项集肯定不是频繁的，从而可以将其从 C_K 中删除。

剪枝的原因是实际情况下事务记录往往是保存在外存储器上，如数据库或者其他格式的文件，在每次计算候选项集计数时都需要将候选项集与所有事务进行比对。众所周知，算法执行过程中访问外存的效率往往都比较低，因此 Apriori 算法加入了所谓的剪枝步，事先对候选集进行过滤，以减少访问外存的次数。

Apriori 算法的伪代码如下：

```
算法: Apriori。使用逐层迭代方法基于候选项集找出频繁项集。
输入:
    D:实物数据库;
    Min_sup:最小支持度计数阈值。
输出:
    L: D中的频繁项集。
方法:
    L1=find_frequent_1-itemsets(D);
    for(k=2;Lk-1 !=∅; k++){
        Ck=apriori_gen(Lk-1);
        For each 事务 t∈D{        //扫描 D 用于计数
            Ct=subset(Ck,t);      //得到 Ck 的子集，它们是候选
            for each 候选 c∈C;
                C.count++;
        }
        Lk={c∈C|c.count>=min_stp}
    }
    return L=UkLk;

Procedure apriori_gen(Lk-1:frequent(k-1)-itemsets)
for each 项集 l1∈Lk-1
    for each 项集 l2∈Lk-1
    If (l1[1]=l2[1]) ^ (l1[2]=l2[2]) ^… (l1[k-2]=l2[k-2]) ^ (l1[k-1]=l2[k-1]) then{
        c=l1∞l2           //连接步: 产生候选项集
        if has_infrequent_subset(c,Lk-1)then
            delete c;    //剪枝步: 删除非频繁的候选项集
        else add c to Ck;
    }
    return Ck;
procedure has_infrequent_subset (c:candidate k-itemset;
```

```
        Lk-1: frequent (k-1)-itemset)    //使用先验知识
for each(k-1)-subset s of c
    If s∉ Lk-1then
        return TRUE;
return FALSE;
```

用一个实例来跟踪 Apriori 算法的关联规则挖掘过程。假设有销售数据表 TDB,包含销售数据 TID = {1,2,3},ITEMID = {A,B,C,D,E}。Apriori 算法的数据挖掘过程如图 4-1 所示。

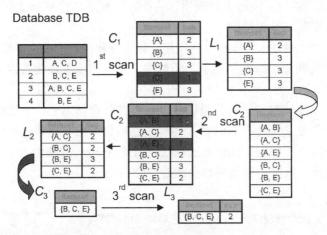

图 4-1 Apriori 算法实例

从图 4-1 中的过程可以看出,一共进行了 3 次连接和 2 次剪枝。我们以图 4-1 中的 L_2 到 C_3 的过程为例进行说明,其他步骤可以此类推。

连接过程:

◎ $C_3 = L_2$;

◎ L_2 = {{A,C},{B,C},{B,E}{C,E}};

◎ {{A,C},{B,C},{B,E}{C,E}} = {{A,B,C},{A,C,E},{B,C,E}}。

剪枝过程:由于频繁项集的所有子集必须是频繁的,对候选项 C_3,我们可以删除其子集为非频繁的选项。

◎ {A,B,C}的 2 项子集是{A,B},{A,C},{B,C},其中{A,B}不是 L_2 的元素,所以删除这个选项;

◎ {A,C,E}的 2 项子集是{A,C},{A,E},{C,E},其中{A,E}不是 L_2 的元素,所以删除这个选项;

◎ {B,C,E}的 2 项子集是{B,C},{B,E},{C,E},它的所有 2 项子集都是 L_2 的元素,因此保留这个选项。

所以经过连接和剪枝过程后我们得到:C_3={{B,C,E}}。

从以上过程中,我们可以总结出 Apriori 算法存在以下几个方面的不足。

(1) 对数据库的扫描次数过多。当事务数据库中存放大量事务数据时,在有限的内存空间下,系统 I/O 负载相当大。对每次循环 k,候选集 C_K 中的每个元素都必须通过扫描数据库一次来验证其是否加入 L_K。假如有一个频繁大项集包含 n 个项,那么就至少需要扫描事务数据库 n 遍。每次扫描数据库的时间占用就会非常大,这样导致 Apriori 算法效率相对低。

(2) 导致庞大候选集产生。由 L_{K-1} 产生 k-候选集 C_K 是指数增长的，例如，100 个元素的 1-频繁项集就有可能产生接近 5000 个元素的 2-候选集。如果要产生一个很长的规则时，产生的中间候选集的数量也是巨大的。

(3) 基于支持度和置信度框架理论发现的大量规则中，有一些规则即使满足用户指定的最小支持度和置信度，但仍没有实际意义；最小支持度阈值定得越高，有用数据就越少，有意义的规则也就不易被发现，这样会影响决策的制定。

(4) 算法适应范围小。Apriori 算法仅仅考虑了布尔型的单维关联规则的挖掘，在实际应用中，可能出现多类型、多维、多层的关联规则。

2. Apriori 算法的特点

Apriori 算法具有以下特点。

(1) 频繁项集性质利用：Apriori 算法利用 Apriori 原理，即如果一个项集是频繁的，那么它的所有子集也必须是频繁的。这个性质用于剪枝操作，减少了搜索空间，提高了算法的效率。

(2) 逐层生成候选项集：Apriori 算法采用逐层的方式生成候选项集。通过连接操作和剪枝操作，每一层的候选项集都是基于前一层的频繁项集生成的。这种逐层生成的方式可以有效地减少候选项集的数量，提高算法的效率。

(3) 基于支持度筛选频繁项集：Apriori 算法在生成候选项集后，通过扫描数据集来计算候选项集的支持度。然后，根据设定的支持度阈值，筛选出支持度大于等于阈值的项集作为频繁项集。这样可以将搜索空间进一步缩小，只保留有足够支持度的项集。

(4) 适用于稀疏数据集：Apriori 算法适用于稀疏数据集，即数据集中大部分项的支持度较低。因为 Apriori 算法通过剪枝操作减少了候选项集的数量，只保留了频繁项集，从而可以处理大规模的稀疏数据。

(5) 可解释性强：Apriori 算法生成的关联规则具有较好的可解释性。通过计算关联规则的置信度和支持度，可以评估规则的可靠性和频繁程度，帮助分析人员理解数据中的关联性和依赖关系。

4.2.2　Apriori 算法的应用

Apriori 算法是一种经典的关联规则挖掘算法，被广泛应用于市场购物篮分析、推荐系统、网络流量分析、生物信息学等领域。以下是 Apriori 算法的一些应用示例。

1. 市场购物篮分析

Apriori 算法可用于分析超市或零售店的交易数据，发现顾客购买的频繁项集，即经常一起购买的物品组合，从而了解商品之间的关联关系。

Apriori 算法在市场购物篮分析中的应用步骤如下。

(1) 数据收集：收集超市或零售店的交易数据，通常包括每个顾客的购买清单或购物篮内物品信息。

(2) 数据预处理：对收集的数据进行预处理，包括去除重复项、去除无效数据、转换数据格式等，以确保数据准确、一致且适合 Apriori 算法的输入格式。

(3) 生成候选项集：通过扫描数据集并收集单个物品的频次信息，生成候选项集。每个候选项集由一个或多个物品组成。

(4) 计算支持度：对每个候选项集，计算其支持度，即该项集在数据集中出现的频率。支持度定义为数据集中包含该项集的交易在总交易数中的比例。

(5) 筛选频繁项集：根据设定的最小支持度阈值，筛选出支持度大于等于该阈值的频繁项集。这些频繁项集表示经常一起购买的物品组合。

(6) 生成关联规则：对于每个频繁项集，生成关联规则。关联规则由两部分组成：前项和后项，表示两个物品集合之间的关联关系。

(7) 计算置信度：对于每个关联规则，计算其置信度，即在先导发生的情况下，后继也发生的概率。置信度定义为关联规则的支持度除以前项的支持度。

(8) 筛选关联规则：根据设定的最小置信度阈值，筛选出置信度大于等于该阈值的关联规则。这些关联规则表示有意义且可信的商品之间的关联关系。

通过市场购物篮分析，超市或零售店可以发现哪些商品经常被一起购买，以及它们之间的关联关系。这可以帮助零售商进行交叉销售、商品布局优化、促销活动设计等决策，从而提升销售额和客户满意度。

2. 推荐系统

Apriori 算法可以应用于推荐系统中，根据用户历史购买数据或行为数据，挖掘用户喜好的频繁项集，以提供个性化的推荐。通过发现物品之间的关联性，推荐系统可以向用户推荐相关的商品或内容。

Apriori 算法在推荐系统中的应用步骤如下。

(1) 数据收集：收集用户的历史行为数据，包括购买记录、点击记录、评分等。这些数据可以用来了解用户的兴趣和偏好。

(2) 数据预处理：对收集的数据进行预处理，包括去除重复项和无效数据、转换数据格式等，以此确保数据准确、一致且适合 Apriori 算法的输入格式。

(3) 生成候选项集：通过扫描数据集并收集单个物品的频次信息，生成候选项集。每个候选项集由一个或多个物品组成。

(4) 计算支持度：对每个候选项集，计算其支持度，即该项集在数据集中出现的频率。支持度定义为数据集中包含该项集的记录在总记录数中的比例。

(5) 筛选频繁项集：根据设定的最小支持度阈值，筛选出支持度大于等于该阈值的频繁项集。这些频繁项集表示用户经常喜欢的物品组合。

(6) 生成关联规则：对于每个频繁项集，生成关联规则。关联规则由两部分组成：先导和后继，表示用户喜欢某些物品时，可能也会喜欢其他相关的物品。

(7) 计算置信度：对于每个关联规则，计算其置信度，即在先导发生的情况下，后继也发生的概率。置信度定义为关联规则的支持度除以前项的支持度。

(8) 筛选关联规则：根据设定的最小置信度阈值，筛选出置信度大于等于该阈值的关联规则。这些关联规则表示有意义且可信的推荐规则。

通过 Apriori 算法在推荐系统中挖掘用户喜好的频繁项集和关联规则，可以为用户提供个性化的推荐。这样的推荐可以基于用户过去的行为和兴趣，帮助用户发现和探索他们可能感兴趣的商品、内容或服务，提升用户体验和满意度。

3. 网络流量分析

网络流量分析旨在通过对网络流量数据的挖掘和分析，发现异常模式、恶意行为或潜在的攻击。Apriori 算法可用来分析网络流量数据，挖掘频繁项集，从而检测出潜在的异常活动。Apriori 算法在网络流量数据分析中的应用步骤如下。

(1) 数据收集：收集网络流量数据，包括网络通信记录、日志文件、报文数据等。

(2) 数据预处理：对收集的数据进行预处理，包括去除重复项和无效数据、过滤噪声等，以此确保数据准确、一致且适合 Apriori 算法的输入格式。

(3) 生成候选项集：通过扫描数据集并收集单个网络事件的频次信息，生成候选项集。每个候选项集由一个或多个网络事件组成。

(4) 计算支持度：对每个候选项集，计算其支持度，即该项集在数据集中出现的频率。支持度定义数据集中包含该项集的记录在总记录数中的比例。

(5) 筛选频繁项集：根据设定的最小支持度阈值，筛选出支持度大于等于该阈值的频繁项集。这些频繁项集表示网络流量中经常出现的事件组合。

(6) 生成关联规则：对于每个频繁项集，生成关联规则。关联规则由两部分组成：先导和后继，表示事件之间的关联关系。

(7) 计算置信度：对于每个关联规则，计算其置信度，即在先导发生的情况下，后继也发生的概率。置信度定义为关联规则的支持度除以前项的支持度。

(8) 筛选关联规则：根据设定的最小置信度阈值，筛选出置信度大于等于该阈值的关联规则。这些关联规则表示有意义且可信的网络事件的关联关系。

通过 Apriori 算法在网络流量数据中挖掘频繁项集和关联规则，用户可以检测出异常模式、恶意行为或潜在的攻击。这些关联规则可以揭示不同网络事件之间的关联关系，帮助网络管理员识别和应对潜在的安全威胁，加强网络安全防护和监测能力。

4. 生物信息学

Apriori 算法可以应用于生物信息学领域。生物信息学研究利用计算方法和算法来分析和解释生物学数据，如基因序列、蛋白质结构和功能等。Apriori 算法可以用于生物信息学中的数据挖掘和模式发现，帮助用户揭示基因、蛋白质或其他生物分子之间的关联关系。

Apriori 算法在生物信息学中的应用示例如下。

(1) 基因表达模式挖掘：基因表达是指基因在不同条件下的活跃程度。通过 Apriori 算法，用户可以挖掘基因表达数据中频繁出现的基因组合模式，揭示基因之间的协同调控或相关性。

(2) 蛋白质相互作用网络分析：蛋白质相互作用网络描述蛋白质之间的相互作用关系。Apriori 算法可以分析蛋白质相互作用数据，发现频繁出现的蛋白质组合，从而揭示蛋白质间的功能模块或信号通路。

(3) DNA 序列模式挖掘：DNA 序列包含了生物体遗传信息的编码。通过 Apriori 算法，用户可以挖掘 DNA 序列中频繁出现的模式，如转录因子结合位点、DNA 修饰位点等，用于预测基因调控元件或寻找重要的功能区域。

(4) 药物与靶标关联分析：药物与靶标之间的关联关系对于药物研发和治疗策略的设计至关重要。Apriori 算法可以分析药物和靶标的结构特征、生物活性数据等，发现频繁出现的药物-靶标组合，帮助用户揭示药物与靶标之间的相互作用和潜在的药物作用机制。

通过 Apriori 算法在生物信息学中的应用，研究人员可以发现生物分子之间的关联关系，解析其功能和相互作用，从而深入理解生物体的复杂生命过程，为疾病诊断、药物设计和生物工程等领域提供基础支持和指导。

总之，Apriori 算法是一种强大的关联规则挖掘算法，可以应用于多个领域中的数据分析和决策支持任务。它可以帮助我们发现数据中隐藏的关联关系，从而洞察数据背后的规律，并为业务决策提供有价值的信息。

4.2.3 Apriori 算法分析与改进

在 4.2.1 节中，我们了解了 Apriori 算法的相关特点和不足，随着数据规模的增大和应用场景的复杂化，Apriori 算法在某些方面面临一些限制和挑战。为了克服这些问题，研究人员提出了各种改进方法和技术，旨在提高算法的效率和扩展性。下面将对 Apriori 算法进行详细分析，并探讨几种常见的改进方法。

1. Apriori 算法分析

前面已经对 Apriori 算法的原理和执行步骤进行了讲解，这里主要对 Apriori 算法的性能进行分析，评估 Apriori 算法在不同数据规模和参数设置下的性能，包括时间复杂度和空间复杂度的分析。

1) 时间复杂度分析

(1) 候选项集生成：Apriori 算法的候选项集生成是通过组合频繁$(k-1)$项集来生成候选 k-项集。生成过程的时间复杂度为 $O(k^2)$，其中 k 是项集的大小。随着项集大小的增加，生成候选项集的时间会增加。

(2) 支持度计算：对于每个候选项集，需要遍历整个数据集来计算其支持度。支持度计算的时间复杂度为 $O(nm)$，其中 n 是事务的数量，m 是候选项集的数量。随着数据集和候选项集数量的增加，支持度计算的时间会增加。

(3) 剪枝操作：在每次迭代中，需要对候选项集进行剪枝操作，以去除不频繁的项集。剪枝操作的时间复杂度与候选项集数量成正比，通常是 $O(k)$，其中 k 是候选项集的数量。

综上所述，Apriori 算法的时间复杂度主要受候选项集生成和支持度计算的影响，随着数据规模和候选项集数量的增加而增加。

2) 空间复杂度分析

(1) 数据集存储：Apriori 算法需要将整个数据集存储在内存中，以便进行频繁项集挖掘和计算。数据集的空间复杂度为 $O(nm)$，其中 n 是事务的数量，m 是平均事务的长度。随着数据规模的增加，数据集的存储空间也会增加。

(2) 候选项集和频繁项集存储：Apriori 算法需要存储候选项集和频繁项集。候选项集的数量取决于项集的大小和数据集的特征，频繁项集的数量取决于最大项集的大小和支持度阈值。候选项集和频繁项集的存储空间复杂度通常是 $O(k)$，其中 k 是候选项集或频繁项集的数量。

综上所述，Apriori 算法的空间复杂度主要受数据集存储和候选项集/频繁项集存储的影响，随着数据规模和候选项集/频繁项集数量的增加而增加。

需要注意的是，以上的时间复杂度和空间复杂度分析是基于原始的 Apriori 算法，未考虑任何改进方法和优化技术。在实际应用中，改进的 Apriori 算法可能具有更好的性能和可扩展性，因此在评估和比较算法性能时，还需要考虑改进方法的影响。

2. Apriori 算法的改进

1) 剪枝策略

剪枝策略是一种常用的优化技术，用于减少计算的开销和提高算法的效率。在频繁项集挖掘算法中，剪枝策略通常用于减少候选项集的生成和支持度计算的开销，其中使用 Apriori 原理是一种常见的剪枝策略。

Apriori 原理是 Apriori 算法中的一个关键概念，它基于一个重要观察：如果一个项集是频繁的，那么它的所有子集也一定是频繁的。基于这个观察，Apriori 算法通过剪枝操作来减少候选项集的生成和支持度计算的开销。

具体来说，Apriori 剪枝策略包括以下步骤。

(1) 候选项集生成：根据频繁(k-1)-项集生成候选 k-项集。在生成过程中，Apriori 算法使用了剪枝策略来排除不可能成为频繁项集的候选项集。根据 Apriori 原理，如果一个项集的任意子集不是频繁的，那么该项集本身也不可能是频繁的。因此，Apriori 算法会从频繁(k-1)-项集中选取子集进行组合，而不会生成所有可能的 k-项集。

(2) 支持度计算：对于生成的候选项集，Apriori 算法需要计算其支持度以判断其是否为频繁项集。在计算支持度的过程中，同样使用了 Apriori 原理进行剪枝。如果一个候选项集的任意子集不是频繁的，那么该候选项集的支持度一定不会超过频繁项集的支持度。因此，Apriori 算法在计算支持度时，可以通过计算其子集的支持度来确定是否需要进一步计算该候选项集的支持度。

通过使用 Apriori 原理进行剪枝，Apriori 算法能够有效地减少候选项集的生成和支持度计算的开销。这是因为 Apriori 原理充分利用了频繁项集的特性，避免了对不可能是频繁项集的候选项集进行计算，从而减少了算法的时间复杂度和空间复杂度。

需要注意的是，剪枝策略的效果取决于数据集的特征和频繁项集的分布。在某些情况下，剪枝策略可能无法显著减少计算开销，甚至可能引入一些额外的开销。因此，在实际应用中，用户还需要根据具体情况进行评估和调优，选择合适的剪枝策略和参数设置。

2) 压缩存储技术

为了减少 Apriori 算法的内存消耗并提高其可扩展性，可以使用位图(bitmap)和压缩编码(compression encoding)等方法。这些方法可以有效地减少数据结构的内存占用，并加快算法的执行速度。

(1) 位图方法。

① 基本概念：位图是一种紧凑的数据结构，用于表示项集的存在或缺失情况。每个项对应一个位，位图中的位可以被设置为 1 表示存在，或者设置为 0 表示缺失。

② 应用方式：在 Apriori 算法中，可以使用位图来表示每个事务中的项集情况。通过对每个项集构建位图，可以快速判断某个项集是否存在于事务中，而无须存储原始的项集数据。

③ 优点：位图使用非常紧凑的数据结构，可以大大减少内存消耗。在频繁项集挖掘过程中，通过位图的高效查询操作，可以加快算法的执行速度。

(2) 压缩编码方法。

① 基本概念：压缩编码是一种将数据进行压缩存储的技术。通过去除冗余信息和使用压缩算法，可以减少数据的存储空间。

② 应用方式：在 Apriori 算法中，可以使用压缩编码方法来存储和处理项集的数据。例如，可以使用变长编码(variable-length encoding)来表示项集中的项，使用字典压缩(dictionary compression)来减少项集的存储空间。

③ 优点：压缩编码可以有效地减少数据的存储空间，并降低内存消耗。同时，压缩编码还可以提高数据的读取速度，因为压缩后的数据量更小，可以更快地进行 I/O 操作。

通过使用位图和压缩编码等方法，可以显著减少 Apriori 算法的内存消耗，并提高算法的可扩展性。这些方法可以在保持算法功能和准确性的前提下，减少数据的存储空间和处理开销，特别适用于大规模数据集的频繁项集挖掘。需要根据具体的应用场景和数据特征选择合适的位图和压缩编码方法，并进行适当的参数调整和优化，以达到最佳的性能和效果。

3) 分布式处理

将 Apriori 算法进行分布式处理是一种有效的方式，可以提高算法的效率和可扩展性。通过将数据集分成多个部分，并行地进行频繁项集挖掘，可以同时利用多台计算机的计算资源，加快算法的执行速度。下面是将 Apriori 算法进行分布式处理的一般步骤。

(1) 数据集划分：将原始数据集划分成多个部分，使每个部分可以在独立的计算节点上进行处理。划分的方式可以根据数据集的特征和可用的计算资源来确定，可以按照事务的哈希值、分片等方式进行划分。

(2) 并行频繁项集挖掘：在每个计算节点上，独立地应用 Apriori 算法来挖掘频繁项集。每个计算节点可以使用本地的数据集进行频繁项集的生成、支持度计算和剪枝操作。这样可以充分利用每个计算节点的计算能力并减少通信开销。

(3) 部分频繁项集合并：在每个计算节点完成频繁项集挖掘后，需要将各个计算节点得到的部分频繁项集进行合并。合并的过程可以通过集中式的节点或者分布式的消息传递方式进行。

(4) 全局频繁项集生成：根据合并后的部分频繁项集，再次应用 Apriori 算法来生成全局频繁项集。这个过程与传统的 Apriori 算法相似，但是在这里只需要在全局频繁项集生成阶段进行。

通过将 Apriori 算法进行分布式处理，可以充分利用多台计算机的计算资源，加速频繁项集挖掘的过程。这种方法可以显著减少算法的执行时间，并提高算法的可扩展性。但是，需要注意以下几点。

(1) 数据划分的策略：划分数据集时，需要保持数据的均衡性和一致性，避免某个节点上的数据过于庞大或者过小。这有助于避免节点间的负载不平衡和通信开销的增加。

(2) 部分频繁项集合并的技术与方法：在合并部分频繁项集时，需要应用有效的合并策略，以避免重复项集的生成和重复计算。可以使用合并算法、数据结构和位图等技术来加速合并过程。

(3) 全局频繁项集生成的策略与技术：全局频繁项集生成阶段可能需要更多的计算资源和内存空间，因为需要处理合并后的部分频繁项集。在这个阶段，可以使用剪枝策略和其他优化技术来减少计算开销。

总之，将 Apriori 算法进行分布式处理是提高算法效率和可扩展性的一种重要方法。通过合理划分数据集、并行频繁项集挖掘和合并部分频繁项集以及全局频繁项集生成，可以充分利用计算资源，加快算法的执行速度，并处理大规模数据集。实际应用中需要根据具体的应用场景和计算资源配置，选择适当的分布式处理框架和算法优化技术，以达到最佳的性能和效果。

4）　基于采样的方法

利用随机采样的方法获取数据的子集，并在子集上运行 Apriori 算法是一种快速得到近似结果并减少计算开销的技术。这种方法通过对原始数据集进行随机采样，将数据规模缩小到较小的子集，然后在子集上执行 Apriori 算法，从而降低算法的计算复杂度。利用随机采样方法来优化 Apriori 算法的一般步骤如下。

(1)　数据集随机采样：从原始数据集中随机选择一部分数据样本来构建子集。采样的大小可以根据需要和可用计算资源来确定，通常是原始数据集的一个小比例，如 10% 或 20%。

(2)　子集上的频繁项集挖掘：在子集上运行 Apriori 算法，寻找频繁项集。由于子集的规模较小，Apriori 算法在子集上的执行速度会更快，从而快速得到近似的频繁项集结果。

(3)　近似结果的修正：由于只在子集上进行了频繁项集挖掘，得到的是原始数据集的一个近似结果。为了获得更准确的频繁项集结果，可以将子集上的频繁项集与原始数据集进行进一步的验证和修正，也可以重新计算在原始数据集上的支持度，筛选出真正的频繁项集。

通过利用随机采样的方法，可以快速获取近似的频繁项集结果，并减少计算开销。这种方法适用于大规模数据集，特别是在资源有限的情况下。但是，需要注意以下几点。

(1)　采样的代表性：随机采样可能导致子集与原始数据集在分布上存在一定的差异。因此，需要确保采样的子集在统计上能够代表原始数据集的特征。可以通过比较采样子集与原始数据集的统计指标来验证采样的代表性。

(2)　结果修正的成本：在获得近似的频繁项集结果后，需要进行结果的修正，以获得更准确的结果。这一步骤可能需要对原始数据集进行额外的计算和存储开销，因此需要在时间和资源的平衡之间进行权衡。

(3)　结果的置信度：由于采样方法的随机性，得到的近似结果的置信度可能较低。因此，在实际应用中需要评估近似结果与真实结果之间的误差，并根据具体需求确定是否接受近似结果。

总之，利用随机采样方法获取数据子集，并在子集上运行 Apriori 算法是一种快速得到近似结果并减少计算开销的技术。通过合理的采样比例和结果修正方法，可以在满足时间和资源限制的前提下，获得近似的频繁项集结果。然而，需要在应用中进行适当的评估和验证，以确保近似结果的质量和置信度。

4.3　FP-Growth 算法

随着数据规模的增大，Apriori 算法的计算复杂度也会增加，因此它不适用于数据规模庞大的数据挖掘。针对大规模数据集挖掘方法的优化和改进方法有 FP-Growth 算法和 Eclat

算法。本节将重点介绍 FP-Growth 算法的有关知识。

4.3.1 FP-Growth 算法的基本思想

Apriori 算法在产生频繁模式完全集前需要对数据库进行多次扫描，同时产生大量的候选频繁集，这就使 Apriori 算法的时间复杂度和空间复杂度增大。但是 Apriori 算法中有一个很重要的性质：频繁项集的所有非空子集都是频繁的，而 Apriori 算法在挖掘额长频繁模式的时候往往性能低下，因此，韩家炜等人在 2000 年提出了 FP-Growth 算法。

FP-Growth 算法采取分治策略，它将提供频繁项集的数据库压缩为一棵频繁模式树 (frequent pattern tree)的数据结构，但仍保留项集关联信息。FP-tree 是一种特殊的前缀树，由频繁项头表和项前缀树构成。FP-tree 以 null 为根节点，然后将事务数据表中的各个事务数据项按照支持度排序后，把每个事务中的数据项按降序依次插入树中，同时在每个节点处记录该节点出现的支持度。FP-Growth 算法基于 FP-tree 数据结构来进行关联规则分析，它不产生候选项集且只需要两次遍历数据库，比 Apriori 算法大大提高了效率。

FP-Growth 算法分为两个过程：一个是 FP-tree 的构造过程，另一个是 FP-tree 的挖掘过程。其伪代码如下：

```
算法：FP-Growth。使用 FP-tree，通过模式段增长，挖掘频繁模式。
输入：事务数据库 D；最小支持度阈值 min_sup。
输出：频繁模式的完全集。
方法：
1.  按以下步骤构造 FP-tree：
(a) 扫描事务数据库 D 一次。收集频繁项的集合 F 和它们的支持度。对 F 按支持度降序排序，结果为频繁项表 L。
(b) 创建 FP-tree 的根节点，以"null"标记它。对于 D 中每个事务 Trans，执行：
选择 Trans 中的频繁项，并按 L 中的次序排序。设排序后的频繁项表为[p|P]。其中，p 是第一个元素，而 P 是剩余元素的表。调用 insert_tree([p|P],T)。该过程执行情况如下。如果 T 有子女 N 使得 N.item-name = p.item-name，则 N 的计数增加 1；否则创建一个新节点 N，将其计数设置为 1，链接到它的父节点 T，并且通过节点链结构将其链接到具有相同 item-name 的节点。如果 P 非空，递归地调用 insert_tree(P, N)。
2.  FP-tree 的挖掘通过调用 FP_growth(FP_tree, null)实现。该过程实现如下：
procedure FP_growth(Tree, a)
if Tree 含单个路径 P then{
        for 路径 P 中节点的每个组合(记作 b)
        产生模式 b U a，其支持度 support = b 中节点的最小支持度；
} else {
        for each a i 在 Tree 的头部(按照支持度由低到高顺序进行扫描){
                产生一个模式 b = a i U a，其支持度 support = a i .support；
                构造 b 的条件模式基，然后构造 b 的条件 FP-树 Treeb；
                if Treeb 不为空 then
                        调用 FP_growth (Treeb, b);             }}
```

FP_growth()函数的输入：Tree 是指原始的 FP-tree 或者是某个模式的条件 FP-tree，a 是指模式的后缀(在第一次调用时 a=null，在之后的递归调用中 a 是模式后缀)。

FP_growth()函数的输出：在递归调用过程中输出所有的模式及其支持度(比如{I1,I2,I3}的支持度为 2)。每一次调用 FP_growth()函数，输出结果的模式中一定包含该函数输入的模式后缀。

条件模式基：包含 FP-tree 中与后缀模式一起出现的前缀路径的集合，也就是同一个频繁项在 FP 树中的所有节点的祖先路径的集合。

我们来模拟一下 FP_growth()函数的执行过程。

(1) 在 FP_growth()递归调用的第一层，模式前后 a=null，得到的其实就是频繁 1-项集。

(2) 对每一个频繁 1-项集，进行递归调用 FP-growth()函数，获得多元频繁项集。

下面以一个例子来进行说明。

假设一个构建好的 FP-tree 及其项头表的结构如图 4-2 所示。需要注意的是，项头表需要按照支持度递减排序，在 FP-tree 中高支持度的节点只能是低支持度节点的祖先节点。

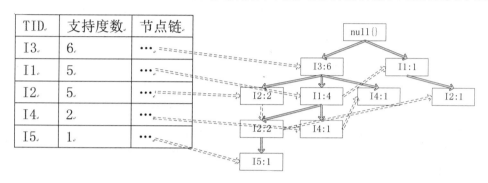

图 4-2　FP-tree 实例

其中，I2 的条件模式基是(I3 I1：2)、(I3：2)、(I1：1)，生成条件 FP-tree，然后递归调用 FP_growth()函数，模式前缀为 I2。I2 的条件 FP-tree 仍然是一个多路径树，首先把模式后缀 I2 和条件 FP-tree 中的项头表中的每一项取并集，得到一组模式{I3 I2：4, I1 I2：3}，但是这一组模式不是后缀为 I2 的所有模式。还需要递归调用 FP_growth()函数，模式后缀为 {I1, I2}，{I1, I2}的条件模式基为{I3：2}，其生成的条件 FP-tree 如图 4-2 的右图所示。这是一个单路径的条件 FP-tree，在 FP_growth()函数中把 I2 和模式后缀{I1, I3}取并得到模式{I1 I3 I2：2}。理论上还应该计算模式后缀为{I2, I3}的模式集，但是{I2, I3}的条件模式基为空，因此递归调用结束。最终模式后缀 I2 的支持度大于 2 的所有模式为：{ I3 I2：4, I1 I2：4, I1 I3 I2：2}。

4.3.2　FP-Growth 算法的特点及改进

1．FP-Growth 算法的优点

FP-Growth 算法的优点如下。

(1) 减少候选项集的生成：相对于传统的频繁项集挖掘算法(如 Apriori 算法)，FP-Growth 算法不需要生成候选项集。它通过构建频繁模式树直接发现频繁项集，避免了生成和存储大量候选项集的过程，从而减少了算法的时间复杂度和空间复杂度。

(2) 数据压缩与高效存储：FP-Growth 算法利用数据压缩技术，将相似的项合并为单个项，从而减小了频繁模式树的规模。这种数据压缩和高效存储方式减少了内存的使用，提高了算法的效率和可扩展性。

(3) 处理稀疏数据集：FP-Growth 算法在处理稀疏数据集方面表现出较好的适应性。由

于频繁模式树的数据结构特点，算法能够有效地处理具有大量零值或缺失值的数据集，而无须对这些项进行显式处理。

(4) 高效处理大规模数据：由于 FP-Growth 算法不需要生成候选项集，并且利用了数据压缩和频繁模式树的优势，它在处理大规模数据时具有较高的效率和可扩展性。相比于传统的基于候选项集的算法，FP-Growth 算法通常具有更快的执行速度。

(5) 支持多种度量指标：FP-Growth 算法不仅可以挖掘频繁项集，还可以根据需要计算关联规则的各种度量指标，如支持度、置信度、提升度等。

综上所述，FP-Growth 算法具有可以减少候选项集的生成、数据压缩与高效存储、处理稀疏数据集以及高效处理大规模数据等优点，因此成为频繁项集挖掘中的一种强大算法。

2．FP-Growth 算法的缺点

FP-Growth 算法虽然具有很多优点，但也存在一些缺点，具体包括以下几点。

(1) 内存消耗较大：FP-Growth 算法在构建频繁模式树时需要存储大量的中间数据结构，如条件模式基和条件 FP 树。这可能导致在处理大规模数据集时需要较大的内存空间。

(2) 预处理开销较高：在应用 FP-Growth 算法之前，需要对原始数据集进行预处理，以构建频繁模式树。预处理过程包括对数据集进行扫描和排序，以及构建频繁项头表。这些预处理步骤可能需要较长的时间和较大的计算开销。

(3) 不适用于高维数据：FP-Growth 算法在处理高维数据时可能面临挑战。当数据集具有大量不同的特征或属性时，频繁模式树可能会变得非常庞大，导致算法效率下降。

(4) 不适用于增量数据挖掘：FP-Growth 算法是一种静态的数据挖掘算法，它需要对整个数据集进行处理。如果数据集发生变化，则需要重新执行整个算法来获取更新后的频繁项集，这对于增量数据挖掘来说效率较低。

(5) 不处理数值型数据：FP-Growth 算法是基于频繁项集的挖掘算法，主要适用于处理离散型数据集。对于包含数值型数据的数据集，需要进行离散化处理，这可能会导致信息丢失和计算复杂度的增加。

用户需要根据具体应用场景和数据集的特点来选择适当的算法，FP-Growth 算法在某些情况下可能并不是最优选择。

3．FP-Growth 算法的改进

FP-Growth 算法比 Apriori 算法的时间复杂度小一个数量级，在空间复杂度方面也比 Apriori 算法数量级优化。但是对于海量数据，FP-Growth 算法的时空复杂度仍然很高，可以采用改进方法：包括数据库划分和数据采样等。

1) 数据库划分

FP-Growth 算法可以通过数据库划分技术进行改进，以提高算法的效率和可扩展性。数据库划分指将原始数据集分割成多个较小的子集，然后在每个子集上独立地应用 FP-Growth 算法。

以下是通过数据库划分改进 FP-Growth 算法的步骤。

(1) 数据库划分：将原始数据集划分成多个子集，可以使用不同的划分策略，如水平划分(按行划分)或垂直划分(按列划分)。划分的目标是使得每个子集的大小适中，同时保持频繁项集的完整性。

（2）独立挖掘：对每个子集独立应用 FP-Growth 算法。在每个子集上构建频繁模式树，发现该子集的频繁项集。

（3）合并频繁项集：将每个子集的频繁项集进行合并，得到整体数据集的频繁项集。可以通过合并相同项集、合并计数等方式进行合并操作。

通过数据库划分，FP-Growth 算法可以将原始大数据集的处理任务分解为多个较小的子任务，从而提高算法的并行性和可扩展性，减小内存消耗和计算开销。此外，数据库划分还可以充分利用分布式计算资源，提高算法的执行效率。

然而，数据库划分也可能带来一些额外的开销，如子集间的频繁项集合并、子集间的通信开销等。划分策略的选择和划分后子集的平衡性也是需要额外考虑的。

综上所述，通过数据库划分技术改进 FP-Growth 算法可以提高算法的效率和可扩展性，适用于处理大规模数据集。在实际应用中，我们需要根据具体情况权衡划分开销和合并开销，并选择适当的划分策略来获得最佳的性能改进效果。

【实例 4-1】假设我们有一个包含交易数据的大型事务数据库，其中包含了许多交易记录，每个交易记录都是一组商品项。我们想要使用 FP-Growth 算法挖掘频繁项集。

原始数据集：

Transaction 1: {A，B，C}

Transaction 2: {A，B}

Transaction 3: {B，C}

Transaction 4: {A，D}

Transaction 5: {B，D}

Transaction 6: {C，D}

现在，我们将使用数据库划分技术改进 FP-Growth 算法。我们将数据集划分成两个子集，每个子集包含一半的交易记录。

数据库划分：

子集 1：

Transaction 1: {A，B，C}

Transaction 2: {A，B}

Transaction 3: {B，C}

子集 2：

Transaction 4: {A，D}

Transaction 5: {B，D}

Transaction 6: {C，D}

接下来，我们将对每个子集独立地应用 FP-Growth 算法。

子集 1 上的频繁模式树如图 4-3 所示。

子集 2 上的频繁模式树如图 4-4 所示。

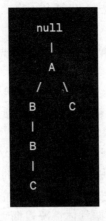

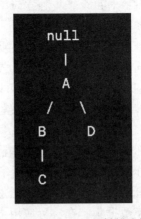

图 4-3　子集 1 上的频繁模式树　　　图 4-4　子集 2 上的频繁模式树

合并频繁项集如下:

{B}: 3

{C}: 2

{A, B}: 2

{A, C}: 1

{A, B, C}: 1

{A, D}: 1

{C, D}: 1

通过数据库划分改进的 FP-Growth 算法成功地挖掘出了整体数据集的频繁项集。使用数据库划分, 我们将原始数据集的处理任务分解为两个较小的子任务, 提高了算法的并行性和可扩展性, 减少了内存消耗和计算开销。

需要注意的是, 实际应用中的划分策略可能需要根据具体情况进行调整, 并且在合并频繁项集时可能需要解决重复项集的合并和计数问题。此外, 划分后子集的平衡性也是需要考虑的问题, 以确保每个子集的大小适中。

2)　数据采样

FP-Growth 算法可以通过数据采样技术进行改进, 以提高算法的效率和减少计算开销。数据采样是指从原始数据集中随机选择一部分数据作为样本集, 然后在样本集上应用 FP-Growth 算法进行频繁项集挖掘。

通过数据采样改进 FP-Growth 算法的步骤如下。

(1)　数据采样: 从原始数据集中随机选择一部分数据作为样本集。样本集的大小可以根据实际需求进行设置, 一般是原始数据集的一个较小比例。

(2)　应用 FP-Growth 算法: 在样本集上应用 FP-Growth 算法, 构建频繁模式树, 发现频繁项集。

(3)　频繁项集扩展: 将在样本集上发现的频繁项集作为种子集, 再次在整个原始数据集上运行 FP-Growth 算法, 以扩展频繁项集。这样可以确保所有频繁项集都被发现, 而不仅仅局限于样本集中的频繁项集。

通过数据采样, FP-Growth 算法可以在样本集上快速执行, 从而减少了对整个数据集的处理时间和计算开销。随后通过频繁项集的扩展步骤，可以确保所有频繁项集被发现。

需要注意的是，在数据采样过程中，样本集的选择应该是随机的，并且要保证样本集能够代表原始数据集的特征。此外，采样过程中样本集的大小和采样比例也需要根据具体情况进行调整，以保证采样结果的准确性和可靠性。

综上所述，通过数据采样技术改进 FP-Growth 算法可以提高算法的效率和减少计算开销。在实际应用中，我们需要根据具体情况选择适当的采样比例和样本集大小，以获得最佳的性能改进效果。

【实例 4-2】假设我们有一个包含交易数据的大型事务数据库，其中包含了许多交易记录，每个交易记录都是一组商品项。我们想要使用 FP-Growth 算法挖掘频繁项集。

原始数据集：

Transaction 1:　{A，B，C}

Transaction 2:　{A，B}

Transaction 3:　{B，C}

Transaction 4:　{A，D}

Transaction 5:　{B，D}

Transaction 6:　{C，D}

Transaction 7:　{A，B，D}

Transaction 8:　{B，C，D}

现在，我们将使用数据采样技术改进 FP-Growth 算法。我们从原始数据集中随机选择一部分数据作为样本集。

数据采样(选择样本集)：

Transaction 2:　{A，B}

Transaction 3:　{B，C}

Transaction 7:　{A，B，D}

接下来，在样本集上应用 FP-Growth 算法，构建频繁模式树，发现频繁项集。

样本集上的频繁模式树如图 4-5 所示。

然后，我们将使用样本集中的频繁项集作为种子集，在整个原始数据集上运行 FP-Growth 算法，以扩展频繁项集。

原始数据集上的频繁模式树(基于种子集{B, A, C, D})如图 4-6 所示。

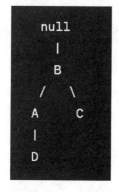
图 4-5　样本集上的频繁模式树

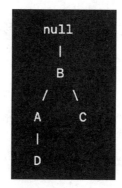
图 4-6　原始数据集上的频繁模式树

最终，通过数据采样改进的 FP-Growth 算法成功地挖掘出了整体数据集的频繁项集。

频繁项集：

{B}：6

{A，B}：3

{C}：4

{B，C}：3

{D}：5

{A，D}：2

{C，D}：2

{A，B，D}：1

通过数据采样，我们可以在样本集上快速执行 FP-Growth 算法，从而减少了对整个数据集的处理时间和计算开销。通过频繁项集的扩展步骤，我们确保了所有频繁项集被发现。

需要注意的是，在实际应用中，选择样本集时需要保证样本集能够代表原始数据集的特征，并且样本集的大小和采样比例需要根据具体情况进行调整，以保证采样结果的准确性和可靠性。

小　　结

关联规则挖掘是数据挖掘领域的重要任务，旨在从大规模数据集中发现项集之间的相关性。Apriori 算法和 FP-Growth 算法是两种常用的关联规则挖掘算法。Apriori 算法基于频繁项集的概念，通过迭代的方式逐步发现频繁项集。它利用先验性质来缩小搜索空间，通过逐层生成候选项集、计算支持度并剪枝的方式进行频繁项集的发现。Apriori 算法的优点在于简单易实现，并且可以有效地挖掘频繁项集。FP-Growth 算法是一种改进的关联规则挖掘算法，通过构建频繁模式树进行频繁项集的发现。它将数据集压缩为频繁模式树，避免了大量候选项集的生成和多次扫描数据库的问题。FP-Growth 算法的优点在于可以处理大规模数据集，减少了算法的计算开销和内存消耗。它还支持在频繁模式树上进行条件模式基的快速计算，提高了算法的效率。然而，FP-Growth 算法在数据集预处理方面要求高、内存消耗和频繁模式树构建开销等方面存在一些缺陷，可以通过数据库划分和数据采样来对其进行改进。

思　考　题

1. 关联规则的分类有哪些？

2. 简述 Apriori 算法的执行步骤，以及其在相关领域的应用示例。

3. 简述 FP-Growth 算法的基本思想。

4. FP-Growth 算法有哪些优缺点？

5. 如何通过数据库划分改进 FP-Growth 算法？

第 5 章

聚类分析

聚类分析(cluster analysis)是数据挖掘和机器学习中常用的技术，广泛应用于各种领域，如模式识别、图像分析、生物信息学、市场分析等。在图像处理和计算机视觉中，聚类分析可以用于图像分割和对象识别。在生物信息学中，聚类分析用于基因表达数据的分类和基因功能注释。在市场分析中，聚类分析可以帮助识别不同的消费者群体和市场细分。本章主要对聚类分析方法进行系统讲解。

5.1 聚类分析概述

聚类分析是一种无监督学习的数据分析技术，它是探索性数据分析的重要工具，它有助于揭示数据中的内在结构、发现潜在模式及发现数据中的群组和规律。

5.1.1 什么是聚类分析

1. 聚类分析的概念及目标

聚类分析是指将物理或抽象对象的集合分为由类似的对象组成的多个类别(cluster, 簇)的分析过程。它是一种重要的人类行为。

聚类分析的目标是：聚类分析之后，应尽可能保证类别相同的数据之间具有较高的相似性，而类别不同的数据之间具有较低的相似性。

2. 聚类分析在数据挖掘中的作用

聚类分析在数据挖掘中扮演着重要的角色，它能够帮助揭示数据中的潜在模式和结构，发现数据的内在关联性，并为进一步的数据分析和决策提供有价值的信息。聚类分析在数据挖掘中的一些主要作用如下。

(1) 发现数据的群体和子群体：聚类分析可以将数据对象划分为相似的群体和子群体，从而帮助我们理解数据的组织结构。这对于市场分析、社交网络分析等领域非常有用，可以揭示潜在的消费者群体、社交群体等。

(2) 特征提取和数据降维：通过聚类分析，我们可以发现数据中重要的特征和维度，帮助我们理解数据的关键属性。聚类分析还可以用于数据降维，将高维数据集转换为低维表示，减少数据的复杂性和冗余性。

(3) 异常检测和离群点识别：聚类分析可以帮助我们发现数据集中的异常对象或离群点。通过比较对象与其所属簇的相似性，我们可以检测到与其他对象差异较大的异常数据点，这在异常检测、欺诈检测等领域具有重要意义。

(4) 数据预处理和缺失值处理：聚类分析可以作为数据预处理的一部分，对数据进行标准化、缺失值处理等操作，以提高聚类结果的准确性和稳定性。例如，可以使用聚类算法来填补缺失值，或者通过聚类分析来识别和处理异常数据。

(5) 推荐系统和个性化服务：通过对用户行为数据进行聚类分析，可以将用户分组为具有相似偏好和兴趣的群体，从而构建个性化的推荐系统和服务。这有助于提高用户满意度和市场营销效果。

(6) 数据可视化和解释：聚类分析可以为大规模和复杂的数据集提供可视化和解释。通过将数据对象映射到不同的簇，我们可以更好地理解数据集中的模式和结构，并将其呈现给用户或决策者。

总之，聚类分析在数据挖掘中可以帮助我们发现数据中的结构和模式，提取有用的特征，处理数据中的异常和缺失，支持个性化服务和推荐系统，并为数据的可视化和解释提供支持。这些应用使得聚类分析成为数据挖掘中的一项重要技术。

3. 聚类分析的过程

聚类分析方法的一般过程如下。

(1) 数据准备：收集需要聚类的数据，并对数据进行预处理，如去除异常值、处理缺失数据、标准化数据等。

(2) 特征选择：根据问题的需求，选择适当的特征来表示对象，这些特征应该能够反映对象之间的相似性和差异性。

(3) 距离度量：选择合适的距离度量方法来计算对象之间的相似性或距离。常用的距离度量方法包括欧氏距离、曼哈顿距离、余弦相似度等。

(4) 聚类算法选择：选择适当的聚类算法来将数据划分为不同的簇。常见的聚类算法包括 K 均值聚类、层次聚类、密度聚类等。不同的聚类算法适用于不同类型的数据和问题。

(5) 聚类结果评估：评估聚类结果的质量和稳定性。常用的评估方法包括轮廓系数、Calinski-Harabasz 指数、Davies-Bouldin 指数等。

(6) 结果解释和应用：根据聚类结果进行解释和分析，挖掘数据中的模式和关系。聚类结果可以用于数据可视化、群体分析、推荐系统等应用领域。

聚类分析是一种无监督学习方法，不需要事先标记好的训练数据。因此，聚类分析结果的解释和应用需要结合具体问题和领域知识进行进一步的分析和判断。

4. 聚类算法的分类

聚类算法可以根据其工作原理、计算方式和特点进行不同的分类，一般分为划分聚类算法(partitioning clustering)、层次聚类算法(hierarchical clustering)、密度聚类算法(density-based clustering)、基于模型的聚类算法(model-based clustering)、基于网格的聚类算法(grid-based clustering)和基于谱的聚类算法(spectral clustering)。

1) 划分聚类算法

(1) K 均值聚类(K-means clustering)：将数据划分为预先指定的 K 个簇，通过最小化数据点与所属簇中心的距离来优化聚类结果。

(2) K 中心点聚类(K-medoids clustering)：类似于 K 均值聚类，但簇中心由实际数据点组成，而不是取自数据集。

2) 层次聚类算法

(1) 自底向上聚类(agglomerative clustering)：从单个数据点开始，逐步合并最相似的簇，形成层次化的聚类结构。

(2) 自顶向下聚类(divisive clustering)：从整个数据集开始，逐步细分成越来越小的子簇，形成层次化的聚类结构。

3) 密度聚类算法

(1) DBSCAN(Density-Based Spatial Clustering of Applications with Noise)：基于数据点的密度和邻域关系，将高密度区域划分为簇，并识别噪声点。

(2) OPTICS(Ordering Points To Identify the Clustering Structure)：基于 DBSCAN，通过生成密度可达的点的排序来构建聚类结构。

4) 基于模型的聚类算法

高斯混合模型(gaussian mixture models)：假设数据由多个高斯分布组成，通过参数估计和最大似然估计方法来拟合模型,并进行聚类划分。

5)　基于网格的聚类算法

(1)　STING(statistical information grid):将数据空间划分为网格单元,通过统计信息来确定聚类边界。

(2)　CLIQUE(clustering in quest):将数据空间划分为网格单元,并在每个单元中查找密集的数据子空间。

6)　基于谱的聚类算法

谱聚类(spectral clustering):将数据转换为低维特征空间,并在新的空间中应用传统聚类算法,如 K 均值聚类。

以上只是聚类算法的一些常见分类,不同的算法适用于不同的数据类型和问题场景。同时,还存在许多其他聚类算法和变种,如 BIRCH、DENCLUE、COBWEB 等。选择合适的聚类算法取决于数据的性质、问题的需求和算法的特点。

5.1.2　聚类中的相异度计算

在聚类分析中,样本之间的相异度通常采用样本之间的距离来表示。两个样本之间的距离越大,表示两个样本越不相似,差异性越大;两个样本之间的距离越小,表示两个样本越相似,差异性越小;两个样本之间的距离为零时,表示两个样本完全一样,无差异。

样本之间的距离是在样本的描述属性(特征)上进行计算的。在不同应用领域,样本的描述属性的类型可能不同,因此,相异度的计算方法也不尽相同。例如:①连续型属性(如重量、高度、年龄等);②二值离散型属性(如性别、考试是否通过等);③多值离散型属性(如收入分为高、中、低等);④混合类型属性(上述类型的属性至少同时存在两种)。

下面我们将简单介绍这几种不同的计算方法。

1. 连续型属性的相异度计算方法

对于连续型属性,我们假设将两个样本 X_i 和 X_j 分别表示为如下形式:

$$X_i=(x_{i1}, x_{i2}, \cdots, x_{id})$$
$$X_j=(x_{j1}, x_{j2}, \cdots, x_{jd})$$

它们都是 d 维的特征向量,并且每维特征都是一个连续型数值。对于连续型属性,样本之间的相异度通常采用如下三种距离公式进行计算。

(1)　欧氏距离(euclidean distance)也称欧几里得度量,是一个普遍采用的距离定义,指在 m 维空间中两个点之间的真实距离,或者向量的自然长度(即该点到原点的距离)。在二维和三维空间中的欧氏距离就是两点之间的实际距离。公式如下:

$$d_{ij} = \sqrt{(x_{i1} - x_{j1})^2 + (x_{i2} - x_{j2})^2 + \cdots + (x_{ip} - x_{jp})^2}$$
$$= \left[\sum_{k=1}^{p} (x_{ik} - x_{jk})^2 \right]^{1/2}$$

(2)　曼哈顿距离(manhattan distance),正式意义为 $L1$-距离或城市区块距离,也就是在欧几里得空间的固定直角坐标系中两点所形成的线段对轴产生的投影的距离总和。公式如下:

$$d(x_i, x_j) = \sum_{k=1}^{d} \left| x_{ik} - x_{jk} \right|$$

(3) 闵可夫斯基距离(Minkowski distance)也称闵氏距离，是欧氏空间中的一种测度，被看作是欧氏距离的一种推广，欧氏距离是闵可夫斯基距离的一种特殊情况。闵可夫斯基距离公式中，当 $p=2$ 时，即为欧氏距离；当 $p=1$ 时，即为曼哈顿距离；当 $p\to\infty$ 时，即为切比雪夫距离。公式如下：

$$d(x_i, x_j) = \left(\sum_{k=1}^{d} \left| x_{ik} - x_{jk} \right|^q \right)^{1/q}$$

2. 二值离散型属性的相异度计算方法

二值离散型属性只有 0 和 1 两个取值。其中：0 表示该属性为空，1 表示该属性存在。

例如，描述学生是否有计算机的属性，取值为 1 表示学生有计算机，取值为 0 表示学生没有计算机。假设将两个样本 X_i 和 X_j 分别表示成如下形式：

$$X_i=(x_{i1}, x_{i2}, \cdots, x_{ip})$$
$$X_j=(x_{j1}, x_{j2}, \cdots, x_{jp})$$

它们都是 p 维的特征向量，并且每维特征都是一个二值离散型数值。假设二值离散型属性的两个取值具有相同的权重，则可以得到一个两行两列的可能性矩阵 X_i/X_j：

$$\begin{bmatrix} & 1 & 0 & \text{sum} \\ 1 & a & b & a+b \\ 0 & c & d & c+d \\ \text{sum} & a+c & b+d & p \end{bmatrix}$$

其中 a、b、c、d 分别表示 X_i、X_j 处于 4 种 01 组合的统计数量。

如果样本的属性都是对称的二值离散型属性，则样本间的距离可用简单匹配系数(Simple Matching Coefficients，SMC)计算，其公式为：

$$\text{SMC} = (b + c) / (a + b + c + d)$$

对称的二值离散型属性是指属性取值为 1 或者 0 同等重要。例如，左右就是一个对称的二值离散型属性，即用 1 表示左边，用 0 表示右边；或者用 0 表示左边，用 1 表示右边。两者是等价的，属性的两个取值没有主次之分。

如果样本的属性都是不对称的二值离散型属性，则样本间的距离可用 Jaccard 系数(Jaccard Coefficients，JC)计算，其公式为：

$$\text{JC} = (b + c) / (a + b + c)$$

其中，不对称的二值离散型属性是指属性取值为 1 或者 0 不是同等重要。

例如，病毒的检查结果是不对称的二值离散型属性。阳性结果的重要程度高于阴性结果，因此通常用 1 来表示阳性结果，而用 0 来表示阴性结果。

3. 多值离散型属性的相异度计算方法

多值离散型属性是指取值个数大于 2 的离散型属性。例如，成绩可以分为优、良、中、及格、不及格。假设一个多值离散型属性的取值个数为 N，给定数据集：

$$X=\{x_i \mid i=1,2,\cdots,\text{total}\}$$

其中，每个样本 x_i 可用一个 d 维特征向量描述，并且每维特征都是一个多值离散型属性，即：

$$x_i = (x_{i1}, x_{i2}, \cdots, x_{id})$$

对于给定的两个样本 $x_i = (x_{i1}, x_{i2}, \cdots, x_{id})$ 和 $x_j = (x_{j1}, x_{j2}, \cdots, x_{jd})$，计算它们相异度的方法有两种。

(1) 简单匹配法。公式如下：

$$d(x_i, x_j) = \frac{d - u}{d}$$

其中，d 为数据集中的属性个数，u 为样本 x_i 和 x_j 取值相同的属性个数。

(2) 先将多值离散型属性转换成多个二值离散型属性，然后再使用 Jaccard 系数计算样本之间的距离。

对有 N 个取值的多值离散型属性，可依据该属性的每种取值分别创建一个新的二值离散型属性，这样可将多值离散型属性转换成多个二值离散型属性。

4. 混合类型属性的相异度计算方法

在实际中，数据集中数据的描述属性通常不止一种类型，而是各种类型的混合体。对于这种数据，通常计算相异度的方法是将混合类型属性放在一起处理，进行一次聚类分析。

假设给定的数据集 $X = \{x_i \mid i = 1, 2, \cdots, \text{total}\}$，每个样本用 d 个描述属性 $A_1, A_2, \cdots, A_d$ 来表示，属性 $A_j (1 \leqslant j \leqslant d)$ 包含多种类型。

在聚类之前，对样本的属性值进行预处理。对连续型属性，将其各种取值进行规范化处理，使得属性值规范化到区间[0.0, 1.0]；对多值离散型属性，根据属性的每种取值将其转换成多个二值离散型属性。预处理之后，样本中只包含连续型属性和二值离散型属性。

如此，给定的两个样本 $x_i = (x_{i1}, x_{i2}, \cdots, x_{id})$ 和 $x_j = (x_{j1}, x_{j2}, \cdots, x_{jd})$ 之间的距离为：

$$d(x_i, x_j) = \frac{\sum\limits_{k=1}^{d} \delta_{ij}^{(k)} d_{ij}^{(k)}}{\sum\limits_{k=1}^{d} \delta_{ij}^{(k)}}$$

$d_{ij}^{(k)}$ 表示 x_i 和 x_j 在第 k 个属性上的距离。$\delta_{ij}^{(k)}$ 表示第 k 个属性对计算 x_i 和 x_j 距离的影响。当第 k 个属性为连续型时，使用如下公式来计算 $d_{ij}^{(k)}$：

$$d_{ij}^{(k)} = |x_{ik} - x_{jk}|$$

当第 k 个属性为二值离散型时，如果 $x_{ik} = x_{jk}$，则 $d_{ij}^{(k)} = 0$；否则 $d_{ij}^{(k)} = 1$。

(1) 如果 x_{ik} 或 x_{jk} 缺失(即：样本 x_i 或样本 x_j 没有第 k 个属性的度量值)，则 $\delta_{ij}^{(k)} = 0$。

(2) 如果 $x_{ik} = x_{jk} = 0$，且第 k 个属性是不对称的二值离散型，则 $\delta_{ij}^{(k)} = 0$。

(3) 除了上述(1)和(2)之外的其他情况下，则 $\delta_{ij}^{(k)} = 1$。

5.2 基于划分的聚类

基于划分的聚类是一类聚类算法，其原理是：给定 n 个样本的数据集以及要生成的簇的数目 k，划分方法将样本组织为 k 个划分($k \leqslant n$)，每个划分代表一个簇。

划分准则：同一个簇中的样本尽可能接近或相似，不同簇中的样本尽可能远离或不相似。以样本间的距离作为相似性度量。

典型的划分方法包括：①K-means 算法(K 均值法)，由簇中样本的平均值来代表整个簇；②K-medoids 算法(K 中心点法)，由处于簇中心区域的某个样本代表整个簇。

下面分别介绍这两种典型方法。

5.2.1　K-means 算法

1. K-means 算法的定义

K-means 算法是一种基于划分的聚类算法，用于将数据集划分为 k 个不相交的簇。其定义如下。

给定一个包含 n 个数据点的数据集 D，K-means 算法的目标是将数据集划分为 k 个簇，使得以下目标函数最小化：

$$J = \sum_i \sum \| x_i - \mu \|^2$$

其中，x_i 表示第 i 个数据点，μ 表示第 j 个簇的中心点，$\|x_i-\mu\|$ 表示数据点 x_i 与簇中心 μ 之间的距离。

K-means 算法的思想是通过迭代优化的方式，不断更新簇中心以最小化簇内数据点与簇中心之间的距离。这样，相似的数据点将被分配到同一个簇中，从而实现聚类的目的。

2. K-means 算法的步骤

K-means 算法的基本步骤如下。

(1)　从 n 个数据对象中任意选择 k 个对象作为初始聚类中心。

(2)　根据每个聚类对象的均值(中心对象)，计算每个对象与这些中心对象的距离，并根据最小距离重新对相应对象进行划分。

(3)　重新计算每个(有变化)聚类的均值(中心对象)。

(4)　计算标准测度函数，当满足一定条件，如函数收敛时，则算法终止；如果条件不满足则回到步骤(2)。

一般都采用均方差作为标准测度函数。k 个聚类具有以下特点：各聚类本身尽可能的紧凑，而各聚类之间尽可能的分开。均方差公式如下：

$$E = \sum_{i=1}^k \sum_{p \in C_i} |p - m_i|^2$$

其中，参数 k 代表簇的个数，参数 p 代表簇 C_i 中的样本，参数 m_i 是簇 C_i 的平均值。误差平方和达到最优(小)时，可以使各聚类的类内尽可能紧凑，而使各聚类之间尽可能分开。对于同一个数据集，由于 K-means 算法对初始选取的聚类中心敏感，因此可用该准则评价聚类结果的优劣。通常，对于任意一个数据集，K-means 算法无法达到全局最优，只能达到局部最优。

算法的时间复杂度上界为 $O(nkt)$，其中 t 是迭代次数。

K-means 法的缺点也很明显：簇数目 k 需要事先给定，但非常难以选定；初始聚类中心的选择对聚类结果有较大的影响；不适合于发现非球状簇；对噪声和离群点数据敏感，不利于泛化。

K-means 算法的优点包括简单、高效，并且在大规模数据集上也能够很好地扩展。然而，它也有一些限制，比如对初始簇中心的选择敏感，可能会导致得到不同的聚类结果。此外，

K-means 对于非球形簇、噪声和离群点的处理相对较差。

在应用 K-means 算法时，常常需要根据具体情况进行多次运行，并选择具有最佳聚类结果的运行解决方案。

3. K-means 算法的应用示例

K-means 算法在各个领域中都有广泛的应用，常见的一些关于 K-means 算法的应用示例包括以下方面。

1) 客户分群

在市场营销中，可以使用 K-means 算法将客户分为不同的群体，以便更好地理解其行为和需求，并制定针对性的营销策略。

例如我们有某超市的销售数据，包括顾客的购买金额和购买频率。我们希望使用 K-means 算法将顾客分为不同的群体，以便更好地了解他们的购买行为，并制定相应的营销策略，那么使用 K-means 算法进行客户分群的步骤如下。

(1) 数据准备：收集顾客的购买金额和购买频率数据。可以将这些数据表示为一个二维坐标系，其中横轴表示购买金额，纵轴表示购买频率。

(2) 选择簇的个数 k：根据业务需求和领域知识，确定将顾客分为多少个群体。

(3) 初始化簇中心：随机选择 k 个数据点作为初始的簇中心。这些数据点可以从顾客数据集中随机选择。

(4) 分配数据点到相应的簇：对于每个顾客数据点，计算它与每个簇中心之间的距离(例如欧氏距离)，并将其分配给距离最近的簇中心所对应的簇。

(5) 更新簇中心：对于每个簇，计算该簇内所有顾客数据点的均值，并将均值作为新的簇中心。

(6) 重复步骤(4)和(5)，直到簇中心不再改变或达到预定的迭代次数。

(7) 最终聚类结果：得到每个顾客所属的簇，即分组后的顾客群体。

通过客户分群，我们可以获得以下洞察和应用。

(1) 不同的购买金额和购买频率组合可以表示不同的购买习惯和消费能力。我们可以将顾客分为高价值、中价值和低价值等不同的群体。

(2) 对于不同的群体，可以制定针对性的营销策略。例如，对于高价值客户可以提供定制化的产品和服务，对于低价值客户可以提供促销和折扣活动。

(3) 可以通过比较不同群体的购买行为和喜好，了解他们的偏好和需求，从而改进产品定位和市场推广策略。

通过 K-means 算法进行客户分群，可以帮助超市更好地理解和管理其顾客群体，提供个性化的服务和营销活动，提高销售额和顾客满意度。

2) 图像分割

K-means 算法可以用于将图像分割成不同的区域，以实现目标检测、图像压缩和图像编辑等目的。使用 K-means 算法进行图像分割的步骤如下。

(1) 数据准备：将图像表示为一个数据矩阵，其中每个像素点的数值表示该像素的颜色信息。

(2) 选择簇的个数 k：确定要将图像分割成多少个区域。这个选择可以基于图像内容或应用需求进行。

(3) 初始化簇中心：从图像中随机选择 k 个像素点作为初始的簇中心。这些像素点可以在图像中随机选取。

(4) 分配像素点到相应的簇：对于图像中的每个像素点，计算它与每个簇中心之间的距离(如欧氏距离)，并将其分配给距离最近的簇中心所对应的簇。

(5) 更新簇中心：对于每个簇，计算该簇内所有像素点的均值，并将均值作为新的簇中心。

(6) 重复步骤(4)和(5)，直到簇中心不再改变或达到预定的迭代次数。

(7) 最终图像分割结果：将每个像素点所属的簇分配给相应的区域。

3) 文本挖掘

在文本分析中，可以使用 K-means 算法对文本进行聚类，将具有相似主题或内容的文档归为一类，以便进行主题建模、信息检索和文档分类等任务。K-means 算法分析文本时，主要从包含多个文档的文本数据集中，将这些文档进行聚类分析，以发现它们之间的主题和关联性，其步骤如下。

(1) 数据预处理：对文本数据进行预处理，包括分词、去除停用词、词干化等步骤，将文本转换为可处理的向量表示，例如词袋模型或 TF-IDF 向量。

(2) 选择簇的个数 k：确定要将文档分成多少个聚类。这个选择可以基于领域知识、主题数量的猜测或者依据一些评估指标进行。

(3) 初始化簇中心：从文档集合中随机选择 k 个文档作为初始的簇中心。

(4) 分配文档到相应的簇：对于每个文档，计算它与每个簇中心之间的相似度(如余弦相似度或欧氏距离)，并将其分配给与之最相似的簇中心所对应的簇。

(5) 更新簇中心：对于每个簇，计算该簇内所有文档的平均向量或其他聚合方式，并将其作为新的簇中心。

(6) 重复步骤(4)和(5)，直到簇中心不再改变或达到预定的迭代次数。

(7) 最终文本聚类结果：得到每个文档所属的簇，即文档的聚类标签。

4) 基因表达数据分析

K-means 算法可以用于基因表达数据的聚类分析，帮助发现基因表达模式和识别相关的基因簇。它是将基因表达数据转化为一个矩阵，其中行表示基因，列表示样本或条件，矩阵中的元素表示基因在相应条件下的表达水平。

5) 推荐系统

K-means 算法可以用于用户行为数据的聚类，从而为推荐系统提供更好的个性化推荐。

假如我们有一个包含用户对电影评分的数据集，以及每部电影的特征信息(如类型、导演、演员等)。我们希望构建一个基于用户兴趣的电影推荐系统，具体步骤如下。

(1) 数据准备：将用户评分数据和电影特征信息整理成一个合适的数据集，可以使用矩阵表示，其中行表示用户，列表示电影，矩阵中的元素表示用户对电影的评分。

(2) 特征提取：对电影的特征信息进行处理和提取，可以使用独热编码或其他特征表示方法，将电影转化为可处理的向量形式。

(3) 选择簇的个数 k：确定要将电影分成多少个簇，可以使用基于用户行为或其他评估指标的方法来确定簇的数量。

(4) 初始化簇中心：从电影特征向量中随机选择 k 个向量作为初始的簇中心。

(5) 分配电影到相应的簇：对于每部电影，计算它与每个簇中心之间的距离(如欧氏距离或余弦相似度)，并将其分配给距离最近的簇中心所对应的簇。

(6) 更新簇中心：对于每个簇，计算该簇内所有电影特征向量的平均值，并将其作为新的簇中心。

(7) 重复步骤(5)和(6)，直到簇中心不再改变或达到预定的迭代次数。

(8) 最终电影推荐结果：对于每个用户，根据其所属簇的其他电影，推荐相似的电影给用户。

通过 K-means 算法和推荐系统的结合，我们可以获得以下应用和效果。

(1) 个性化推荐：根据用户的兴趣和喜好，推荐与其所属簇中的其他电影相似的电影，提供个性化的推荐体验。

(2) 探索性推荐：根据电影的特征相似性，推荐给用户与其已喜欢的电影不同类型但具有相似特征的电影，帮助用户发现新的兴趣领域。

(3) 推荐解释和理解：通过对用户所属簇中的其他电影进行分析，可以解释推荐结果背后的原因，帮助用户理解为什么会得到该推荐。

(4) 冷启动问题：对于新用户或新上线的电影，可以利用其特征向量和簇信息，将其分配到合适的簇中，并基于簇中的其他电影给出推荐。

K-means 算法在推荐系统中是一种常用且有效的聚类方法，可以提供个性化和准确的推荐结果。然而，还有其他更高级的推荐算法，如基于协同过滤的方法，可以进一步改进推荐系统的性能。

6) 空间数据分析

K-means 算法可以应用于地理信息系统(GIS)中，对空间数据进行聚类分析，例如城市规划、交通流量分析等。通过使用 K-means 算法对交通数据进行聚类，我们可以发现不同区域的交通流量模式和行为，并为交通管理和规划提供有价值的信息。

假如我们有一组包含城市道路网格的交通流量数据集，每个网格代表一个道路交叉口或道路段，交通流量数据表示在不同时间段内通过该网格的车辆数量或速度。

我们使用 K-means 算法进行交通流量分析的步骤如下。

(1) 数据准备：将交通流量数据整理成一个适合聚类的数据集，每个样本表示一个网格，每个网格的特征可以是在不同时间段内的交通流量、平均速度等。

(2) 选择簇的个数 k：确定要将交通流量数据分成多少个聚类。这个选择可以基于领域知识、交通特征或依据一些评估指标进行。

(3) 初始化簇中心：从数据集中随机选择 k 个网格作为初始的簇中心。

(4) 分配网格到相应的簇：对于每个网格，计算它与每个簇中心之间的距离(如欧氏距离或曼哈顿距离)，并将其分配给距离最近的簇中心所对应的簇。

(5) 更新簇中心：对于每个簇，计算该簇内所有网格特征的平均值，并将其作为新的簇中心。

(6) 重复步骤(4)和(5)，直到簇中心不再改变或达到预定的迭代次数。

(7) 最终交通流量聚类结果：得到每个网格所属的簇，即网格的聚类标签。

通过交通流量数据的聚类分析，我们可以获得以下结果。

(1) 交通流量模式识别：通过聚类结果，我们可以识别出具有相似交通流量模式的网格簇，如高峰期、拥堵区域、流畅区域等。

(2) 交通流量预测：基于聚类结果，我们可以利用已知簇的历史交通流量数据，预测未来某一簇的交通流量情况，以帮助交通管理和优化交通流。

(3) 交通规划和改进：通过分析不同簇的交通特征，我们可以为交通规划和改进提供建议，如调整信号灯时间、增加车道容量、优化道路布局等。

K-means 算法在交通流量分析中是一种简单且常用的方法，它可以帮助我们了解交通网络的行为和特征，为交通管理和规划提供数据驱动的决策支持。然而，需要注意的是，K-means 算法可能受到噪声数据和异常值的影响，因此在实际应用中需要结合其他技术和领域知识进行综合分析和解释。

上述所讲的是 K-means 算法的一些常见应用示例，实际上，K-means 算法在数据挖掘、机器学习和模式识别等领域有着广泛的应用。它是一种简单而有效的聚类算法，可以帮助我们发现数据的内在结构和模式。

5.2.2　K-medoids 算法

1. K-medoids 算法的定义

为解决 K-means 算法对离群点数据敏感的问题，1987 年提出了 PAM(Partitioning Around Medoids，围绕中心点的划分)算法。

K-medoids 看起来和 K-means 比较相似，但是 K-medoids 和 K-means 是有区别的，区别在于中心点的选取。在 K-means 算法中，我们将中心点取为当前 cluster 中所有数据点的平均值，在 K-medoids 算法中，我们将从当前 cluster 中选取到其他所有(当前 cluster 中的)点的距离之和最小的点作为中心点。

2. K-medoids 算法的流程

k-medoids 算法的具体流程如下。

(1) 任意选取 k 个对象作为 medoids($O_1,O_2,\cdots,O_i,\cdots,O_k$)。

(2) 将余下的对象分到各个类中(根据与 medoids 最相近的原则)。

(3) 对于每个类(O_i)中，顺序选取一个 O_r，计算用 O_r 代替 O_i 后的消耗——$E(O_r)$。选择 E 最小的那个 O_r 来代替 O_i。这样 k 个 medoids 就改变了。

(4) 重复(2)、(3)步直到 k 个 medoids 固定下来。

当存在噪声和离群点时，K-medoids 算法比 K-means 算法更加稳定。这是因为中心点不像均值那样易被极端数据(噪声或者离群点)影响。

K-medoids 算法的执行代价比 K-means 算法要高。

K-means 算法的代价：$O(nkt)$。

K-medoids 算法的代价：$O(k(n-k)^2)$。

当 n 与 k 较大时，K-medoids 算法的执行代价很高，所以 K-medoids 算法更加适合于数据量较小的运算。两种方法都需要事先指定簇的数目 k。

K-medoids 算法相对于 K-means 算法的优点是更加鲁棒，对于离群点(outliers)的影响较小，因为聚类中心点是从实际的数据点中选择的。然而，与 K-means 相比，K-medoids 算法在计算上更为复杂，因为需要计算所有数据点之间的距离或相似度。

5.2.3　K-medoids 算法中的 PAM 算法示例

PAM 算法是一种经典的 K-medoids 聚类算法,它的执行步骤如下。

(1) 初始化:从数据集中随机选择 k 个数据点作为初始的聚类中心点(medoids)。

(2) 分配:对于每个数据点,计算其到 k 个聚类中心点的距离,并将其分配给与其距离最近的聚类中心点所对应的聚类。

(3) 更新:对于每个聚类,选择一个新的聚类中心点,该中心点是该聚类中与其他数据点距离总和最小的点。

(4) 重复步骤(2)和(3),直到聚类中心点不再变化或达到预定的迭代次数。

(5) 输出最终的聚类结果,包括每个数据点的分配和确定的聚类中心点。

PAM 算法与传统的 K-means 算法相比,它的优势在于聚类中心点选择为数据点本身,而不是数据点的均值。这使得 PAM 算法对离群点(outliers)更加鲁棒,因为聚类中心点是从实际的数据点中选择的。

PAM 算法的一个主要缺点是计算复杂度较高,因为需要计算所有数据点之间的距离。因此,在处理大规模数据集时,PAM 算法可能变得不太实用。此外,PAM 算法对于较大的 k 值也可能存在挑战,因为它需要考虑更多的候选聚类中心点。

然而,PAM 算法在许多实际应用中被广泛使用,并且它是一种经典的聚类算法,有助于理解和研究聚类问题。

使用 PAM 算法实现 K-medoids 的 Python 示例代码如下:

```python
import numpy as np

def distance_matrix(data):
    n = len(data)
    distance_mat = np.zeros((n, n))
    for i in range(n):
        for j in range(i+1, n):
            distance_mat[i][j] = np.linalg.norm(data[i] - data[j])
            distance_mat[j][i] = distance_mat[i][j]
    return distance_mat

def k_medoids_pam(data, k, max_iterations=100):
    n = len(data)

    # Step 1: Initialize medoids randomly
    medoids = np.random.choice(range(n), size=k, replace=False)

    # Step 2: Compute the distance matrix
    distance_mat = distance_matrix(data)

    # Step 3: Assign data points to the closest medoids
    clusters = np.argmin(distance_mat[:, medoids], axis=1)

    # Step 4: Update medoids by minimizing the total dissimilarity
    for _ in range(max_iterations):
```

```
        best_medoids = np.copy(medoids)
        min_total_dissimilarity = np.sum(distance_mat[medoids][:, medoids])

        for i in range(k):
            candidate_medoids = np.copy(medoids)
            candidate_medoids[i] = np.argmin(
                np.sum(distance_mat[np.ix_(clusters == i, medoids)], axis=0)
            )

            candidate_total_dissimilarity = np.sum(
                distance_mat[candidate_medoids][:, candidate_medoids]
            )

            if candidate_total_dissimilarity < min_total_dissimilarity:
                best_medoids = np.copy(candidate_medoids)
                min_total_dissimilarity = candidate_total_dissimilarity

        if np.array_equal(medoids, best_medoids):
            break

        medoids = np.copy(best_medoids)
        clusters = np.argmin(distance_mat[:, medoids], axis=1)

    return medoids, clusters

# Example usage
data = np.array([[1, 2], [3, 4], [5, 6], [7, 8], [9, 10]])
k = 2

medoids, clusters = k_medoids_pam(data, k)
print("Medoids:", medoids)
print("Clusters:", clusters)
```

在示例代码中，我们首先定义了一个计算距离矩阵的函数 distance_matrix()，它使用欧氏距离来度量数据点之间的距离。然后，我们定义了 k_medoids_pam()函数来执行 PAM 算法的主要步骤。

在算法的主循环中，我们通过交替执行以下步骤来更新聚类中心点(medoids)。

(1) 对于每个聚类，计算替代 medoids(candidate medoids)，并计算使用替代 medoids 的总不相似度。

(2) 如果替代 medoids 的总不相似度比当前的聚类中心点(medoids)的总不相似度更小，则将替代 medoids 替换为当前的聚类中心点。

(3) 如果没有更改的聚类中心点，那么算法收敛，退出循环。

(4) 最后，函数返回最终的聚类中心点(medoids)和每个数据点的聚类分配(clusters)。

在示例中，我们使用一个简单的二维数据集，并指定 k=2 进行聚类。输出将显示聚类中心点和每个数据点的分配结果。

请注意，这只是一个简单的示例代码，实际应用中可能需要进行参数调优和对结果进行评估。

5.3 基于层次的聚类

层次聚类是另一种主要的聚类方法，它具有一些十分必要的特性使得它成为广泛应用的聚类方法，它生成一系列嵌套的聚类树来完成聚类。层次聚类试图在不同层次对数据集进行划分，从而形成树形的聚类结构。

5.3.1 层次聚类的基本思想

层次聚类是一种无监督学习的聚类方法，其基本思想是通过逐步合并或分割数据点来构建一棵层次结构的聚类树，其步骤可以概括为以下几点。

(1) 初始化：将每个数据点视为一个单独的簇。

(2) 计算相似度或距离：计算每对数据点之间的相似度或距离。常用的相似度度量包括欧氏距离、曼哈顿距离、相关系数等。距离度量可以通过相似度度量的转换来获得。

(3) 合并或分割：选择一种合并或分割策略，根据相似度或距离的度量，将最相似或最近的簇合并，或者将最不相似或最远的簇分割。

(4) 更新相似度矩阵：更新相似度或距离矩阵，以反映合并或分割后的簇之间的相似度或距离。

(5) 重复步骤(3)和(4)，直到所有数据点都被合并到一个簇中，或者达到预设的聚类数目。

(6) 构建聚类树：根据合并或分割的顺序，构建一棵层次聚类树(聚类的树状结构)，其中每个节点表示一个簇，树的叶节点表示单个数据点。

(7) 切割树：根据需要选择合适的切割点，将树切割成所需的聚类数目。

(8) 输出聚类结果：根据切割后的树状结构，将数据点分配到相应的聚类中。

层次聚类的优点之一是它能够提供一种层次化的聚类结果，可以同时得到不同粒度的聚类结构。这使得层次聚类在数据探索、可视化和解释聚类结果方面非常有用。

然而，层次聚类的计算复杂度较高，尤其是对于大规模数据集。此外，层次聚类的结果是不可逆的，一旦合并或分割发生，就无法恢复到之前的状态。因此，在选择合适的合并或分割策略时需要仔细考虑。

层次聚类按照分类原理的不同，可以分为凝聚和分裂两种方法。

(1) 凝聚的层次聚类是一种自底向上的策略，首先将每个对象作为一个簇，然后合并这些原子簇为越来越大的簇，直到所有的对象都在一个簇中，或者满足某个终结条件。绝大多数层次聚类方法属于这一类，它们只是在簇间相似度的定义上有所不同。

(2) 分裂的层次聚类与凝聚的层次聚类相反，采用自顶向下的策略，首先将所有对象置于同一个簇中，然后逐渐细分为越来越小的簇，直到每个对象自成一簇，或者达到了某个终止条件。

层次凝聚的代表是 AGNES(agglomerative nesting)算法，层次分裂的代表是 DIANA(divisive analysis)算法。

5.3.2 AGNES 算法

1. AGNES 算法的思想和执行流程

AGNES 算法的思想是最初将每个对象作为一个簇，然后这些簇根据某些准则被一步一步地合并。例如，在簇 A 中的一个对象和簇 B 中的一个对象之间的距离如果是所有属于不同簇的对象之间距离最小的，AB 可能被合并。这是一种单链接方法，其每一个簇都可以被簇中所有对象代表，两个簇间的相似度由这两个簇中距离最近的数据点的相似度来确定。聚类的合并过程反复进行直到所有的对象最终合并形成一个簇。在聚类中，用户能定义希望得到的簇数目作为一个结束条件。

AGNES 算法的流程是：①将数据集中的每个样本作为一个簇；②根据某些准则将这些簇逐步合并；③合并的过程反复进行，直至不能再合并或者达到结束条件为止。

其中，合并准则是每次找到距离最近的两个簇进行合并。两个簇之间的距离由这两个簇中距离最近的样本点之间的距离来表示。

AGNES 算法的伪代码如下。

输入：包含 n 个样本数据的数据集，终止条件簇的数目 k。

输出：k 个簇，达到终止条件规定的簇的数目。

(1) 初始时，将每个样本当成一个簇。

(2) REPEAT 根据不同簇中最近样本间的距离找到最近的两个簇；合并这两个簇，生成新的簇的集合。

(3) UNTIL 达到定义的簇的数目。

在 AGNES 算法中，需要使用单链接(single-link)方法和相异度矩阵。单链接方法用于确定任意两个簇之间的距离，相异度矩阵用于记录任意两个簇之间的距离(它是一个下三角矩阵，即主对角线及其上方元素全部为零)。

AGNES 算法原理简单，但有可能遇到合并点选择困难的情况；一旦不同的簇被合并，就不能被撤销；算法的时间复杂度为 $O(n^2)$，因此不适用处理 n 很大的数据集。

2. AGNES 算法的应用

AGNES 算法通过逐步合并最相似的簇来构建层次聚类树，它的应用包括以下方面。

(1) 数据聚类：AGNES 算法可以应用于各种数据聚类问题。通过计算数据点之间的相似度或距离，将相似的数据点合并到同一个簇中，形成层次化的聚类结果。

(2) 图像分割：AGNES 算法在图像处理领域中也有应用。通过将图像像素视为数据点，并计算像素之间的相似度，可以将相似的像素合并成区域或对象，从而实现图像的分割。

(3) 文本聚类：AGNES 算法可以用于文本聚类任务，将相似的文本合并成主题或类别。通过计算文本之间的相似度(如词频、TF-IDF 权重等)，可以发现文本之间的关联并形成聚类结果。

(4) 生物学分类：AGNES 算法在生物学的分类问题中得到广泛应用。例如，基于生物序列的相似性，可以使用 AGNES 算法将相似的生物序列合并成同一类，从而进行物种分类或基因家族分析。

(5) 数据可视化：AGNES 算法可以用于数据的可视化，特别是在高维数据中。通过将数据点视为对象，可以将相似的数据点合并成聚类，然后使用可视化方法(如树状图、热图等)展示聚类结构，帮助理解数据的内在关系和模式。

AGNES 算法的应用领域广泛，但也存在一些限制，如计算复杂度较高、对噪声和异常值敏感等。在实际应用中，用户需要根据具体问题和数据特点选择合适的距离度量方法、合并策略和聚类数目，以获得满意的聚类结果。

下面通过一个实例讲解 AGNES 算法在数据聚类方面的应用。

【实例 5-1】假如我们有一个数据集，包含了一些学生的身高和体重信息。我们希望使用 AGNES 算法将学生进行聚类，以便于我们分析不同体型的学生群体。具体方法步骤如下。

(1) 数据集的示例如表 5-1 所示。

表 5-1　学生的身高、体重数据集示例

学　生	身高(cm)	体重(kg)
A	160	50
B	165	55
C	170	60
D	175	65
E	180	70

(2) 我们可以根据学生之间的相似度(如欧氏距离)来计算距离矩阵。距离矩阵可以表示任意两个学生之间的距离。

计算后的距离矩阵如表 5-2 所示。

表 5-2　计算后的距离矩阵

学　生	A	B	C	D	E
A	0	7.07	14.14	21.21	28.28
B	7.07	0	7.07	14.14	21.21
C	14.14	7.07	0	7.07	14.14
D	21.21	14.14	7.07	0	7.07
E	28.28	21.21	14.14	7.07	0

(3) 我们选择距离最近的两个学生进行合并，形成一个新的聚类簇。在这个例子中，我们可以选择合并学生 A 和学生 B，因为他们之间的距离最近。

(4) 我们更新距离矩阵，将新形成的聚类簇视为一个整体，并计算该聚类簇与其他学生之间的距离。

更新后的距离矩阵如表 5-3 所示。

(5) 我们继续选择距离最近的两个学生或聚类簇进行合并，直到达到我们希望的聚类数目。在这个例子中，我们可以选择合并学生 C 和学生 D，因为他们之间的距离最近。

(6) 继续更新距离矩阵，合并后的聚类簇视为一个整体，并计算该聚类簇与其他学生之间的距离。

表 5-3　合并学生 A 和 B 后更新后的距离矩阵

学　生	AB	C	D	E
AB	0	14.14	21.21	28.28
C	14.14	0	7.07	14.14
D	21.21	7.07	0	7.07
E	28.28	14.14	7.07	0

更新后的距离矩阵如表 5-4 所示。

表 5-4　合并学生 C 和 D 后更新后的距离矩阵

学　生	ABCD	E
ABCD	0	7.07
E	7.07	0

(7) 我们只剩下两个聚类簇，一个包含学生 ABCD，另一个包含学生 E。这就是我们得到的最终聚类结果。

通过图表的形式，我们可以将聚类结果可视化为聚类树如图 5-1 所示，其中每个节点表示一个簇，树的叶节点表示单个数据点。树的根节点表示最终的整体聚类簇。

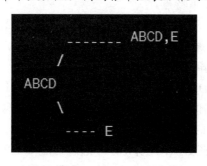

图 5-1　树状图

根据需要，我们可以选择合适的切割点，将树切割成所需的聚类数目。在实例 5-1 中，我们可以选择将树切割成两个聚类：一个包含学生 ABCD，另一个包含学生 E。

以上就是使用 AGNES 算法进行数据聚类的一个示例。通过逐步合并相似的数据点或簇，我们可以得到层次化的聚类结果，从而更好地理解数据的内在结构和模式。

5.3.3　DIANA 算法

1. DIANA 算法的定义

DIANA(divisive analysis)算法属于分裂的层次聚类，首先将所有的对象初始化到一个簇中，然后根据一些原则(比如最邻近的最大欧氏距离)将该簇分类，直至到达用户指定的簇数目或者两个簇之间的距离超过了某个阈值。

DIANA 算法中用到如下两个定义。

(1) 簇的直径：在一个簇中的任意两个数据点之间都有一个欧氏距离，这些距离中的最大值是簇的直径。

(2) 平均相异度(平均距离):

$$d_{avg}(C_i, C_j) = \frac{1}{n_i n_j} \sum_{x \in C_i} \sum_{y \in C_j} |x - y|$$

DIANA 算法的伪代码如下。

```
输入：包含 n 个对象的数据库，终止条件簇的数目 k。
输出：k 个簇，达到终止条件规定簇数目。
(1)将所有对象当成一个初始簇。
(2)for ( i=1;i!=k;i++)do begin。
(3)在所有簇中挑选出具有最大直径的簇。
(4)找出所挑选簇里与其他点平均相异度最大的一个点放入 splinter group，剩余的放入 old
party 中。
(5)repeat。
(6)在 old party 里找出到 splinter group 中点的最近距离不大于 old party 中点的最近距
离的点，并将该点加入 splinter group。
(7)until 没有新的 old party 中的点被分配给 splinter group。
(8)splinter group 和 old party 为被选中的簇分裂成的两个簇，与其他簇一起组成新的簇集合。
(9) end。
```

2. DIANA 算法的特点

DIANA 聚类算法具有以下特点。

(1) 分裂聚类：DIANA 算法采用的是一种自顶向下的分裂聚类策略。它通过对数据集进行递归的分裂操作，将数据划分为多个较小的簇。初始时，所有数据点属于同一个簇，然后通过迭代的方式将簇逐渐细分为更小的子簇。

(2) 基于距离的划分：DIANA 算法使用距离作为划分的依据。它通过计算数据点之间的距离(如欧氏距离或其他相似性度量)，找到距离最远的两个数据点，然后将它们划分为不同的簇。该过程不断重复，直至达到指定的停止条件。

(3) 自底向上的合并：在 DIANA 算法中，通过自底向上的合并操作来构建聚类的层次结构。每次分裂产生的子簇都与父簇建立关联，并形成聚类的树状结构。这样可以方便地表示不同层次的聚类划分，并支持后续的层次聚类分析。

(4) 非参数化方法：DIANA 算法在进行聚类时不需要预先指定聚类的数量。它根据数据的内在结构和相似性自动划分簇，并且可以在不同层次上获得聚类结果。这使得 DIANA 算法具有较强的灵活性和适应性，适用于各种数据集和聚类任务。

(5) 可解释性：由于 DIANA 算法产生的聚类结果以层次结构的形式呈现，因此它提供了一种直观的方式来理解数据的聚类情况。通过观察聚类树的结构和不同层次上的聚类划分，可以推断出数据的组织模式和相似性关系。

DIANA 算法的缺点是已做的分裂操作不能撤销，类之间不能交换对象。如果在某步没有选择好分裂点，可能会导致低质量的聚类结果。因此，大数据集不太适用。

下面是一个使用 DIANA 算法对销售数据集中产品进行聚类的实例。

【实例 5-2】例如，有一个包含不同产品的销售额和销售数量的数据集，要使用 DIANA 算法对这些产品进行聚类，以便了解产品之间的相似性和区别，具体执行步骤如下。

(1) 我们需要准备好数据集，其中每个数据点代表一个产品，包含销售额和销售数量两个特征，具体如表 5-5 所示。

表 5-5 产品数据集

产品编号	销售额(万元)	销售数量(个)
1	10	50
2	5	30
3	12	60
4	8	40
5	15	70

(2) 我们可以使用 DIANA 算法对这些数据进行聚类。首先,我们将所有的产品作为一个初始簇。然后,根据距离度量(如欧氏距离)找到距离最远的两个数据点,将它们分裂为不同的簇。

假设我们选择了产品 2 和产品 5 进行分裂,得到两个初始子簇。

簇 1: {产品 2: (5, 30)}

簇 2: {产品 5: (15, 70)},{产品 3: (12, 60)}

(3) 我们计算每个子簇内部的数据点之间的距离,找到距离最远的两个数据点,并将它们分裂为新的簇。

假设我们选择了簇 2 中的产品 5 和产品 3 进行分裂,得到新的子簇。

簇 1: {产品 2: (5, 30)}

簇 2: {产品 5: (15, 70)}

簇 3: {产品 3: (12, 60)}

(4) 我们继续重复这个分裂过程,直至达到停止条件(如达到预设的聚类数量或距离阈值)为止。

(5) 最终,我们得到了一个聚类树的层次结构,表示不同层次上的聚类划分。我们可以根据需要选择合适的层次来获取所需的聚类结果。

例如,如果我们选择了两个聚类的结果(簇 1 和簇 2)作为最终聚类结果,那么我们可以得到以下聚类划分:

聚类 1: {产品 2: (5, 30)}

聚类 2: {产品 5: (15, 70)}, {产品 3: (12, 60)}

通过这样的聚类结果,我们可以看到产品 2 与其他产品的销售额和销售数量相差较多,而产品 5 和产品 3 之间也存在较高的相似性。

5.3.4 Birch 层次聚类算法

Birch(balanced iterative reducing and clustering using hierarchies)是一种层次聚类算法,用于处理大规模数据集。

1. Birch 层次聚类算法的原理

Birch 层次聚类算法的原理步骤如下。

1) 初始化阶段

(1) 创建一个空的 CF 树(clustering feature tree)作为聚类结构的基础。

(2) 设定阈值参数 T(包括阈值 L(聚类半径)和阈值 H(子簇的最大个数))。

2) 增量处理数据

(1) 对于每个数据点，通过计算其与已有聚类簇的距离，将其插入 CF 树的适当位置。

(2) 如果插入后某个节点的 CF(聚类特征)超过阈值 L，则触发节点的分裂操作。

3) 分裂节点

(1) 当某个节点的 CF 超过阈值 L 时，需要进行分裂操作。

(2) 选择合适的分裂策略(如 Birch 的分裂策略之一)将节点分裂为多个子节点。

(3) 调整父节点和子节点的 CF，以反映聚类结构的变化。

4) 合并相似簇

(1) 在插入过程中，根据阈值参数 T，可以合并相似的聚类簇以减少簇的数量。

(2) 判断两个簇的距离是否小于阈值 L 和 H，如果满足条件，则将它们合并成一个更大的簇。

5) 构建聚类树

(1) 在处理完所有数据点后，根据 CF 树的结构构建层次聚类树。

(2) 从树的根节点开始，递归地将节点划分为簇或子簇，并形成聚类树的层次结构。

Birch 算法通过动态增量处理数据点，并使用紧凑的 CF 树结构来组织聚类特征。它通过分裂和合并操作来逐渐细化聚类结构，并提供层次化的聚类结果。由于 Birch 算法在处理大规模数据集时具有较低的存储和计算复杂度，因此适用于大规模数据集的聚类任务。

2. Birch 层次聚类中簇直径 D 的计算方式

Birch 层次聚类算法中，簇直径 D 是用于衡量簇的大小的一种度量，它表示簇中所有数据点之间的最大距离。

簇直径 D 的计算方式如下。

(1) 对于给定的簇，计算簇中所有数据点两两之间的距离(如欧氏距离、曼哈顿距离等)。

(2) 从这些距离中找到最大值，即为簇的直径 D。

简单来说，簇直径 D 是簇中任意两个数据点之间距离的最大值。

计算簇直径 D 可以帮助我们了解簇的大小和散布程度。较大的簇直径表示簇中的数据点之间距离较远，簇比较散布；而较小的簇直径表示簇中的数据点之间距离较近，簇比较紧凑。

在 Birch 算法中，簇直径 D 可以用于判断节点是否需要进行分裂操作。如果一个节点的簇直径 D 超过了预设的阈值 L(聚类半径)，则可以选择将该节点分裂为多个子节点，以进一步细化聚类结构。

【实例 5-3】例如我们有一个简单的数据集，包含以下 5 个数据点的二维坐标：

数据点 A: (2, 4)

数据点 B: (3, 5)

数据点 C: (5, 8)

数据点 D: (7, 3)

数据点 E: (9, 5)

现在我们使用 Birch 层次聚类算法对这些数据点进行聚类，并计算簇直径 D。

(1) 我们初始化一个空的 CF 树，并设定阈值参数 T，其中聚类半径 $L = 2$ 和子簇的最

大个数 $H = 2$。

(2) 我们逐个将数据点插入 CF 树。开始时，第一个数据点 A 被插入作为第一个节点。

(3) 我们将数据点 B 插入 CF 树。由于 B 和 A 的距离小于 $L = 2$，它们被归为同一个簇。

(4) 我们计算簇直径 D。在这个簇中，存在两个数据点 A 和 B。我们计算它们之间的距离，并找到最大值。

$$距离(A，B) = \sqrt{(2-3)^2 + (4-5)^2} = \sqrt{2} \approx 1.41$$

因此，在这个簇中，簇直径 D 为 1.41。

(5) 我们继续插入数据点 C。由于 C 与簇中的数据点的距离超过了阈值 $L = 2$，所以我们需要触发节点的分裂操作。

在分裂操作中，节点被分裂为两个子节点，一个包含数据点 A，另一个包含数据点 B 和 C。然后，我们重新计算每个子节点的 CF，并调整父节点的 CF。

(6) 我们计算每个子簇的直径。

子簇 1(包含数据点 A)的直径为 0，因为只有一个数据点。

子簇 2(包含数据点 B 和 C)的直径需要计算数据点 B 和 C 之间的距离。

$$距离(B，C) = \sqrt{(3-5)^2 + (5-8)^2} = \sqrt{13} \approx 3.61$$

因此，子簇 2 的直径 D 为 3.61。

(7) 最后，我们可以得到整个聚类结构的簇直径 D。由于聚类结构包含两个子簇，我们取两个子簇直径的较大值作为整个聚类结构的直径。

整个聚类结构的直径 $D = \max(0, 3.61) = 3.61$。

这样，我们通过计算每个子簇的直径，并取最大值，得到了 Birch 层次聚类中的簇直径 D。它可以用于衡量簇的大小和散布程度，以及帮助我们理解数据之间的关系。

构建聚类树的过程基于 CF 树结构，通过不断分裂和合并操作，逐渐细化聚类结构并形成层次化的聚类树。聚类树提供了不同层次上的聚类结果，可以根据需要选择合适的层次来获取所需的聚类结果。这种层次化的结构有助于我们理解数据之间的关系和发现潜在的模式。

【实例 5-4】假设我们有以下 6 个数据点的二维坐标。

数据点 A:　(1, 2)

数据点 B:　(1, 4)

数据点 C:　(3, 2)

数据点 D:　(5, 5)

数据点 E:　(6, 4)

数据点 F:　(7, 6)

那么我们使用 BIRCH 算法构建层次聚类树的过程如下。

1. 初始化阶段

创建一个空的 CF 树，设定阈值参数 T，聚类半径 $L = 3$。

2. 增量处理数据

(1) 将数据点 A 插入 CF 树，作为第一个节点。

(2) 将数据点 B 插入 CF 树，由于 B 与 A 的距离(2)小于聚类半径 L，它们被归为同一个簇。

(3) 将数据点 C 插入 CF 树，由于 C 与 A、B 的距离都小于 L，它们被归为同一个簇。

(4) 将数据点 D 插入 CF 树，由于 D 与 A、B、C 的距离都大于 L，触发 A、B、C 节点的分裂操作。

(5) 将数据点 E 插入 CF 树，由于 E 与 A、B、C 的距离都大于 L，触发 A、B、C 节点的分裂操作。

(6) 将数据点 F 插入 CF 树，由于 F 与 A、B、C 的距离都大于 L，触发 A、B、C 节点的分裂操作。

3. 分裂节点

(1) A 节点被分裂为两个子节点，一个包含数据点 A，另一个为空节点。

(2) B 节点被分裂为两个子节点，一个包含数据点 B，另一个为空节点。

(3) C 节点被分裂为两个子节点，一个包含数据点 C，另一个为空节点。

4. 构建聚类树

(1) 根据 CF 树的结构，构建层次聚类树。

(2) 聚类树的根节点有三个子节点，分别对应 A、B、C 的子节点。

(3) A 的子节点中，只有一个包含数据点 A 的子节点。

(4) B 的子节点中，只有一个包含数据点 B 的子节点。

(5) C 的子节点中，只有一个包含数据点 C 的子节点。

得到聚类树的结构如图 5-2 所示。

在上述简单的层次聚类树的结构中，从根节点开始，每个节点代表一个簇。叶节点是最终的聚类结果，其中每个叶节点都包含一个数据点。通过层次聚类树，我们可以观察到数据点之间的聚类关系和层次结构。

图 5-2　得出的聚类树结构

5.4　基于密度的聚类

基于密度的聚类，是将数据点组织成具有高密度的区域，并将低密度区域作为噪声或边界点。它的目标是根据数据点之间的密度来发现聚类结构，而不依赖于事先指定的簇数。

DBSCAN(density-based spatial clustering of applications with noise)算法是一种常用的基于密度的聚类算法，DBSCAN 算法通过定义一个邻域半径和一个邻域内最小数据点数来划定高密度区域，并通过连接高密度区域来形成聚类。

5.4.1　DBSCAN 算法的流程

DBSCAN 算法的执行流程如下。

(1) 随机选择一个未访问的数据点作为当前点。

(2) 计算当前点的邻域内的数据点数，如果大于等于最小数据点数阈值，则将当前点标记为核心点。

(3) 扩展核心点的邻域，将邻域内的数据点添加到当前聚类中。如果邻域内的数据点也是核心点，则继续扩展邻域。

(4) 当无法继续扩展邻域时，当前聚类形成一个簇。

(5) 选择下一个未访问的数据点作为新的当前点，重复步骤(2)～(4)，直到所有数据点都被访问过。

(6) 最后，将未分配到任何簇的数据点标记为噪声点或边界点。

基于密度的聚类算法的优势在于能够发现任意形状和大小的聚类，并且对离群点比较鲁棒。然而，该算法的性能受到邻域半径和最小数据点数的选择影响，不同的参数选择可能导致不同的聚类结果。

假设我们有一个二维数据集，其中包含了一些密集的聚类和一些离群点。通过应用基于密度的聚类算法，我们可以识别出高密度区域形成的聚类，并将离群点标记为噪声。如图 5-3 所示展示了 DBSCAN 算法对数据集进行聚类的结果。

在图 5-3 中，红色点表示核心点，黄色点表示边界点，蓝色点表示噪音点，而不同颜色的圆圈表示不同的聚类簇。通过基于密度的聚类算法，我们可以识别出数据中的聚类结构，并将离群点进行标记。

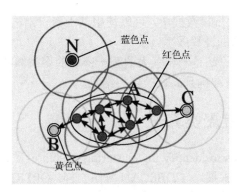

图 5-3　DBSCAN 算法对数据集进行聚类的结果图示

在实际应用中，基于密度的聚类算法可以应用于各种领域，如图像分割、异常检测、社交网络分析等，以发现数据中的隐藏聚类结构。

5.4.2　DBSCAN 算法的性能分析

DBSCAN 算法具有一些优点和限制，并且其性能受到一些因素的影响。

1.优点

(1) 能够发现任意形状和大小的聚类，对离群点比较鲁棒。

(2) 不需要预先指定簇的数量，自动确定簇的数量。

(3) 相对于基于距离的算法(如 K 均值)，DBSCAN 对噪声数据和边界点具有更好的容忍性。

2. 限制和影响因素

(1) 参数选择：DBSCAN 算法需要用户指定两个参数，即邻域半径(ε)和最小数据点数(minPts)。选择不合适的参数值可能导致不正确的聚类结果。较小的 ε 值可能导致过多的噪声点，而较大的 ε 值可能导致过度合并聚类。

(2) 维度灾难：DBSCAN 算法在高维数据集上的性能可能受到维度灾难的影响。高维空间中的距离计算变得困难，导致难以定义合适的邻域半径。

(3) 数据分布不均匀：DBSCAN 算法对于密度不均匀的数据集可能产生不理想的聚类结果。如果密度变化很大，较低密度区域可能会被错误地归类为噪声。

(4) 计算复杂度：DBSCAN 算法的计算复杂度为 $O(n^2)$，其中 n 是数据点的数量。对于大规模数据集，计算复杂度可能很高。

3. 解决方案

(1) 参数选择：选择合适的邻域半径和最小数据点数是 DBSCAN 算法的关键。可以使用可视化和领域知识来帮助选择参数值，或者尝试使用基于密度的聚类算法的变体(如 HDBSCAN)，它可以自动估计参数值。

(2) 数据预处理：在应用 DBSCAN 算法之前，可以进行数据预处理，如降维或特征选择，以减轻维度灾难的影响。

(3) 数据归一化：对数据进行归一化可以解决密度不均匀的问题，使得不同特征之间具有相似的重要性。

(4) 高效实现：针对大规模数据集，可以使用基于索引结构的加速技术，如 R 树或 KD 树，以提高 DBSCAN 算法的计算效率。

综上所述，DBSCAN 算法是一种强大的基于密度的聚类算法，但在应用时需要仔细选择参数和处理数据，以获得准确且高效的聚类结果。

5.4.3 OPTICS 密度聚类算法

OPTICS(ordering points to identify the clustering structure)算法是一种基于密度的聚类算法，它是 DBSCAN 算法的扩展。与 DBSCAN 算法一样，OPTICS 算法也能够发现任意形状和大小的聚类，并对离群点具有鲁棒性。

OPTICS 算法通过生成一个有序的数据点列表来表示聚类结构，并使用距离阈值和最小数据点数来划定高密度区域。相比于 DBSCAN 算法，OPTICS 算法在保持相同的聚类结果的同时，提供了更多关于聚类结构的信息，如聚类的密度变化和数据点之间的可达距离。

OPTICS 算法的主要步骤如下。

(1) 初始化阶段：对每个数据点设置初始可达距离为无穷大。

(2) 邻域查询：对每个数据点计算其 ε-邻域内的数据点数，并确定其核心距离。

(3) 数据点排序：根据核心距离将数据点排序，以获得一个有序的数据点列表。

(4) 构建聚类结构：根据有序的数据点列表，计算每个数据点的可达距离；根据可达距离和距离阈值，将数据点归为聚类或噪声。

(5) 提取聚类：根据聚类结构，提取出最终的聚类结果。

OPTICS 算法通过生成有序的数据点列表，可以提供更多关于数据点之间密度变化的信息。这个有序列表称为 OPTICS 图，OPTICS 图中的水平距离表示可达距离，垂直距离表示核心距离。通过分析 OPTICS 图，可以获得聚类的密度变化信息，识别不同密度的聚类，并确定合适的聚类阈值。

OPTICS 算法的优点主要包括以下两点。

(1) 能够发现任意形状和大小的聚类，对离群点具有鲁棒性。

(2) 提供了更多关于聚类结构的信息，如聚类的密度变化。

　　然而，OPTICS 算法的计算复杂度较高，为 $O(n^2)$。因此，在处理大规模数据集时，可能需要考虑使用优化的实现或近似算法。

　　总而言之，OPTICS 算法是一种强大的基于密度的聚类算法，通过有序的数据点列表和可达距离信息，提供了更详细的聚类结构信息，对于探索数据中的聚类分布非常有用。

　　【实例 5-5】假如我们有一个二维数据集如表 5-6 所示，包含了一些密集的聚类和一些离群点。我们将使用 OPTICS 算法对这个数据集进行聚类。

表 5-6　二维数据集表

数据点	X 坐标	Y 坐标
1	2	3
2	3	4
3	3	3
4	6	5
5	7	7
6	8	6
7	2	2
8	3	1
9	2	8
10	4	6

　　我们使用 OPTICS 算法对这个数据集进行聚类，算法的步骤如下。

　　(1)　初始化阶段：对每个数据点设置初始可达距离为无穷大。

　　(2)　邻域查询：对每个数据点计算其 ε-邻域内的数据点数，并确定其核心距离。

　　对于本例，我们选择邻域半径 $\varepsilon=2$ 和最小数据点数 minPts=3。根据这些参数，我们计算每个数据点的 ε-邻域内的数据点数和核心距离如表 5-7 所示。

表 5-7　二维数据集表

数据点	邻域内数据点数	核心距离
1	1	—
2	3	1
3	2	1
4	1	—
5	1	—
6	1	—
7	1	—
8	1	—
9	1	—
10	1	—

　　(3)　数据点排序：根据核心距离将数据点排序，以获得一个有序的数据点列表；根据核心距离对数据点进行排序，得到以下顺序的数据点列表：2, 3, 1, 4, 5, 6, 7, 8, 9, 10。

(4) 构建聚类结构：根据有序的数据点列表，计算每个数据点的可达距离。

对于本例，我们计算每个数据点的可达距离如表 5-8 所示，可达距离计算公式为：

$$reachability\text{-}distance(p, q) = \max(core\text{-}distance(q),\ distance(p, q))$$

表 5-8　每个数据点的可达距离

数据点	可达距离
2	—
3	1
1	2
4	—
5	—
6	—
7	—
8	—
9	—
10	—

(5) 提取聚类：根据聚类结构，提取出最终的聚类结果；根据可达距离和距离阈值，将数据点归为聚类或噪声。我们选择可达距离阈值为 2，将可达距离大于 2 的数据点标记为噪声。

最终的聚类结果如表 5-9 所示。

表 5-9　最终聚类结果

数据点	聚类标签
1	1
2	1
3	1
4	噪声
5	噪声
6	噪声
7	噪声
8	噪声
9	噪声
10	噪声

根据 OPTICS 算法，我们将数据点 1、2、3 归为一个聚类，其他数据点被标记为噪声。

通过 OPTICS 算法，我们成功地对数据集进行了聚类，将数据点划分为不同的聚类簇，并将离群点标记为噪声。这样我们可以更好地理解数据的聚类结构和密度分布。

在数据集更为复杂的实际应用中，聚类结果可能会受到参数选择和数据特性的影响。因此，在使用 OPTICS 算法时，需要仔细选择参数，并结合领域知识对聚类结果进行解释和验证。

5.5　基于模型的聚类算法

基于模型的聚类算法是一类使用概率模型或统计模型来进行聚类的算法。这些算法假设数据点属于某种概率分布或遵循特定的统计模型，然后利用模型参数来进行聚类分析。基于模型的聚类算法常用的是高斯混合模型(Gaussian Mixture Models，GMM)。

5.5.1　高斯混合模型的原理

高斯混合模型是假设数据集中的每个聚类是由多个高斯分布组成的混合分布。在高斯混合模型中，数据点被假设为由 k 个高斯分布生成，每个高斯分布代表一个聚类。每个高斯分布由均值向量、协方差矩阵和混合系数组成。

GMM 的工作原理如下。

1)　初始化阶段

随机初始化 K 个高斯分布的均值、协方差矩阵和混合系数。

2)　EM (expectation-maximization)算法迭代

(1)　E(expectation)步骤：在 E 步骤中，根据当前的参数估计，计算隐变量的后验概率或期望；使用当前参数估计和观测数据，计算隐变量的后验概率，表示每个观测数据点属于每个隐变量的概率。

这个后验概率通常称为响应度(responsibility)或期望(expectation)，因此称为 E 步骤。

(2)　M(maximization)步骤：在 M 步骤中，利用在 E 步骤中计算得到的隐变量的后验概率，使用最大化似然函数或目标函数来估计模型的参数；使用 E 步骤中计算得到的隐变量的后验概率，重新估计模型参数，例如更新高斯混合模型中的均值、协方差矩阵和混合系数。

这个步骤通常涉及最大化对数似然函数或目标函数，因此称为 M 步骤。

迭代上述 E 步骤和 M 步骤，直到收敛，即高斯分布的参数不再变化或变化很小。

3)　根据最终收敛得到的高斯分布参数，对数据点进行聚类分配

根据数据点对应的后验概率，选择最高的后验概率对应的聚类标签。

高斯混合模型可以处理复杂的数据分布，因为每个聚类可以由多个高斯分布的组合来建模。它可以灵活地适应不同形状、大小和密度的聚类。另外，GMM 还可以估计数据点属于每个聚类的概率，而不仅仅是硬性的聚类分配结果。

要注意，GMM 的性能和结果可能受到初始参数的选择和迭代次数的影响。通常，可以使用启发式方法或基于先验知识的方法来选择合适的初始参数，并通过监测似然函数的收敛情况来确定迭代的终止条件。

5.5.2　EM 算法的应用

EM 算法在许多领域中都有广泛的应用，特别是在概率统计建模和机器学习中，常见的 EM 算法的应用包括高斯混合模型、缺失数据处理和图像处理等。本小节主要讲解 EM 算法在高斯混合模型领域的应用。

假设我们有一组学生成绩数据,包括数学和英语两门课程的成绩。我们希望通过 GMM 对学生的成绩进行建模,以便进行学生群体的划分和学业辅导等任务。

我们假设学生成绩数据是由两个不同的高斯分布生成的混合分布。一个高斯分布代表成绩较好的学生群体,另一个高斯分布代表成绩较差的学生群体。我们的目标是使用 EM 算法来估计这两个高斯分布的参数。

(1) 数学和英语成绩作为观测数据,将每个学生的成绩向量视为一个样本。我们随机初始化两个高斯分布的均值、协方差矩阵和权重。

(2) 迭代 EM 算法的步骤。

在 E 步骤中,对于每个学生的成绩,我们计算其属于每个高斯分布的后验概率。具体地,我们使用高斯分布的概率密度函数和当前参数来计算每个学生属于每个高斯分布的概率,并将其分配给概率较大的高斯分布。

在 M 步骤中,我们使用 E 步骤中得到的学生成绩的分配情况来更新高斯分布的参数。具体地,我们重新计算每个高斯分布的均值和协方差矩阵,并根据观测数据的权重更新每个分布的权重。

(3) 重复执行 E 步骤和 M 步骤,直到参数收敛或达到预定的迭代次数。

(4) EM 算法将会收敛到一个局部最优解,即估计出了两个高斯分布的均值、协方差矩阵和权重。这些参数可以用于对学生的成绩进行建模,并用于后续的学生群体划分和学业辅导等任务。

例如,通过 GMM 估计出的两个高斯分布可以划分学生群体为成绩较好和成绩较差的两个群体。我们可以针对成绩较差的学生提供个性化的学习辅导和资源支持,帮助他们提高学业成绩。

这个应用示例展示了 EM 算法在高斯混合模型中的应用。它通过迭代更新参数来估计出高斯分布的均值、协方差矩阵和权重,从而对学生成绩进行建模,实现了学生群体的划分和学业辅导等任务。

【实例 5-6】假设有两枚硬币 a 和 b,随机抛掷后正面朝上概率分别为 P_1 和 P_2。下面我们分别投掷两枚硬币,每枚硬币连掷 5 下,记录结果如表 5-10 所示。

表 5-10 投掷 5 枚硬币的结果

硬 币	结 果	统 计
a	正反正正反	3 正,2 反
b	反正正反反	2 正,3 反
a	反反反正反	1 正,4 反
b	正正反正反	3 正,2 反
a	反正正反反	2 正,3 反

通过表中的统计结果可知,硬币 a 投掷 15 次出现正面 6 次,硬币 b 投掷 10 次出现正面 5 次,因此我们可以计算出 P_1 和 P_2 的结果如下:

$P_1=(3+1+2)/15=0.4$

$P_2=(2+3)/10=0.5$

在上面的情况中,我们清楚知道每次投掷的是哪枚硬币,如果我们把每次投掷的硬币名称项抹除，结果如表 5-11 所示。

表 5-11　抹除硬币标记后的结果

硬　　币	结　　果	统　　计
*	正反正正反	3 正，2 反
*	反正正反反	2 正，3 反
*	反反反正反	1 正，4 反
*	正正反正反	3 正，2 反
*	反正正反反	2 正，3 反

此时我们要想再次计算 P_1 和 P_2，那么我们可以把它看成一个五维的向量 (z_1,z_2,z_3,z_4,z_5)，代表每次投掷时所使用的硬币，比如 z_1 就代表第一轮投掷时使用的硬币是 a 还是 b，但这个变量 z 不知道，就无法去估计 P_1 和 P_2，因此，我们必须先估计出 z，然后才能进一步估计 P_1 和 P_2。

但要估计 z，我们又得知道 P_1 和 P_2，这样我们才能用最大似然概率法则去估计 z。

因此，我们先随机初始化一个 P_1 和 P_2，用它来估计 z，然后基于 z，还是按照最大似然概率法则去估计新的 P_1 和 P_2。

如果新的 P_1 和 P_2 和我们初始化的 P_1 和 P_2 一样，这说明我们初始化的 P_1 和 P_2 比较靠谱。就是说，我们初始化的 P_1 和 P_2 按照最大似然概率就可以估计出 z，然后基于 z，按照最大似然概率可以反过来估计出 P_1 和 P_2，当与我们初始化的 P_1 和 P_2 一样时，说明 P_1 和 P_2 可能就是真实值。

如果新估计出来的 P_1 和 P_2 与我们初始化的值差别很大，那我们需要继续用新的 P1 和 P_2 迭代，直至收敛。

1. EM 初级版

我们随机给 P_1 和 P_2 分别赋值 0.2 和 0.7。

如果第一轮投掷是硬币 a，得出"正反正正反"的概率为 0.00512(0.2×0.8×0.2×0.2×0.8)；如果第一轮投掷是硬币 b，得出"正反正正反"的概率为 0.03087(0.7×0.3×0.7×0.7×0.3)。

依次求出其他 4 轮中的相应概率如表 5-12 所示。

表 5-12　求出各轮中的相应概率

轮　　数	如为硬币 a	如为硬币 b
1	0.00512	0.03087
2	0.02048	0.01323
3	0.08192	0.00567
4	0.00512	0.03087
5	0.02048	0.01323

按照最大似然法则可以得出：

第 1 轮中最有可能的是硬币 b；

第 2 轮中最有可能的是硬币 a；

第 3 轮中最有可能的是硬币 a；

第 4 轮中最有可能的是硬币 b;

第 5 轮中最有可能的是硬币 a。

因此,我们把上面的值作为 z 的估计值。然后按照最大似然概率法则来估计新的 P_1 和 P_2,得出如下结果:

P_1=(2+1+2)/15=0.33

P_2=(3+3)/10=0.6

设想我们知道每轮抛掷时的硬币就是如前面例子中的那样,P_1 和 P_2 的最大似然估计就是 0.4 和 0.5(下文将这两个值称为 P_1 和 P_2 的真实值)。我们将初始化的 P_1 和 P_2 与新估计出的 P_1 和 P_2 进行对比,如表 5-13 所示。

表 5-13 将初始化的 P_1 和 P_2 与新估计出的 P_1 和 P_2 进行对比

初始化的 P_1	估计出的 P_1	真实的 P_1	初始化的 P_2	估计出的 P_2	真实的 P_2
0.2	0.33	0.4	0.7	0.6	0.5

从表中可以看出,我们估计的 P_1 和 P_2 相比于它们的初始值,更接近它们的真实值。

我们继续按此思路,用估计出的 P_1 和 P_2 再来估计 z,再用 z 来估计新的 P_1 和 P_2,反复迭代下去,最终可得到:$P_1 = 0.4$,$P_2 = 0.5$。

这时无论怎样迭代,P_1 和 P_2 的值都会保持 0.4 和 0.5 不变,因此,我们就找到了 P_1 和 P_2 的最大似然估计。

需要注意,这里新估计出的 P_1 和 P_2 一定会更接近真实的 P_1 和 P_2,但是迭代不一定会收敛到真实的 P_1 和 P_2,这取决于初始化 P_1 和 P_2 的值,本例中能够收敛到 P_1 和 P_2 就是因为初始化了合适的值。

2. EM 进阶版

在上面的方法中,其实我们还有改进的方法。在上面,我们使用了一个最可能的 z 值,而不是所有可能的 z 值。

如果考虑所有可能的 z 值,对每一个 z 值都估计出一个新的 P_1 和 P_2,将每一个 z 值概率大小作为权重,将所有新的 P_1 和 P_2 分别加权相加,这样的 P_1 和 P_2 显然更好。

那么所有的 z 值有多少个?有 2^5=32 个,但我们不需要进行 32 次估值,可以用期望来简化运算。

我们基于表 5-12 的数据,可以算出每轮投掷中使用硬币 a 或使用硬币 b 的概率,如第 1 轮,使用硬币 a 的概率为:0.00512/(0.00512+0.03087)=0.14,那么使用硬币 b 的概率即为:0.86。依次计算出其他 4 轮的概率如表 5-14 所示。

表 5-14 计算出 5 轮投掷的概率

轮 数	Z_i=硬币 a	Z_i=硬币 b
1	0.14	0.86
2	0.61	0.39
3	0.94	0.06
4	0.14	0.86
5	0.61	0.39

表 5-14 中的右两列表示期望值。第一行中，0.86 表示从期望的角度看，这轮投掷使用硬币 b 的概率是 0.86。而之前的方法，我们按照最大似然概率，直接将第 1 轮估计为用的硬币 b，但此时我们得出更为精确的结果，即第 1 轮用硬币 a 的概率为 0.14，用硬币 b 的概率为 0.86。

这样我们在估计 P_1 或 P_2 时，就可以用上全部的数据，而不是部分的数据。这一步，我们实际上是估计出了 z 的概率分布，这步被称作 E 步。

结合表 5-11，我们按照期望最大似然概率的法则来估计新的 P_1 和 P_2，以 P_1 估计为例，这里我们要做的事情是在之前推算出来的使用硬币 a 的概率下，去计算出现现在这种投掷情况的可能性，就是说计算一下期望看看有多少次等价的硬币 a 抛出来为正，多少次抛出来为反，以第 1 轮为例，硬币 a 在第 1 轮中被使用的概率是 0.14，现在出现了三次正面两次反面。

第 1 轮的 3 正 2 反相当于：

$0.14×3=0.42$ 正

$0.14×2=0.28$ 反

同样计算出其他 4 轮的结果如表 5-15 所示。

表 5-15 计算出 5 轮投掷的概率

轮　数	正	反
1	0.42	0.28
2	1.22	1.83
3	0.94	3.76
4	0.42	0.28
5	1.22	1.83
总计	4.22	7.98

因此，$P_1=4.22/(4.22+7.98)=0.35$。

由此可见，我们改变了 z 值的估计方法后，新估计出的 P_1 要更加接近 0.4。因为这里我们使用了所有投掷的数据，而不再是只使用部分数据。

在这步中，我们根据 E 步中求出的 z 的概率分布，依据最大似然概率法则去估计 P_1 和 P_2，被称作 M 步。

小　结

本章主要讲解聚类分析的相关概念、算法原理与分析、聚类分析在数据挖掘中的作用、聚类分析的过程及分类，重点介绍基于划分的聚类(K-means 算法和 K-medoids 算法的有关概念和应用)、基于层次的聚类(层次聚类的思想、AGNES 算法、DIANA 算法、Birch 层次聚类算法)、基于密度的聚类(DBSCAN 算法的流程及性能分析、OPTICS 密度聚类算法讲解)和基于模型的聚类算法(GMM 的原理、EM 算法的应用)等。聚类分析是一种用于将数据集中的样本按照相似性进行分组或划分的强大的数据分析算法。通过聚类分析，我们可以发现数据中的内在模式和结构，为数据理解、可视化和决策提供有价值的信息。

数据分析与挖掘技术

思 考 题

1. 什么是聚类分析？聚类算法的分类包括哪些？
2. 简述基于划分的聚类算法原理。
3. 简述 K-means 算法的定义和执行步骤。
4. 简述 K-medoids 算法的定义和步骤。
5. 层次聚类的基本思想是什么？层次聚类的典型算法有哪几种？
6. 使用社交网络数据集，运行聚合层次算法，绘制生成的树状图。
7. 使用社交网络数据集，运行 DBSCAN 算法，测试两个主要超参数的不同值。

第 **6** 章

回归分析

回归分析(regression analysis)是一种统计学方法,用于研究变量之间的关系。它的主要目的是了解自变量(解释变量)与因变量(响应变量)之间的关系,并通过建立一个数学模型来预测或解释因变量的变化。回归分析在各个领域都有广泛的应用,如经济学、社会科学、生物统计学等。它可以用于预测销售趋势、评估营销策略的效果、研究变量之间的关系等。本章将主要对回归分析的有关概念和算法进行具体讲解。

6.1 回归分析概述

回归分析的目标是建立一个数学模型，该模型可以通过自变量的取值来预测或估计因变量的值。回归分析中最常用的方法是线性回归分析，它假设自变量和因变量之间存在线性关系。然而，也可以使用非线性回归分析来处理非线性关系。

在进行回归分析时，通常需要收集一组包含自变量和因变量的数据样本。然后，通过拟合数据样本，找到最佳拟合的回归方程。这可以通过最小化实际观测值与回归方程预测值之间的差异(残差)来实现。

回归分析提供了多个指标来评估回归模型的拟合程度和预测能力，例如 R 方值(决定系数)、均方误差、残差分析等。这些指标可以帮助我们确定回归模型是否适合解释数据和进行预测。

需要注意的是，回归分析只能表达相关关系，不能证明因果关系。因此，在进行回归分析时，需要谨慎解释结果并考虑其他潜在的影响因素。

关于回归分析的实践分析，卡尔·皮尔逊(Karl Pearson)在遗传学研究的过程中，测量了多个父亲及其成年儿子的身高。他们之间的身高关系如图 6-1 所示。

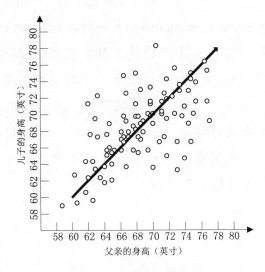

图 6-1　父子身高关系图

图 6-1 中每一个点代表一对父子的身高关系。横轴的 X 坐标是父亲的身高，纵轴的 Y 坐标给出的是儿子的身高。我们看到，多数关系点位于角平分斜线的两侧椭圆形区域之内，落在斜线上的点极少，即儿子与父亲身高完全相同的极少。点落在斜线周围说明，高个子的父亲有着较高身高的儿子，而矮个子父亲的儿子身高也比较矮。同时，我们也看到一些远离斜线的点，这些点反映的是父亲的身高与儿子的身高相差甚远的情况。比如高个子的父亲有矮儿子的情况，或者矮父亲有高个子儿子的情况。

回归分析在现代得到了进一步发展，现代的回归分析是确定两种或两种以上变量间相互依赖的定量关系的一种统计分析方法，运用十分广泛。回归分析按照涉及的变量的多少，分为一元回归分析和多元回归分析；在线性回归中，按照自变量的多少，可分为简单回归分析和多重回归分析；按照自变量和因变量之间的关系类型，可分为线性回归分析和非线性回归分析。如果在回归分析中，只包括一个自变量和一个因变量，且二者的关系可用一条直线近似表示，这种回归分析称为一元线性回归分析；如果回归分析中包括两个或两个以上的自变量，且因变量和自变量之间是线性关系，则称为多元线性回归分析。

在回归分析中，把变量分为两类。一类是因变量，它们通常是实际问题中所关心的一类指标，通常用 Y 表示；而影响因变量取值的另一类变量称为自变量，用 X 来表示。

回归分析主要包括以下几个方面的内容。

(1) 从一组数据出发，确定某些变量之间的定量关系式，即建立数学模型并估计其中的未知参数。估计参数的常用方法是最小二乘法。

(2) 对这些关系式的可信程度进行检验。

(3) 在许多自变量共同影响着一个因变量的关系中，判断哪个或哪些自变量的影响是显著的，哪些自变量的影响是不显著的，将影响显著的自变量加入模型中，而剔除影响不显著的自变量，通常用逐步回归、向前回归和向后回归等方法。

(4) 利用所求的关系式对某一生产过程进行预测或控制。回归分析的应用是非常广泛的，统计软件包使各种回归方法计算十分方便。

对于能够采用回归分析的 X、Y 组合，必须有着特定的关联性，需符合以下五个条件。

(1) 一个变量的变化必须关联于另一个变量的变化。

(2) 自变量在时间上必须早于因变量的改变。

(3) 变量的因果关系必须大致可确认。

(4) 推断的关联关系必须与其他可推断证明一致。

(5) 所选取的因素必须是研究的最重要因素。

本章将对简单线性回归分析、多元回归分析、岭回归分析、逻辑回归分析等回归分析中常用的具有代表性的算法进行讲解。

6.2 简单线性回归分析

简单线性回归分析是统计学和机器学习中常见的一种回归分析方法，用于建立一个自变量和一个因变量之间的线性关系模型。

6.2.1 简单线性回归分析的定义

只有一个自变量的线性回归称为简单线性回归。简单线性回归分析是一种利用一个变量来预测(或解释)另一个变量，找出两个变量间的关联关系的方法。

下面我们分步骤来讲解简单线性回归分析的过程。

1. 建立一元线性回归方程与一元线性回归模型

简单线性方程式的一般形态为：

$$y=a+bx$$

变量 y 不仅受 x 的影响，还受其他随机因素的影响，因此通过相关图可以直观地发现各个相关点并不都落在一条直线上，而是在直线的上下波动，只呈现线性相关的趋势。我们试图在相关图的散点中引出一条模拟的回归直线,以表明变量 x 与 y 的关系,称为估计回归线,如图 6-2 所示。

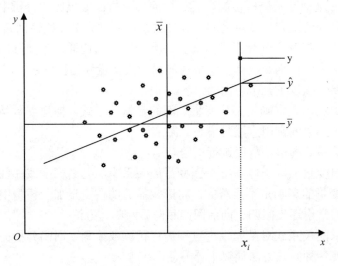

图 6-2　估计回归线

描述 y 的平均值或期望值如何依赖于 x 的方程称为回归方程,简单线性回归方程的形式如下:

$$E(y) = \beta_0 + \beta_1 x \ \text{或} \ E(y) = \alpha + \beta x$$

方程的图示是一条直线,因此也称为直线回归方程。β_0 是回归直线在 y 轴上的截距,是当 $x=0$ 时 y 的期望值。β_1 是直线的斜率,称为回归系数,表示当 x 每变动一个单位时,y 的平均变动值。

一元线性回归模型通常可表示为

$$y = \beta_0 + \beta_1 x + \varepsilon \ \text{或} \ y = \alpha + \beta x + \varepsilon$$

模型中,y 是 x 的线性函数(部分)加上误差项,线性部分反映了由于 x 取值的变化而引起的 y 取值的变化。误差项 ε 是随机变量,反映了除 x 和 y 之间的线性关系之外的随机因素对 y 取值的影响,是不能由 x 和 y 之间的线性关系所解释的变异性。β_0 和 β_1 称为模型的参数。一元线性回归模型的建立基于以下基本假定。

(1) 零均值假定:误差项 ε 是一个期望值为 0 的随机变量,即 $E(\varepsilon)=0$。对于一个给定的 x 值,y 的期望值为 $E(y) = \beta_0 + \beta_1 x$。

(2) 同方差假定:对于所有的 x 值,ε 的方差 σ^2 都相同。

(3) 正态性假定:误差项 ε 是一个服从正态分布的随机变量,且相互独立,即 $\varepsilon \sim N(0, \sigma^2)$。

(4) 无自相关假定:对于一个特定的 x 值,它所对应的 ε 与其他 x 值所对应的 ε 不相关,对于一个特定的 x 值,它所对应的 y 值与其他 x 所对应的 y 值也不相关,即 ε 与 x 不相关。

2. 进行参数的最小二乘估计

经过方程和分析模型的建立,可以看到模型中包含有几个未确定的参数。显然,这些参数不能随意指定,要根据一定的原则来进行推导,以使得回归模型符合样本的规律,进而能够使用该模型对未纳入样本的总体数据进行预测和验证。在简单线性回归分析中,参数的确定一般采用最小二乘估计算法。

因变量 y 的取值是不同的,y 取值的这种波动称为变差。变差来源于两个方面:由于自变量 x 的取值不同造成的;除 x 以外的其他因素的影响(如 x 对 y 的非线性影响、测量误差等)。对于一个具体的观测值来说,变差的大小可以通过该实际观测值与其均值之差 $y - \overline{y}$ 来表示。

均值差的计算,引入估计值 $\hat{y}$ 可以推导为:

$$y_i - \overline{y}_i = (y_i - \hat{y}_i) + (\hat{y}_i - \overline{y}_i)$$

对公式两边求平方和可得:

$$\sum_{i=1}^{n}(y_i - \overline{y})^2 = \sum_{i=1}^{n}(\hat{y}_i - \overline{y})^2 + \sum_{i=1}^{n}(y_i - \hat{y})^2$$

这就得到了离差平方和公式,我们把该公式分解开,用 L_{yy} 表示 $\sum_{i=1}^{n}(y_i - \overline{y})^2$ 称为总变差平方和;用 U 表示 $\sum_{i=1}^{n}(\hat{y}_i - \overline{y})^2$ 称为回归平方和;用 Q 表示 $\sum_{i=1}^{n}(y_i - \hat{y})^2$ 称为残差平方和。我们可以将离差平方和公式表示为:

$$L_{yy} = U + Q$$

其中,L_{yy} 反映因变量的 n 个观察值与其均值的总离差;U 反映自变量 x 的变化对因变量 y 取值变化的影响,或者说,是由于 x 与 y 之间的线性关系引起的 y 的取值变化,也称为可解释的平方和;Q 反映除 x 以外的其他因素对 y 取值的影响,也称为不可解释的平方和或剩余平方和。

最小二乘法求参数的基本思想是:希望所估计的 $\hat{y}_i$ 偏离实际观测值 y_i 的残差越小越好。取残差平方和 Q 作为衡量 $\hat{y}_i$ 与 y_i 偏离程度的标准:

$$\sum_{i=1}^{n}e_i^2 = \sum_{i=1}^{n}(y_i - \hat{y})^2$$

用最小二乘法拟合的直线来代表 x 与 y 之间的关系与实际数据的误差比其他任何直线都小。

6.2.2　简单线性回归分析的应用

本小节我们以一组关于学生的学习时间和考试成绩的数据为例,如表 6-1 所示,想通过简单线性回归分析来探究学习时间对考试成绩的影响。

表 6-1　学生学习时间与考试成绩的数据表

学习时间(x)	2	4	6	8	10
考试成绩(y)	65	75	85	95	105

我们将使用简单线性回归分析来建立一个模型,预测学习时间对考试成绩的影响。

(1) 数据收集:收集学生的学习时间和对应的考试成绩数据。

(2) 模型建立:建立简单线性回归模型,假设考试成绩(y)与学习时间(x)之间存在如下线性关系:

$$y = \beta_0 + \beta_1 x + \varepsilon$$

(3) 拟合回归线：使用最小二乘法估计回归系数，将回归线拟合到数据中，使得误差平方和最小化。

在上述应用中，我们可以使用最小二乘法来计算回归系数 β_0 和 β_1。最小二乘法的目的是最小化实际观测值与回归模型预测值之间的误差平方和。

(4) 模型评估：评估回归模型的拟合程度，可以计算决定系数(R^2)来衡量模型的解释力。R^2 的值介于 0 和 1 之间，越接近 1 表示模型拟合得越好。

(5) 参数推断：对回归系数进行显著性检验，判断学习时间对考试成绩的影响是否显著。

可以使用统计方法，如 t 检验或 F 检验，来判断回归系数的显著性。

(6) 预测和解释：使用回归方程进行预测，例如，给定一个学习时间为 5 小时的学生，我们可以使用回归方程来预测他的考试成绩。

此外，回归方程还可以用于解释学习时间对考试成绩的影响程度。通过回归系数 β_1 的值，可以确定学习时间每增加一个单位对考试成绩的影响。

上述介绍的是一个简单线性回归分析的应用示例。通过建立回归模型，我们可以预测和解释因变量(考试成绩)与自变量(学习时间)之间的关系。但是，实际的分析过程可能涉及更多的统计计算和假设检验来确保分析的准确性和可靠性。

6.3 多元回归分析

多元回归分析是对简单线性回归分析的自然延伸，旨在研究多个自变量与一个因变量之间的关系，以更全面地解释因变量的变化。多元回归分析最早用于社会科学领域，特别是经济学和心理学，用于探究多个因素对某一现象的影响。随着统计学和计量经济学的发展，多元回归分析逐渐成为重要的数据分析工具，广泛应用于各个领域。

6.3.1 多元回归分析的定义

多个自变量的回归分析叫作多元回归。在生活实践中，存在大量的多个自变量影响因变量的实例。比如决定身高的因素是什么？父母遗传、生活环境、体育锻炼，还是以上各个因素的共同作用呢？父亲身高、母亲身高等是不是影响子女身高的主要因素呢？如果是，子女身高与这些因素之间能否建立一个线性关系方程，并根据这一方程对身高做出预测？这就是多元线性回归分析需要研究的问题。

多元回归分析模型分析的是一个因变量与两个及两个以上自变量的回归，描述因变量 y 的变化如何依赖于自变量 $x_1, x_2, \cdots, x_k$ 和误差项 ε 的方程，称为多元回归模型。

涉及 k 个自变量的多元线性回归模型可表示为：

$$y = \beta_0 + \beta_1 x_1 + \beta_2 x_2 + \cdots + \beta_k x_k + \varepsilon$$

其中，$\beta_0, \beta_1, \beta_2, \cdots, \beta_k$ 是参数；ε 是被称为误差项的随机变量；y 是 $x_1, x_2, \cdots, x_k$ 的线性函数加上误差项 ε；ε 是包含在 y 里面但不能被 k 个自变量的线性关系所解释的变异性。所以，线性回归模型的意义在于把 y 分成两部分：确定性部分和非确定性部分。

能够被多元线性回归分析模型正确分析的样本数据和正确预测的全体数据，必须符合以下基本假定。

(1) 正态性：误差项 ε 是一个服从正态分布的随机变量，且期望值为 0，即 $\varepsilon \sim N(0, \sigma^2)$;

(2) 方差齐性：对于自变量 $x_1, x_2, \cdots, x_k$ 的所有值，ε 的方差 σ^2 都相同；

(3) 独立性：对于自变量 $x_1, x_2, \cdots, x_k$ 的一组特定值，它所对应的 ε 与任意一组其他值所对应的 ε 不相关。

在经典回归模型的诸假设下，对回归模型两边求条件期望得到多元回归方程：

$$E(Y \mid X_1, X_2, \cdots, X_k) = x_1\beta_1 + x_2\beta_2 + \cdots + x_k\beta_k$$

多元回归方程就是描述因变量 y 的平均值或期望值如何依赖于自变量 $x_1, x_2, \cdots, x_k$ 而变化的方程。式中 $\beta_1, \beta_2, \cdots, \beta_k$ 称为偏回归系数(partial regression coefficients)，β_i 表示假定其他变量不变，当 x_i 每变动一个单位时，y 的平均变动值。多元回归分析(multiple regression analysis)是以多个解释变量的固定值为条件的回归分析，并且所获得的是诸变量 x 值固定时 y 的平均值。

我们以一个例子来看：

$$C_t = \beta_1 + \beta_2 D_t + \beta_3 L_t + u_t$$

其中，C_t 为学生消费，D_t 为学生每月收到的生活费，L_t 为学生的结余资金水平。

按照以上定义，那么 β_2 的含义是：在结余资金不变的情况下，学生收到的生活费变动一个单位对其消费额的影响。这是收入对消费额的直接影响。可见，收入变动对消费额的总影响=直接影响+间接影响(上式中存在间接影响：生活费收入→结余资金量→消费额)。

但在模型中这种间接影响应归因于结余资金，而不是生活费收入。因此，β_2 只包括收入的直接影响，如果我们把每月生活费对结余的影响考虑进去，可以将公式改变为：

$$C_t = \alpha + \beta D_t + u_t, \quad t = 1, 2, \cdots, n$$

这里，β 是可支配收入对消费额的总影响，显然 β 和 β_2 的含义是不同的。偏回归系数 β_j 就是 x_j 本身变化对 y 的直接(净)影响。

多元回归分析的参数推导，同样可以采用和简单线性回归分析一样的最小二乘估计法，使因变量的观察值与估计值之间的离差平方和达到最小来求得 $\hat{\beta}_0, \hat{\beta}_1, \hat{\beta}_2, \cdots, \hat{\beta}_k$ 参数，即：

$$Q(\hat{\beta}_0, \hat{\beta}_1, \hat{\beta}_2, \cdots, \hat{\beta}_k) = \sum_{i=1}^{n}(y_i - \hat{y}_i)^2 = \sum_{i=1}^{n} e_i^2$$

可以推导出使其最小的求解各回归参数的标准方程如下：

$$\begin{cases} \left. \dfrac{\partial Q}{\partial \beta_0} \right|_{\beta_0 = \hat{\beta}_0} = 0 \\[2mm] \left. \dfrac{\partial Q}{\partial \beta_i} \right|_{\beta_i = \hat{\beta}_i} = 0 \quad (i = 1, 2, \cdots, k) \end{cases}$$

6.3.2　多元回归分析的步骤

多元回归分析的步骤一般分为以下几步。

(1) 数据收集：收集包含多个自变量和一个因变量观测值的数据样本。

(2) 模型建立：根据收集的数据，建立多元回归模型，确定回归方程中的截距和各自变量的回归系数。

(3) 拟合回归面：使用最小二乘法估计回归系数，将回归面拟合到数据中，使得误差平方和最小化。

(4) 模型评估：评估回归模型的拟合程度，可以使用残差分析、决定系数(R^2)、调整决定系数、F 统计量等指标来评估模型的好坏。

(5) 参数推断：对回归系数进行显著性检验，判断自变量对因变量的影响是否显著。

(6) 预测和解释：使用回归方程进行因变量的预测，并解释各自变量对因变量的影响程度。

多元回归分析的优势在于它能够同时考虑多个自变量的影响，从而更准确地描述变量之间的关系。它可以帮助研究人员识别出多个自变量中哪些对因变量有显著影响，以及它们的相对贡献程度。此外，多元回归分析还可以用于预测和解释因变量，并帮助进行决策和制定策略。

6.3.3　多元回归分析的应用

假设某公司想研究影响某种产品销售额的因素，包括广告支出、产品价格和季节性因素。我们收集了一段时间内产品的销售数据，并使用多元回归分析来探究这些因素对销售额的影响。

收集到的数据如表 6-2 所示。

表 6-2　某产品的销售数据情况

广告支出(X_1)	100	200	300	400	500
产品价格(X_2)	50	60	70	80	90
季节性因素(X_3)	1	2	3	4	5
销售额(Y)	500	600	800	1000	1200

现在我们将使用多元回归分析来建立一个模型，预测销售额与广告支出、产品价格和季节性因素之间的关系。

(1) 数据收集：收集广告支出、产品价格、季节性因素和对应销售额的数据样本。

(2) 模型建立：建立多元回归模型，假设销售额(Y)与广告支出(X_1)、产品价格(X_2)、季节性因素(X_3)之间存在线性关系：

$$Y = \beta_0 + \beta_1 X_1 + \beta_2 X_2 + \beta_3 X_3 + \varepsilon$$

(3) 拟合回归面：使用最小二乘法估计回归系数，将回归面拟合到数据中，使得误差平方和最小化。

在本应用中，我们使用最小二乘法来计算回归系数 β_0，β_1，β_2 和 β_3。最小二乘法的目的是最小化实际观测值与回归模型预测值之间的误差平方和。

(4) 模型评估：评估回归模型的拟合程度，可以计算决定系数(R^2)来衡量模型的解释力。R^2的值介于 0 和 1 之间，越接近 1 表示模型拟合得越好。

(5) 参数推断：对回归系数进行显著性检验，判断各因素对销售额的影响是否显著。

可以使用统计方法，如 t 检验或 F 检验，来判断回归系数的显著性。

(6) 预测和解释：使用回归方程进行预测，例如，给定一组广告支出、产品价格和季节性因素的值，我们可以使用回归方程来预测相应的销售额。

此外，回归方程还可以用于解释各因素对销售额的影响。通过观察回归系数的正负和大小，我们可以确定各因素对销售额的影响方向和相对贡献。

在上述应用中，多元回归分析帮助我们探究了广告支出、产品价格和季节性因素对销售额的影响。通过建立回归模型，我们可以预测销售额，并解释各因素对销售额的影响程度。这种分析有助于公司制定市场营销策略、优化产品定价，并更好地理解销售额的驱动因素。多元回归分析的应用不仅局限于此例，它在市场调研、经济预测等领域也具有广泛的应用。

6.4 岭回归分析

岭回归分析(ridge regression analysis)是一种用于处理多重共线性问题的回归分析方法。多重共线性是指在多元回归分析中，自变量之间存在高度相关性或线性相关性，导致回归系数估计不稳定，回归模型的解释能力下降。岭回归通过添加一个惩罚项(L2 正则化项)来调整回归系数，从而解决多重共线性问题。

6.4.1 岭回归分析的原理

岭回归是一种专用于共线性数据分析的有偏估计回归方法，实质上是一种改良的最小二乘估计法，通过放弃最小二乘法的无偏性，以损失部分信息、降低精度为代价获得回归系数更为符合实际、更可靠的回归方法，对病态数据的耐受性远远强于最小二乘法。

岭回归是基于线性回归模型，通过对模型中的目标函数引入一个正则化项，以降低模型复杂度并减小回归系数的方差。其目标函数为：

$$\text{minimize:} \quad \| Y - X\beta \|^2 + \alpha \| \beta \|^2$$

其中，Y 是因变量向量，X 是自变量矩阵，β 是回归系数向量，α 是调节参数。目标函数的第一项表示残差平方和，即模型预测值与实际观测值之间的差异。第二项是正则化项，即回归系数的平方和乘以调节参数 α。

通过引入正则化项，岭回归能够稳定地估计回归系数，降低多重共线性带来的影响。正则化项的作用是限制回归系数的大小，防止过拟合现象的发生。调节参数 α 控制着正则化项的强度，较大的 α 值会对回归系数施加更强的惩罚，从而降低回归系数的估计值。

岭回归的原理较为复杂。根据高斯-马尔科夫定理，多重相关性并不影响最小二乘估计量的无偏性和最小方差性，但是，虽然最小二乘估计量在所有线性无偏估计量中是方差最小的，但是这个方差的值却不一定很小。而实际上可以找到一个有偏估计量，这个估计量虽然有微小的偏差，但它的精度却能够大大高于无偏估计量。岭回归分析就是依据这个原理，通过在正规方程中引入有偏常数而求得回归估计量。

多元线性回归模型的矩阵形式 $y = X\beta + \varepsilon$，参数 β 的普通最小二乘估计为 $\hat{\beta} = (xx')^{-1}x'y$。当自变量 x_j 与其余自变量间存在多重共线性时，$\text{var}(\hat{\beta}_j) = (1/L_{ij})c_{ij}\sigma^2$ 很大，$\hat{\beta}_j$ 就很不稳定，在具体取值上与真值有较大的偏差，甚至有时会出现与实际经济意义不符的正负号。

当自变量间存在多重共线性，$|X'X| \approx 0$ 时，我们设想给 $X'X$ 加上一个正常数矩阵 $kI(k>0)$，那么 $X'X + kI$ 接近奇异的程度就会比 $X'X$ 接近奇异的程度小得多。考虑到变量

的量纲问题，将数据先标准化，标准化后的设计阵用 X 表示。

对于数据标准化的线性回归模型，若 $X'X + kI$ 可逆，则 $\hat{\beta}(k) = (X'X + kI)^{-1}X'y$ 称为 β 的岭回归估计，其中，k 称为岭参数。由于 X 已经标准化，所以 $X'X$ 就是自变量的样本相关矩阵。$\hat{\beta}(k)$ 作为 β 的估计比最小二乘估计 $\hat{\beta}$ 稳定，当 $k=0$ 时的岭估计，就是普通的最小二乘估计。

岭回归分析的主要优点是可以稳定地估计回归系数，减小多重共线性带来的影响，并提高模型的预测准确性。它在特征选择、预测建模、数据挖掘等领域有广泛的应用。

6.4.2 岭回归分析在数据挖掘领域的应用

岭回归分析在数据挖掘领域的应用，一个常见的实践操作是使用岭回归进行特征选择和预测建模。假设我们有一个包含多个特征的房屋数据集，包括房屋的面积、卧室数量、浴室数量、地理位置等信息，并且每个房屋都有对应的销售价格作为目标变量。我们的目标是建立一个能够准确预测房屋价格的模型，具体可按以下步骤进行。

(1) 我们需要进行数据准备和预处理。对于房屋数据集，我们需要进行特征缩放和数据标准化，以确保各个特征具有相同的尺度和范围。然后，我们将数据集划分为训练集和测试集，用于模型的训练和评估。

(2) 我们使用岭回归进行特征选择。通过岭回归的正则化项，可以使得部分回归系数收缩为零，从而筛选出对房价预测最重要的特征。我们可以通过交叉验证的方式来选择最优的岭回归参数 α。

(3) 在实际操作中，可以使用 Python 的机器学习库 scikit-learn 来实现岭回归，其简化示例代码如下：

```python
from sklearn.linear_model import Ridge
from sklearn.model_selection import GridSearchCV
from sklearn.preprocessing import StandardScaler
from sklearn.model_selection import train_test_split

# 数据准备和预处理
X = data.drop('房价', axis=1)
y = data['房价']
scaler = StandardScaler()
X_scaled = scaler.fit_transform(X)

# 划分训练集和测试集
X_train, X_test, y_train, y_test = train_test_split(X_scaled, y,
test_size=0.2, random_state=42)

# 岭回归模型
ridge = Ridge()
params = {'alpha': [0.1, 1, 10]}  # 岭回归参数 alpha 的候选值
grid_search = GridSearchCV(ridge, params, cv=5)
grid_search.fit(X_train, y_train)

# 输出最优的岭回归参数
```

```
best_alpha = grid_search.best_params_['alpha']
print("Best alpha:", best_alpha)

# 在测试集上进行预测
ridge_model = Ridge(alpha=best_alpha)
ridge_model.fit(X_train, y_train)
predictions = ridge_model.predict(X_test)

# 模型评估
mse = mean_squared_error(y_test, predictions)
rmse = np.sqrt(mse)
r2 = r2_score(y_test, predictions)
print("RMSE:", rmse)
print("R2 Score:", r2)
```

通过以上操作，我们可以使用岭回归选择重要的特征，并构建出一个预测房价的模型。该模型考虑了多重共线性问题，并在预测中具有一定的稳定性和准确性。

6.5 逻辑回归分析

逻辑回归(logistic regression)是一种用于解决分类问题的分析方法，其实质上是一种分类算法。逻辑回归通过将线性回归的输出映射到一个概率范围(0 到 1)之间，并根据阈值进行分类。它常用于二分类问题，可以用于预测概率或进行二分类判定。逻辑回归在广告点击率预测、疾病诊断、经济预测、信用风险评估等领域具有广泛的应用。

6.5.1 逻辑回归分析的原理

逻辑回归分析，是一种广义的线性回归分析模型。逻辑回归在疾病诊断领域的应用，包括探讨引发疾病的危险因素，并根据危险因素预测疾病发生的概率等。以胃癌病情分析为例，选择两组人群，一组是胃癌组，一组是非胃癌组，两组人群必定具有不同的体征与生活方式等。因此因变量就为是否胃癌，值为"是"或"否"；自变量可以包括很多，如年龄、性别、饮食习惯、幽门螺杆菌感染等。自变量既可以是连续的，也可以是分类的。然后通过逻辑回归分析，可以得到自变量的权重，从而可以大致了解到底哪些因素是胃癌的危险因素。同时根据该权值及危险因素预测一个人患癌症的可能性。

逻辑回归是一种广义线性回归(generalized linear regression)，因此与多元线性回归分析有很多相同之处。它们的模型形式基本上相同，都具有 $X\beta+\varepsilon$，其中 β 和 ε 是待求参数，其区别在于它们的因变量不同，多重线性回归直接将 $X\beta+\varepsilon$ 作为因变量，即 $y=X\beta+\varepsilon$，而逻辑回归则通过函数 L 将 $X\beta+\varepsilon$ 对应一个隐状态 p，即 $p=L(X\beta+\varepsilon)$，然后根据 p 与 $1-p$ 的大小决定因变量的值。如果 L 是逻辑函数，就是逻辑回归，如果 L 是多项式函数就是多项式回归。

逻辑回归的因变量可以是二分类的，也可以是多分类的，但是二分类的更为常用，也更加容易解释，多分类的可以使用 Softmax 方法进行处理。实际中最为常用的就是二分类的逻辑回归。

对于应变量 Y 是二分类的情况，始终可以用"阳性"与"阴性"来表达。如果令因变量 $Y=$ "阳性"的概率为 π，则其对立面 $Y=$ "阴性"的概率为 $1-\pi$。很显然，π 及 $1-\pi$ 的取值范围均在[0, 1]之间，二者经过下面的变换，变换后的取值范围均在$(-\infty，+\infty)$之间。

$$\ln \frac{P(Y=\text{"阳性"})}{P(Y=\text{"阴性"})} = \ln \frac{\pi}{1-\pi} = \text{Logit}(\pi)$$

π 的这种变换称为 Logit 变换，记为 $\text{Logit}(\pi)$。既然 $\text{Logit}(\pi)$ 的取值是$(-\infty，+\infty)$，因此可以将 $\text{Logit}(\pi)$ 当作"因变量"，从而建立该"因变量"与相应自变量的线性回归模型，如下：

$$\ln \frac{P(Y=\text{"阳性"})}{P(Y=\text{"阴性"})} = \ln \frac{\pi}{1-\pi} = \text{Logit}(\pi) = \beta_0 + \beta_1 X_1 + \cdots + \beta_p X_p$$

这种"阳性"概率 π 与自变量之间的回归关系就是逻辑回归模型。

逻辑回归包括以下几个要点：

(1) 逻辑回归广泛用于分类问题。

(2) 逻辑回归不要求自变量和因变量存在线性关系。它可以处理多种类型的关系，因为它对预测的相对风险指数使用了一个非线性的 Logit 转换。

(3) 为了避免过拟合和欠拟合，我们应该包括所有重要的变量。有一个很好的方法来确保这种情况，就是使用逐步筛选方法来估计逻辑回归。

(4) 逻辑回归需要较大的样本量，因为在样本数量较少的情况下，极大似然估计的效果比普通的最小二乘法差。

(5) 自变量之间应该互不相关，即不存在多重共线性。

(6) 如果因变量的值是定序变量，则称它为定序逻辑回归。

(7) 如果因变量是多分类的话，则称它为多元逻辑回归。

6.5.2 逻辑回归模型的建立与参数估计

逻辑回归模型的建立和参数估计是逻辑回归分析中的关键步骤，其执行过程大体包括以下步骤。

1. 数据预处理与特征选择

在建立逻辑回归模型之前，我们需要对数据进行预处理和特征选择。

(1) 数据清洗：处理缺失值、异常值等数据质量问题。

(2) 特征变换：对连续型特征进行标准化或归一化处理，使其具有相同的尺度。

(3) 特征选择：根据实际问题和特征相关性进行特征选择，剔除冗余或不相关的特征。

2. 逻辑回归模型的建立

逻辑回归模型的建立包括选择自变量和确定模型形式。

(1) 自变量选择：根据问题的背景知识、特征相关性和可解释性等因素选择自变量。

(2) 模型形式：选择逻辑回归模型的形式，包括是否考虑交互项、多项式项等。

(3) 建立模型：根据选定的自变量和模型形式构建逻辑回归模型。

3. 参数估计方法

参数估计是逻辑回归模型中的关键步骤，用于找到最优的模型参数。以下是常用的参数估计方法。

(1) 最大似然估计(Maximum Likelihood Estimation，MLE)：最大似然估计是一种常用的参数估计方法，通过最大化观测数据的似然函数来估计模型的参数。似然函数描述了观测数据在给定参数下出现的可能性。

(2) 梯度下降(gradient descent)：梯度下降是一种迭代优化算法，通过不断更新参数值来寻找使损失函数最小化的最优参数。梯度下降算法根据损失函数的梯度方向更新参数，并逐步接近最优解。

4. 模型评估和选择

在参数估计之后，我们需要对逻辑回归模型进行评估和选择，以确保模型的稳定性和预测性能。常用的模型评估方法包括以下两种。

(1) 模型拟合优度：通过计算模型对训练数据的拟合程度来评估模型的好坏，常用指标包括对数似然、AIC(Akaike Information Criterion)和 BIC(Bayesian Information Criterion)等。

(2) 预测性能评估：通过将模型应用于独立的测试数据集来评估模型的预测性能，常用指标包括准确率、召回率、F1 分数等。

逻辑回归模型的建立和参数估计是逻辑回归分析的核心步骤。在建立模型之前，我们需要对数据进行预处理和特征选择。然后，根据选定的自变量和模型形式建立逻辑回归模型。参数估计是通过最大似然估计或梯度下降等方法来估计模型参数。最后，通过模型评估和选择来评估模型的拟合优度和预测性能。这些步骤帮助我们建立准确和稳定的逻辑回归模型，用于解决分类问题和预测分析任务。

6.5.3 逻辑回归分析的优化和改进

逻辑回归分析是一种经典的统计分析方法，但也存在一些局限性。为了提高逻辑回归模型的性能和应用范围，可以考虑以下优化和改进的方法。

1. 特征工程

逻辑回归的性能受到输入特征的影响。通过进行特征工程，包括特征选择、特征变换和特征组合等操作，可以提取更具预测能力的特征。这可以通过领域知识、特征相关性分析和模型调试等方法来实现。

2. 处理不平衡数据

当数据集中的正负样本不平衡时，逻辑回归模型可能倾向于预测多数类别。为了解决这个问题，可以采用欠采样、过采样或者集成学习等技术来平衡数据集，以提高模型在少数类别上的预测能力。

3. 正则化

逻辑回归模型容易受到过拟合的影响，为了减小模型的复杂度并提高泛化能力，可以采用正则化技术。常见的正则化方法包括 L1 正则化和 L2 正则化，可以通过控制正则化参数来平衡模型的拟合程度和复杂度。

4. 模型集成

通过将多个逻辑回归模型进行集成，可以提高预测性能。常见的模型集成方法包括 Bagging、Boosting 和随机森林等。这些方法可以通过组合多个逻辑回归模型的预测结果，来减少预测误差并提高模型的稳定性。

5. 引入交互项和非线性关系

逻辑回归模型默认为线性模型，但在实际应用中，很多问题存在非线性关系。通过引入交互项、多项式项或者使用基函数变换等技术，可以捕捉到变量之间的非线性关系，提高模型的拟合能力。

6. 考虑样本权重

对于存在样本不平衡或者样本权重差异较大的情况，可以使用样本权重来调整模型的训练过程。给予较少样本更高的权重可以提高对少数类别的关注度，从而改善模型在不平衡数据集上的性能。

7. 模型评估和选择

选择合适的评估指标来评估模型的性能，如准确率、召回率、F1 分数等。同时，可以采用交叉验证、网格搜索等技术来选择最佳的模型参数和超参数。

以上是一些常见的优化和改进方法，可以根据具体问题和数据集的特点选择合适的方法来提高逻辑回归模型的性能和应用范围。

6.5.4　逻辑回归分析在数据挖掘领域的发展趋势

逻辑回归分析在数据挖掘领域一直扮演着重要的角色，随着数据挖掘技术的不断发展，逻辑回归也在不断演进和改进。逻辑回归分析在数据挖掘领域的发展趋势包括以下方面。

1. 大数据处理

随着大数据时代的到来，逻辑回归需要适应处理大规模数据的需求。数据挖掘领域正在发展更高效、可扩展的逻辑回归算法，以应对大数据的挑战，如基于并行计算和分布式处理的算法。

2. 非线性关系建模

逻辑回归模型假设特征之间的关系是线性的，但实际问题中往往存在复杂的非线性关系。因此，发展基于逻辑回归的非线性模型是一个重要的研究方向，如多项式逻辑回归、支持向量机等。这些模型可以更好地捕捉特征之间的非线性关系，提高预测性能。

3. 特征选择与降维

数据挖掘任务中往往包含大量的特征，而不是所有的特征都对预测目标有贡献。因此，发展更加高效和准确的特征选择和降维方法，可以帮助提高逻辑回归模型的性能和解释能力。

4. 模型解释性与可解释性

逻辑回归模型具有很好的解释性，可以通过系数解释各个特征对预测结果的影响。随着对模型解释性的需求增加，研究者们正在探索如何提高逻辑回归模型的可解释性，并将其应用于风险评估、医疗诊断等领域。

5. 模型集成与混合模型

集成学习是一种将多个基础模型进行组合的技术，可以提高逻辑回归模型的预测性能和稳定性。此外，混合模型将逻辑回归与其他机器学习方法结合，形成更加强大的模型。这些方法可以进一步提升逻辑回归模型在数据挖掘领域的应用。

6. 可视化与交互分析

随着数据可视化和交互分析技术的发展，研究者们正在探索如何将逻辑回归的结果以更直观和可交互的方式展示给用户。这可以帮助用户更好地理解和解释逻辑回归模型的结果，提高决策效果。

总之，逻辑回归分析在数据挖掘领域的发展趋势主要包括处理大数据、建立非线性模型、特征选择与降维、提高模型解释性与可解释性、模型集成与混合模型以及可视化与交互分析等方面。这些趋势将推动逻辑回归分析在数据挖掘领域的应用进一步发展和创新。

小　　结

本章主要讲解回归分析有关概念，重点介绍简单线性回归分析、多元回归分析、岭回归分析和逻辑回归分析几种具有代表性的回归分析方法，包括其定义、原理、执行步骤和相关应用等。简单线性回归分析和多元回归分析适用于研究自变量与因变量之间的线性关系，简单线性回归分析只考虑一个自变量，而多元回归分析可以同时考虑多个自变量。岭回归分析用于解决多重共线性问题，提高模型的稳定性和泛化能力。逻辑回归分析实质上是一种分类算法，它用于建立分类模型、预测类别概率。这四种回归分析方法在不同领域和问题中都具有重要的应用价值，并可以相互补充和扩展。

思　考　题

1. 什么是简单线性回归分析和多元回归分析？
2. 逻辑回归分析的原理是什么？
3. 逻辑回归的要点包括哪些？
4. 以下是某公司 A 产品一段时间内的销售数据信息表(见表 6-3)，请应用回归分析的方法研究销售额受哪些因素的影响。

表 6-3　A 产品的销售数据信息表

广告支出(X_1)	3000	4000	5000	6000	7000
产品价格(X_2)	200	300	400	500	600
季节性因素(X_3)	1	2	3	4	5
销售额(Y)	15000	20000	25000	28000	32000

第 **7** 章

决策树分析

　　决策树分析是一种常用的数据挖掘和机器学习算法，目标是通过从数据中学习特征之间的关系来预测目标变量或进行分类，用于解决分类和回归问题。它通过构建一棵树状结构来模拟数据的决策过程，从而实现对未知数据的预测和分类。

7.1 决策树分析的有关概念

ID3 算法是决策树分析中的主要算法之一，是由信息论的概念和原理启发而来的。在决策树分析中，ID3 算法使用信息增益作为特征选择的准则。信息增益衡量了使用某个特征对数据进行划分后所获得的信息量的增加。信息增益越大，表示使用该特征进行划分后，数据的不确定性减少得越多，因此该特征被认为是更好的特征。信息论为决策树分析提供了重要的理论基础，特别是在特征选择和划分节点时，通过信息增益来量化特征的重要性。决策树分析流程根据数据的特点和问题的需求，可以灵活调整特征选择的方法、停止条件以及剪枝策略等，从而构建适合具体问题的决策树模型。

7.1.1 信息论的基本原理

1. 信息论的产生和发展

信息论是运用概率论与数理统计的方法研究信息、信息熵、通信系统、数据传输、密码学、数据压缩等问题的应用数学学科。信息系统就是广义的通信系统，泛指某种信息从一处传送到另一处所需的全部设备所构成的系统。

信息论是 20 世纪 40 年代后期从长期通信实践中总结出来的一门学科，是专门研究信息的有效处理和可靠传输的一般规律的学科。

切略(E.C.Cherry)曾写过一篇早期信息理论史，他从石刻象形文字起，经过中世纪启蒙语言学，直到 16 世纪吉尔伯特(E.N.Gilbert)等人在电报学方面的工作。

20 世纪 20 年代奈奎斯特(H.Nyquist)和哈特莱(L.V.R.Hartley)最早研究了通信系统传输信息的能力，并试图度量系统的信道容量。现代信息论开始出现。

1948 年克劳德·香农(Claude Shannon)发表的论文"通信的数学理论"是世界上首次将通信过程建立数学模型的论文，这篇论文和 1949 年发表的另一篇论文一起奠定了现代信息论的基础。

2. 信息论的概念

由于现代通信技术飞速发展以及和其他学科的交叉渗透，信息论的研究已经从香农当年仅限于通信系统的数学理论的狭义范围扩展开来，成为现在称之为信息科学的庞大体系。

传统的通信系统，如电报、电话、邮递分别是传送电文信息、语声信息和文字信息的；而广播、遥测、遥感和遥控等系统也是传送各种信息的，只是信息类型不同，所以也属于信息系统。有时，信息必须进行双向传送，这类双向信息系统实际上是由两个信息系统构成。例如，电话通信要求双向交谈，遥控系统要求传送控制用信息和反向的测量信息等。

信息论涵盖了以下概念。

(1) 信源：信息的源泉或产生待传送的信息的实体。例如，电话系统中的讲话者，对于电信系统来说还应包括话筒，它输出的电信信号作为携带信息的载体。

(2) 信宿：信息的归宿或接收者。在电话系统中这就是听者和耳机，后者把接收到的电信信号转换成声音，供听者提取所需的信息。

(3) 信道：传送信息的通道。例如，电话通信中包括中继器在内的同轴电缆系统，卫星通信中地球站的收发信机、天线和卫星上的转发器等。

(4) 编码器：在信息论中泛指所有变换信号的设备，实际上就是终端机的发送部分。它包括从信源到信道的所有设备，如量化器、压缩编码器、调制器等，使信源输出的信号转换成适于信道传送的信号。

(5) 译码器：是编码器的逆变换设备，把信道上送来的信号转换成信宿能接收的信号，包括解调器、译码器、数模转换器等。

当信源和信宿已给定，信道也已选定后，决定信息系统性能的关键就在于编码器和译码器。设计一个信息系统时，除了选择信道和设计其附属设施外，主要工作也就是设计编、译码器。一般情况下，信息系统的主要性能指标是有效性和可靠性。有效性就是在系统中传送尽可能多的信息；而可靠性是要求信宿收到的信息尽可能地与信源发出的信息一致，或者说失真尽可能小。最佳编、译码器就是要使系统最有效和最可靠。但是，可靠性和有效性往往是相互矛盾的。从定量意义上说，应使系统在规定的失真或基本无失真的条件下，传送最大的信息率；或者在规定信息率的条件下，失真最小。计算这最大信息率并证明达到或接近这一值的编译码器是存在的，就是信息论的基本任务。只讨论这样问题的理论可称为香农信息论，一般认为信息论的内容应更广泛，即包括提取信息和保证信息安全的理论。后者就是估计理论、检测理论和密码学。

信息论是在概率论基础上形成的，也就是从信源符号和信道噪声的概率特性出发的。这类信息通常称为语法信息。其实，信息系统的基本规律也应包括语义信息和语用信息。语法信息是信源输出符号的构造或其客观特性表现，与信宿的主观要求无关；而语义信息则应考虑各符号的意义，同样一种意义，可用不同语言或文字来表示，各种语言所包含的语法信息可以是不同的。一般来说，语义信息率可小于语法信息率，电报的信息率可低于表达同一含义的语声的信息率就是一个例子。更进一步，信宿或信息的接收者往往只需要对他有用的信息，他听不懂的语言虽然是有意义的，但对他是无用的。所以语用信息率，即对信宿有用的信息率一般又小于语义信息率。倘若只要求信息系统传送语义信息或语用信息，效率显然会更高一些。在目前情况下，关于语法信息，已在概率论的基础上建立了系统化的理论，形成一个学科；而语义信息和语用信息尚不够成熟。因此，关于后者的论述通常称为信息科学或广义信息论，不属于一般信息论的范畴。概括来讲，信息系统的基本规律应包括信息的度量、信源特性和信源编码、信道特性和信道编码、检测理论、估计理论以及密码学。

3. 信息论的研究范围

信息论的研究范围极为广泛。一般把信息论分成以下三种不同类型。

(1) 狭义信息论是一门应用数理统计方法来研究信息处理和信息传递的科学。它是研究在通信和控制系统中普遍存在的信息传递的共同规律，以及如何提高各信息传输系统的有效性和可靠性的一门通信理论。

(2) 一般信息论主要是研究通信问题，但还包括噪声理论、信号滤波与预测、调制与信息处理等问题。

(3) 广义信息论不仅包括狭义信息论和一般信息论的问题，而且还包括所有与信息有关的领域，如心理学、语言学、神经心理学、语义学等。

4. 信息论中的决策树分析

在决策树分析中，我们重点关注的是信息论中先验概率、信息量、先验熵、后验概率、后验熵、条件熵的概念。

(1) 设有先验概率 $P(x_i)$：在事件 X 发生前，猜测结果 x_i 的可能性。

结果 x_i 所含信息量 $I(x_i)$ 有以下公式：

$$I(x_i) = -\log_2 P(x_i)$$

则事件 X 的平均信息量，也称先验熵，其计算公式如下。熵越大，不确定性就越大，正确估计其值的可能性就越小。

$$H(X) = -\sum_{i=1}^{N} P(x_i)\log_2 P(x_i)$$

(2) 设有后验概率 $P(x_i|y_j)$：在辅助条件 y_j 下猜测事件结果为 x_i 的可能性。

则在后验概率的基础下事件 X 的平均信息量，也称后验熵，其计算公式如下：

$$H(X|y_j) = -\sum_{i=1}^{N} P(X_i|y_j)\log_2 P(X_i|y_j)$$

在得知事件 X 的全部可能辅助条件 Y 的情况下，条件熵 $H(X|Y)$ 的计算公式为：

$$H(X|Y) = \sum_{j=1}^{M} P(y_j)\sum_{i=1}^{N} P(x_i|y_j)\log_2 P(x_i|y_j)$$

互信息量 $I(X,Y)$，也称信息增益，是接收端获得的信息量。信息增益的计算公式为：

$$I(X,Y) = H(X) - H(X|Y)$$

基于信息增益的计算公式，就有了决策树分析算法 ID3 算法，进而有 ID3 算法的改进 C4.5 算法。

7.1.2 决策树分析流程

决策树分析的流程一般如下。

1. 数据准备

(1) 收集需要分析的数据，包括特征变量(自变量)和目标变量(因变量)。

(2) 对数据进行预处理，包括处理缺失值、处理异常值、进行特征工程等。

2. 特征选择

(1) 根据特征选择的准则(如信息增益、信息增益比、基尼指数等)，选择最优的特征作为划分节点的依据。

(2) 特征选择准则的选择要根据具体问题和数据集的特点来确定。

3. 数据划分

(1) 将数据集根据划分特征的取值划分成不同的子集。

(2) 对于离散型特征，可以按照特征的取值进行划分；对于连续型特征，可以设置一个阈值进行二分划分。

4. 递归构建子树

(1) 对每个子集递归地调用决策树分析算法，生成子树，并将子树连接到当前节点上。

(2) 在每个子集上继续进行特征选择和数据划分，直到满足停止条件。

5. 停止条件

用户可以设置多种停止条件，具体如下。

(1) 所有样本属于同一类别，无须继续划分。

(2) 特征集为空，无法继续划分。

(3) 达到事先设定的树的深度。

6. 剪枝处理

(1) 在构建完整的决策树后，可以对决策树进行剪枝处理，以防止过拟合。

(2) 剪枝方法包括预剪枝和后剪枝，可以根据模型性能和验证集的表现选择合适的剪枝策略。

7. 模型评估

(1) 使用测试数据集对构建的决策树模型进行评估，计算模型的准确率、精确率、召回率等指标。

(2) 根据评估结果可以调整模型参数或采取其他改进措施。

8. 决策树的可视化

(1) 将构建好的决策树以可视化的形式呈现，方便理解和解释。

(2) 可以使用各种工具和库(如 graphviz、matplotlib 等)来实现决策树的可视化。

需要注意的是，决策树分析中的具体步骤和参数选择可能因算法和实际问题而有所不同。在实际应用中，可以根据具体问题和数据集的特点进行调整和优化。决策树分析的流程提供了一个基本的框架，帮助我们理解决策树模型的建立过程。

7.1.3 决策树分类算法

决策树分类算法构造决策树来发现数据中蕴含的分类规则，如何构造精度高、规模小的决策树是决策树算法的核心内容。决策树构造可以分两步，具体如下。

(1) 决策树的生成：由训练样本集生成决策树的过程。一般情况下，训练样本数据集是根据实际需要有历史的、有一定综合程度的，用于数据分析处理的数据集。

(2) 决策树的剪技：决策树的剪枝是对上一阶段生成的决策树进行检验、校正和修理的过程，主要是用新的样本数据集(称为测试数据集)中的数据校验决策树生成过程中产生的初步规则，将那些影响预测准确性的分枝剪除。

1. 构建决策树模型

当我们构造了一个决策树模型，以它为基础来进行分类将是非常容易的。具体做法是：从根节点开始，对实例的某一特征进行测试，根据测试结果将实例分配到其子节点(也就是选择适当的分支)；沿着该分支可能达到叶子节点或者到达另一个内部节点时，那么就使用新的测试条件递归执行下去，直到抵达一个叶子节点。当到达叶子节点时，我们便得到了最终的分类结果，如图 7-1 所示。

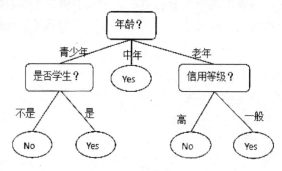

图 7-1　决策树模型

从数据产生决策树的机器学习技术叫作决策树学习，通俗点说就是决策树，是一种依托于分类、训练上的预测树，根据已知预测、归类未来。

决策树学习也是资料探勘中一个普通的方法。在这里，每个决策树都表述了一种树型结构，它由它的分支来对该类型的对象依靠属性进行分类。每个决策树可以依靠对源数据库的分割进行数据测试，这个过程可以递归式对树进行修剪。当不能再进行分割或一个单独的类可以被应用于某一分支时，递归过程就完成了。另外，随机森林分类器将许多决策树结合起来以提升分类的正确率。决策树同时也可以依靠计算条件概率来构造。

决策树分类算法的关键在于特征选择准则，不同的准则会导致不同的决策树生成。常用的特征选择准则包括信息增益(ID3 算法)、信息增益比(C4.5 算法)、基尼指数(CART 算法)等，它们都是衡量特征选择对分类结果贡献程度的指标。

2. 剪枝

剪枝是决策树停止分支的方法之一，剪枝分预先剪枝和后剪枝两种。

(1) 预先剪枝是在树的生长过程中设定一个指标，当达到该指标时就停止生长，这样做容易产生"视界局限"，就是一旦停止分支，使得节点 N 成为叶节点，就断绝了其后继节点进行"好"的分支操作的任何可能性。不严格地说这些已停止的分支会误导学习算法，导致产生的树不纯度降差最大的地方过分靠近根节点。

(2) 后剪枝中树首先要充分生长，直到叶节点都有最小的不纯度值为止，因而可以克服"视界局限"。然后对所有相邻的成对叶节点考虑是否消去它们，如果消去能引起令人满意的不纯度增长，那么执行消去，并令它们的公共父节点成为新的叶节点。这种"合并"叶节点的做法和节点分支的过程恰好相反，经过剪枝后叶节点常常会分布在很宽的层次上，树也会变得非平衡。

后剪枝技术的优点是克服了"视界局限"效应，而且无须保留部分样本用于交叉验证，所以可以充分利用全部训练集的信息。但后剪枝的计算量代价比预剪枝方法大得多，特别是在大样本集中，不过对于小样本集的情况，后剪枝方法还是优于预剪枝方法的。

3. 决策树的优缺点

决策树分类算法是一种启发式算法，核心是在决策树各个节点上应用信息增益等准则来选取特征，进而递归地构造决策树。其优缺点分别体现在以下方面。

1) 优点

(1) 计算复杂度不高，易于理解和解释，可以理解决策树所表达的意义。

(2) 数据预处理阶段比较简单，且可以处理缺失数据。

(3) 能够同时处理数据型和分类型属性，且可对有许多属性的数据集构造决策树。

(4) 是一个白盒模型，给定一个观察模型，则根据所产生的决策树很容易推断出相应的逻辑表达式。

(5) 在相对短的时间内能够对大数据集合做出可行且效果良好的分类结果。

(6) 可以对有许多属性的数据集构造决策树。

2) 缺点

(1) 对于那些各类别样本数目不一致的数据，信息增益的结果偏向于那些具有更多数值的属性。

(2) 对噪声数据较为敏感。

(3) 容易出现过拟合问题。

(4) 忽略了数据集中属性之间的相关性。

(5) 处理缺失数据时较为困难。

7.2 ID3 算法

ID3 算法是一种经典的决策树学习算法，是决策树学习算法中最早的一种方法。ID3 算法通过递归地选择信息增益最大的特征来构建决策树模型。ID3 算法的主要优点是简单易懂，容易实现和解释。它对于小规模数据集和少量特征的问题具有较好的性能，尤其在特征之间具有明显关联性的情况下，ID3 算法能够快速找到最优的划分特征，构建出较为简洁的决策树模型。

7.2.1 ID3 算法介绍

1. ID3 算法的产生

ID3 算法是一种贪心算法，用来构造决策树。ID3 算法起源于概念学习系统(CLS)，以信息熵的下降速度为选取划分特征的标准，即在每个节点选取还尚未被用来划分的具有最高信息增益的特征作为划分标准，然后继续这个过程，直到生成的决策树能完美分类训练样例。

ID3 算法最早是由罗斯昆(J. Ross Quinlan)于 1975 年在悉尼大学提出的一种分类预测算法，算法的核心是"信息熵"。ID3 算法通过计算每个特征的信息增益，认为信息增益高的是好特征，每次划分选取信息增益最高的特征为划分标准，重复这个过程，直至生成一个能完美分类训练样例的决策树。

决策树对数据进行分类，以此达到预测的目的。该决策树方法先根据训练集数据形成决策树，如果该树不能对所有对象给出正确的分类，那么选择一些例外加入训练集数据中，重复该过程一直到形成正确的决策集。决策树代表着决策集的树形结构。

决策树由决策节点、分支和叶子组成。决策树中最上面的节点为根节点，每个分支是一个新的决策节点，或者是树的叶子。每个决策节点代表一个问题或决策，通常对应待分类对象的特征。每一个叶子节点代表一种可能的分类结果。沿决策树从上到下遍历的过程中，在每个节点都会遇到一个测试，对每个节点上问题的不同的测试输出导致不同的分支，最后会到达一个叶子节点，这个过程就是利用决策树进行分类的过程，利用若干个变量来判断所属的类别。

ID3 算法主要针对特征选择问题，是决策树学习方法中最具影响和最为典型的算法。该方法使用信息增益度作为选择划分特征的标准。

当获取信息时，将不确定的内容转为确定的内容，因此信息伴着不确定性。从直觉上讲，小概率事件比大概率事件包含的信息量大。如果某件事情是"百年一见"则肯定比"习以为常"的事件包含的信息量大。

2. ID3 算法的内容

香农 1948 年提出的信息论理论。事件 a_i 的信息量 $I(a_i)$，可如下度量：

$$I(a_i) = p(a_i)\log_2\frac{1}{p(a_i)}$$

其中 $p(a_i)$ 表示事件 a_i 发生的概率。假设有 n 个互不相容的事件 $a_1, a_2, a_3, \cdots, a_n$，它们中有且仅有一个发生，则其平均的信息量可如下度量：

$$I(a_1, a_2, \cdots, a_n) = \sum_{i=1}^{n} I(a_i) = \sum_{i=1}^{n} p(a_i)\log_2\frac{1}{p(a_i)}$$

上式，对数底数可以为任何数，不同的取值对应了熵的不同单位。通常取 2，并规定当 $p(a_i)=0$ 时 $I(a_i) = p(a_i)\log_2\frac{1}{p(a_i)} = 0$。

在决策树分类中，假设 S 是训练样本集合，$|S|$ 是训练样本数，样本划分为 n 个不同的类 $C_1, C_2, \cdots, C_n$，这些类的大小分别标记为 $|C_1|, |C_2|, \cdots, |C_n|$。则任意样本 S 属于类 C_i 的概率为：

$$p(S_i) = \frac{|C_i|}{|S|}$$

$$\text{Entropy}(S,A) = \sum_{v \in \text{Value}(A)} \frac{|S_v|}{|S|}\text{Entropy}(S_v)$$

$\sum$ 是属性 A 的所有可能的值 v，S_v 是属性 A 有 v 值的 S 子集，$|S_v|$ 是 S_v 中元素的个数；$|S|$ 是 S 中元素的个数。

$\text{Gain}(S,A)$ 是属性 A 在集合 S 上的信息增益，计算公式为：

$$\text{Gain}(S,A) = \text{Entropy}(S) - \text{Entropy}(S,A)$$

$\text{Gain}(S,A)$ 越大，说明选择测试属性对分类提供的信息越多。

3. ID3 算法的流程

ID3 算法的基本流程如下。

(1) 输入：训练数据集 D 和特征集 A。

(2) 若 D 中所有实例属于同一类别 C，则创建一个叶节点，并将 C 作为该节点的类别标记，返回该节点。

(3) 若特征集 A 为空集，将 D 中实例数最多的类别作为该节点的类别标记，创建一个叶节点并返回。

(4) 根据特征选择准则(如信息增益或信息增益比),选择最优的特征 Ag。

(5) 根据特征 Ag 的取值将 D 划分成若干个子集 Di,每个子集对应 Ag 的一个取值。

(6) 对于每个子集 Di,递归地调用 ID3 算法,生成子树,并将子树连接到当前节点 Ag 上。

(7) 返回生成的决策树。

ID3 算法的关键步骤是特征选择,它使用信息增益(或信息增益比)来评估特征的重要性,选择信息增益(或信息增益比)最大的特征作为当前节点的划分特征。信息增益是指在特征条件下,集合的不确定性减少的程度,而信息增益比则对特征的取值数目进行了惩罚,以避免选择取值数目较多的特征。特征选择准则的不同可能会导致生成的决策树不同,但 ID3 算法基本的流程保持不变。

要注意,ID3 算法对于处理连续型变量和处理缺失值比较困难,通常需要进行数据预处理或使用其他算法进行转换。此外,ID3 算法容易产生过拟合问题,因此可以使用剪枝技术(如预先剪枝或后剪枝)来避免过拟合并提高决策树的泛化能力。

7.2.2　ID3 算法的实例分析

本小节通过一个实例讲解 ID3 算法的应用。

假设有一个数据集包含了一些关于房屋特征和对应房屋类型的数据。我们的目标是通过 ID3 算法构建一个决策树模型,来预测新房屋是否会被购买。关于房屋的数据集如表 7-1 所示。

表 7-1　房屋的数据集

房屋面积(m^2)	房间数	是否有花园	是否购买
100	2	否	否
120	3	是	是
80	1	否	否
150	4	是	是
200	5	否	否

我们按照 ID3 算法的流程进行如下操作。

1. 计算数据集的熵

我们需要计算数据集中购买和不购买的样本比例。在这个示例中,购买的样本(是)有 2 个,不购买的样本(否)有 3 个。因此,购买的概率为 2/5,不购买的概率为 3/5。根据熵的公式,我们可以计算数据集的熵:

$$\text{Entropy(D)} = -\left(\frac{2}{5}\right)\log_2\left(\frac{2}{5}\right) - \left(\frac{3}{5}\right)\log_2\left(\frac{3}{5}\right) \approx 0.971$$

2. 对于每个特征,计算信息增益

1) 计算房屋面积的信息增益

首先,我们根据房屋面积将数据集划分为两个子集:小于等于 $100m^2$ 和大于 $100m^2$。

(1) 小于等于 100 m² 的子集包含了 2 个不购买的样本。根据这个子集的购买和不购买样本的比例，计算熵：

$$\text{Entropy}(D_1) = -\left(\frac{2}{2}\right)\log_2\left(\frac{2}{2}\right) - \left(\frac{0}{2}\right)\log_2\left(\frac{0}{2}\right) = 0$$

(2) 大于 100 m² 的子集包含了 1 个不购买的样本和 2 个购买的样本。根据这个子集的购买和不购买样本的比例，计算熵：

$$\text{Entropy}(D_2) = -\left(\frac{1}{3}\right)\log_2\left(\frac{1}{3}\right) - \left(\frac{2}{3}\right)\log_2\left(\frac{2}{3}\right) \approx 0.918$$

然后，计算使用房屋面积划分后的信息增益：

$$\text{Gain}(D，房屋面积) = \text{Entropy}(D) - \left(\frac{2}{5}\right)\text{Entropy}(D_1) - \left(\frac{3}{5}\right)\text{Entropy}(D_2) \approx 0.420$$

2) 计算房间数的信息增益

我们先根据房间数将数据集划分为两个子集：小于等于 2 间房和大于 2 间房。

(1) 小于等于 2 间房的子集包含了 2 个不购买的样本。根据这个子集的购买和不购买样本的比例，计算熵：

$$\text{Entropy}(D_3) = -\left(\frac{2}{2}\right)\log_2\left(\frac{2}{2}\right) - \left(\frac{0}{2}\right)\log_2\left(\frac{0}{2}\right) = 0$$

(2) 大于 2 间房的子集包含了 1 个不购买和 2 个购买的样本。根据这个子集的购买和不购买样本的比例，计算熵：

$$\text{Entropy}(D_4) = -\left(\frac{1}{3}\right)\log_2\left(\frac{1}{3}\right) - \left(\frac{2}{3}\right)\log_2\left(\frac{2}{3}\right) \approx 0.918$$

然后，计算使用房间数划分后的信息增益：

$$\text{Gain}(D，房间数) = \text{Entropy}(D) - \left(\frac{2}{5}\right)\text{Entropy}(D_3) - \left(\frac{3}{5}\right)\text{Entropy}(D_4) \approx 0.420$$

3) 计算是否有花园的信息增益

我们先根据是否有花园将数据集划分为两个子集：有花园和无花园。

(1) 有花园的子集包含了 2 个购买的样本。根据这个子集的购买和不购买样本的比例，计算熵：

$$\text{Entropy}(D_5) = -\left(\frac{2}{2}\right)\log_2\left(\frac{2}{2}\right) - \left(\frac{0}{2}\right)\log_2\left(\frac{0}{2}\right) = 0$$

(2) 无花园的子集包含了 3 个不购买的样本。根据这个子集的购买和不购买样本的比例，计算熵：

$$\text{Entropy}(D_6) = -\left(\frac{3}{3}\right)\log_2\left(\frac{3}{3}\right) - \left(\frac{0}{3}\right)\log_2\left(\frac{0}{3}\right) = 0$$

然后，计算使用是否有花园划分后的信息增益：

$$\text{Gain}(D，是否有花园) = \text{Entropy}(D) - \left(\frac{3}{5}\right)\text{Entropy}(D_5) - \left(\frac{2}{5}\right)\text{Entropy}(D_6) = 0.971$$

综上所述，房屋面积和房间数的信息增益最小，而是否有花园的信息增益最大。因此，我们选择是否有花园作为根节点来构建决策树模型。

现在，我们将数据集根据是否有花园划分为两个子集：有花园和无花园。

对于有花园的子集如表 7-2 所示。

表 7-2 有花园的子集

房屋面积（m²）	房间数	是否有花园	是否购买
120	3	是	是
150	4	是	是

对于无花园的子集如表 7-3 所示。

表 7-3 无花园的子集

房屋面积（m²）	房间数	是否有花园	是否购买
100	2	否	否
80	1	否	否
200	5	否	否

现在，我们对每个子集应用相同的 ID3 算法流程，继续构建决策树模型。

◎ 对于有花园的子集，我们计算信息增益以选择下一个划分特征。

计算该子集的熵：样本中购买的样本有 2 个，不购买的样本有 0 个，因此熵为 0。

由于该子集中只有一个特征房间数，无法继续划分，所以我们将该子集标记为叶节点，并将该节点的预测值设置为"是"。

◎ 对于无花园的子集，我们计算信息增益以选择下一个划分特征。

计算该子集的熵：样本中购买的样本有 0 个，不购买的样本有 3 个，因此熵为 0。

由于该子集中只有一个特征房间数，无法继续划分，所以我们将该子集标记为叶节点，并将该节点的预测值设置为"否"。

最终得到的决策树模型如图 7-2 所示。

图 7-2 得出的决策树模型

通过上述步骤，我们完成了决策树模型的构建。现在我们可以使用这个模型来预测新的房屋是否会被购买。根据房屋的特征，我们根据决策树模型的分支进行判断，最终给出预测结果。

以上就是 ID3 算法的实例分析过程，通过计算信息增益来选择最优的特征进行划分，逐步构建决策树模型。在实际应用中，可以根据不同的数据集和问题选择合适的特征和算法进行决策树分析。

本小节所讲的是一个简单的示例，实际应用中可能会包含更多的特征和样本，需要进行更复杂的计算和划分。决策树分析是一种强大且被广泛应用的机器学习算法，在数据挖掘和预测分析等领域具有重要作用。

7.2.3　ID3 算法的特点及应用

1. ID3 算法的特点

ID3 算法是一种经典的决策树学习算法，总体来说，它具备以下特点。

1）　基于信息增益

ID3 算法使用信息增益来选择最佳的特征进行节点划分。信息增益是根据特征划分前后数据集的纯度变化来衡量特征的重要性。ID3 算法选择信息增益最大的特征作为当前节点的划分依据。

2）　递归分割

ID3 算法通过递归地分区数据集来构建决策树。每次选择信息增益最大的特征进行节点划分，并将数据集划分成更小的子集，直到达到终止条件(如所有样本属于同一类别或没有更多特征可用)。

3）　多叉树结构

ID3 算法构建的决策树是一颗多叉树，每个节点表示一个特征，每个分支代表该特征的一个取值，叶节点表示一个类别或决策结果。

4）　对缺失值敏感

ID3 算法对缺失值比较敏感，当训练数据中存在缺失值时，可能会影响特征选择和决策树的构建过程。

5）　处理离散特征

ID3 算法适用于处理离散特征，对于连续型特征需要进行离散化处理。

6）　容易过拟合

ID3 算法在构建决策树时倾向于选择具有更多取值的特征，这可能导致过拟合问题。过拟合可以通过剪枝等方法来缓解。

2. ID3 算法的应用

ID3 算法在许多领域都有广泛的应用，主要包括以下方面。

1）　分类问题

ID3 算法通过构建决策树来解决分类问题。它根据给定的特征进行数据划分，并将样本分到不同的类别中。这使得 ID3 算法在许多领域中用于完成分类任务，如垃圾邮件过滤、疾病诊断、客户分群等。

2）　特征选择

ID3 算法使用信息增益来选择最佳的特征进行节点划分。信息增益衡量了划分前后数据集纯度的变化，因此 ID3 算法可以帮助确定数据中最重要的特征。特征选择在特征工程中非常重要，它可以减少冗余特征、提高模型性能和解释性。

3）　数据挖掘

ID3 算法可用于发现数据中的模式和规律。通过构建决策树，ID3 算法可以揭示数据的内在结构和关联。这对于数据挖掘任务如关联规则挖掘、异常检测、聚类等具有重要意义。

4）　决策支持系统

决策支持系统是一种帮助决策者进行决策的系统，ID3 算法可以应用于该领域中。通过構建決策樹，ID3 算法可以根據不同的特徵判斷和預測各種決策結果，從而提供決策支持。

尽管 ID3 算法在這些領域中有廣泛應用，但它也存在一些限制，如對連續型數據處理不方便、容易過擬合等。為了改進這些問題，後續的決策樹算法如 C4.5 和 CART 進行了擴展和改進，使得決策樹算法更加強大和靈活，適用於更多的應用場景。

7.3 C4.5 算法

C4.5 算法在 ID3 算法的基礎上引入了一些改進，以提高決策樹模型的性能和泛化能力，也是一種經典的決策樹學習算法。C4.5 算法在實際應用中表現出色，具有較好的性能和泛化能力。它克服了 ID3 算法的一些局限性，尤其是在處理連續型特徵和過擬合問題上有了顯著改進。C4.5 算法對於中等規模的數據集和中等複雜度的分類問題適用，特別是在特徵之間關聯性較弱的情況下，C4.5 算法能夠生成較為穩健的決策樹模型。

7.3.1 C4.5 算法介紹

1. C4.5 算法的產生

C4.5 算法是一系列用在機器學習和數據挖掘的分類問題中的算法。它屬於監督學習：給定一個數據集，其中的每一個元組都能用一組特徵值來描述，每一個元組屬於一個互斥的類別中的某一類。C4.5 算法的目標是通過學習，找到一個從特徵值到類別的映射關係，並且這個映射能用於對新的類別未知的實體進行分類。

C4.5 算法是由 J.Ross Quinlan 在 ID3 算法的基礎上提出的。

2. C4.5 算法的優缺點

C4.5 算法繼承了 ID3 算法的優點，並在以下幾方面對 ID3 算法進行了改進。

(1) 信息增益率：C4.5 算法使用信息增益率(gain ratio)來選擇劃分特徵，克服了 ID3 算法在選擇劃分特徵時對取值較多的特徵有所偏好的問題。信息增益率考慮了特徵取值的數量對信息增益的影響，從而更公平地選擇特徵進行節點劃分。

(2) 剪枝：C4.5 算法在樹的構造過程中引入了剪枝策略，通過後剪枝(pruning)來修剪決策樹，避免過擬合。剪枝可以去除對訓練數據過度擬合的分支，提高模型的泛化能力。

(3) 連續特徵的離散化處理：C4.5 算法能夠對連續特徵進行離散化處理，而不需要事先對其進行離散化。它使用二分法將連續特徵轉化為二元判斷問題，使得決策樹能夠更好地處理連續型數據。

(4) 不完整數據集的處理：C4.5 算法能夠處理不完整的數據集，對缺失值進行合理處理。它通過考慮帶有缺失值的特徵對決策樹的影響，並使用加權計算方法來處理缺失值。

然而，C4.5 算法也有一些缺點。首先，在構造樹的過程中，C4.5 算法需要對數據集進行多次的順序掃描和排序，因此算法效率較低。其次，C4.5 算法適用於能夠完全駐留於內存的數據集，當訓練集過大而無法一次性加載到內存中時，算法無法進行運算。

尽管存在這些缺點，C4.5 算法的改進使得決策樹算法在特徵選擇、剪枝和處理連續型特徵等方面更加全面和強大。

3. C4.5 算法的具体步骤

C4.5 算法的具体步骤如下。

(1) 创建节点 N。

(2) 如果训练集为空,在返回节点 N 标记为 Failure。

(3) 如果训练集中的所有记录都属于同一个类别,则以该类别标记节点 N。

(4) 如果候选特征为空,则返回 N 作为叶节点,标记为训练集中最普通的类。

(5) 对每个候选特征,如果候选特征是连续的,那么对该特征进行离散化。

(6) 选择候选特征中具有最高信息增益率的特征 D。

(7) 标记节点 N 为特征 D。

(8) 对每个特征 D 的一致值 d,由节点 N 长出一个条件为 D=d 的分支。

(9) 设 s 是训练集中 D=d 的训练样本的集合,如果 s 为空,加上一个树叶,标记为训练集中最普通的类。

(10) 如果 s 不为空,加上一个有 C4.5(R - {D},C,s)返回的点。

4. C4.5 算法的伪代码

C4.5 算法的伪代码如下。

```
函数 C4.5(Data, Attributes):
    创建一个新的决策树节点 Node

    如果 Data 中的样本都属于同一类别:
        将 Node 标记为叶节点,类别为该类别
        返回 Node

    如果 Attributes 为空:
        将 Node 标记为叶节点,类别为数据集中实例数最多的类别
        返回 Node

    选择最佳的划分特征 BestAttribute,使用信息增益率或其他指标评估特征的重要性

    将 Node 的划分特征设置为 BestAttribute

    对于 BestAttribute 的每个取值 Value:
        创建一个新的子节点 ChildNode
        将子节点 ChildNode 添加到 Node 的子节点列表中

        将 Data 中符合 BestAttribute = Value 的样本划分到 ChildNode 的数据集中

        如果 ChildNode 的数据集为空:
            将 ChildNode 标记为叶节点,类别为数据集中实例数最多的类别
        否则:
            递归调用 C4.5(Data, Attributes - {BestAttribute}),将 ChildNode 和
新的特征集作为参数

    返回 Node
```

C4.5 算法是一种递归的决策树构建算法。它通过选择信息增益率最高的特征进行节点

划分，并根据划分结果构建决策树。

在每个节点上，算法首先检查数据集中的实例是否属于同一类别，如果是，则创建叶节点并返回该类别。如果特征集为空，则创建叶节点并返回数据集中实例数最多的类别。

否则，算法计算特征集中每个特征的信息增益率，并选择信息增益率最高的特征作为当前节点的划分特征。然后，根据当前节点的划分特征将数据集分割成不同的子集。

对于每个子集，如果子集为空，将创建一个叶节点，并将数据集中实例数最多的类别作为叶节点的类别。否则，递归调用 C4.5 算法，传入子集和剩余的特征集，将返回的子节点添加为当前节点的子节点。

最终，算法返回构建好的决策树的根节点，该决策树可以用于对新的、类别未知的实例进行分类。

7.3.2 C4.5 算法的特点及应用

1. C4.5 算法的特点

C4.5 算法具有以下几个特点。

1) 支持连续型特征

相较于 ID3 算法，C4.5 算法能够处理连续型特征。它通过对连续型特征进行离散化处理，将其转化为离散的特征值，从而能够在决策树中进行划分。

2) 使用信息增益率进行特征选择

C4.5 算法改进了 ID3 算法中的特征选择方法。它引入了信息增益率这一指标，用于解决 ID3 算法在选择划分特征时对取值多的特征值有所偏好的问题。信息增益率考虑了特征取值的多样性，使得特征选择更加公平和全面。

3) 剪枝处理

C4.5 算法在决策树构建的过程中引入了剪枝操作。它通过在决策树构建完毕后进行自底向上的剪枝，去除过于复杂或不必要的分支，从而减少过拟合的风险，提高模型的泛化能力。

4) 处理缺失数据

C4.5 算法能够有效地处理缺失数据。在划分数据集时，它可以将缺失值的样本同时划入不同的子集，利用可用的信息进行分类。并且在计算信息增益时，它会考虑缺失值对于特征选择的影响。

5) 面向实例的学习

C4.5 算法是一种面向实例的学习方法。它将每个训练样本视为一个独立的实例，而不仅仅是考虑样本的统计分布。这使得 C4.5 算法更适用于处理复杂的、真实世界的数据集。

总体来说，C4.5 算法在 ID3 算法的基础上进行了改进和扩展，使得决策树算法更加强大和灵活。它支持连续型特征、使用信息增益率进行特征选择、进行剪枝处理、处理缺失数据，并采用面向实例的学习方法。这些特点使得 C4.5 算法在机器学习和数据挖掘领域得到广泛的应用。

2. C4.5 算法的应用

C4.5 算法在机器学习和数据挖掘领域有广泛的应用，主要包括以下方面。

1)　分类问题

C4.5 算法可用于解决分类问题，它能够根据给定的特征进行划分，并预测新样本的类别。因此，C4.5 算法在许多领域中被用于构建分类模型，如医学诊断、客户分类、垃圾邮件过滤等。

2)　特征选择

C4.5 算法通过计算信息增益率来选择最具有区分性的特征。它能够帮助确定数据中最重要的特征，从而减少特征空间的维度，简化模型，提高分类的准确性和效率。

3)　数据挖掘

C4.5 算法可用于发现数据中的模式和规律。它能够自动构建决策树模型，帮助揭示数据的内在结构和关联，从而发现隐藏在数据中的有用信息和知识。

4)　决策支持系统

C4.5 算法可以应用于决策支持系统中，它能够根据不同的特征判断和预测各种决策结果，为决策过程提供指导和支持。因此，C4.5 算法在企业决策、风险评估、市场预测等领域具有应用潜力。

总的来说，C4.5 算法具有强大的特征选择能力和灵活的决策树构建过程，它成为一种常用且有效的机器学习算法之一。

7.4　CART 算法

CART(classification and regression tree)算法是决策树算法的一种，它可以用于解决分类和回归问题。CART 算法由 Breiman(布雷曼)等人于 1984 年提出，它是对 ID3 算法的改进和扩展。

7.4.1　CART 算法的原理与特点

1. CART 算法的原理

CART 算法的原理可以用以下几个步骤来概括。

(1) 划分选择：CART 算法通过选择最优的划分特征和划分点来构建决策树。划分的目标是使得每个子节点中的样本尽可能属于同一类别(对于分类问题)或具有相似的回归值(对于回归问题)。

(2) 递归划分：从根节点开始，递归地将数据集划分为不同的子集，每次选择一个划分特征和划分点。根据划分特征的特征值将数据集划分为两个子集，分别分配给左子节点和右子节点。

(3) 停止条件：递归划分的过程会继续，直到满足停止条件。常见的停止条件包括树达到最大深度、子集中的样本数小于阈值、节点中的样本属于同一类别(对于分类问题)或具有相似的回归值(对于回归问题)。

(4) 叶节点处理：当满足停止条件时，将该节点标记为叶节点，并赋予相应的类别标签(对于分类问题)或回归值(对于回归问题)。

(5) 剪枝处理：在决策树构建完毕后，可以进行剪枝操作以减少过拟合风险。剪枝过程通过考察每个非叶节点的剪枝前后的预测误差差异，选择最优的剪枝方式，去除一些过于复杂或不必要的分支。

(6) 预测：使用构建好的决策树模型对新的样本进行分类(对于分类问题)或回归预测(对于回归问题)。从根节点开始，根据样本的特征值逐步向下遍历决策树，直到达到叶节点，然后根据叶节点的类别标签或回归值进行预测。

CART 算法使用基尼指数(gini index)作为特征选择的标准，通过最小化基尼指数来选择最优的划分特征。基尼指数衡量了在当前节点划分下的样本集合的不纯度，选择基尼指数最小的划分方式可以使得划分后的子集更加纯净。

计算基尼指数的公式如下：

$$\text{Gini}(D) = 1 - \sum_{i=1}^{k} p_k^{\,2}$$

其中，$\text{Gini}(D)$ 表示数据集 D 的基尼指数，p_k 表示数据集 D 中包含类别 k 样本的概率。

若给定样本 D，如果根据特征 A 的某个值 a，把 D 分为 D_1 和 D_2 两个部分，则在特征条件 A 下，D 的基尼指数表达式为：

$$\text{Gini}_A(D) = \frac{D_1}{D} \text{Gini}(D_1) + \frac{D_2}{D} \text{Gini}(D_2)$$

总的来说，CART 算法通过递归划分和选择最优划分特征来构建决策树，并通过剪枝处理来提高模型的泛化能力。它适用于分类和回归问题，并具有较好的解释性和可解释性。

2. CART 算法的特点

1) CART 算法的优点

(1) 简单直观：CART 算法易于理解和实现。它使用基于特征的简单条件分割来构建决策树，使得生成的模型易于解释和解读。这使得 CART 算法成为一种常用的决策树算法。

(2) 高效性能：CART 算法在构建决策树时采用自顶向下的贪婪分割策略，每次选择最佳的特征和分割点进行分割。这种策略使得算法具有较高的计算效率和速度，适用于处理大规模数据集。

(3) 处理连续型和离散型特征：CART 算法可以处理既包含连续型特征又包含离散型特征的数据。它通过选择适当的分割点将连续型特征转化为离散型，从而能够灵活地处理不同类型的特征。

(4) 对异常值和噪声具有鲁棒性：CART 算法对异常值和噪声数据相对鲁棒，能够在数据中存在一定程度的噪声或异常值的情况下生成较为稳健的决策树模型。

(5) 可解释性强：由于 CART 算法生成的决策树具有清晰的分支和条件判断，因此模型的结果易于解释和理解。决策树可以用于推理和推断过程，帮助了解特征的重要性和模型的决策过程。

2) CART 算法的缺陷

CART 算法的缺陷主要包括以下几点。

(1) 倾向于生成复杂的决策树：CART 算法在构建决策树时倾向于选择更多的特征和分割点，导致生成复杂的模型。这可能会导致过拟合问题，对训练数据拟合得很好，但泛化能力较差。

(2) 不稳定性：CART 算法对输入数据的小变化或噪声非常敏感，即使数据稍微有所改变，生成的决策树结构也可能完全不同。这种不稳定性可能会导致模型的不一致性和不可靠性。

(3) 二叉决策树限制：CART 算法只能生成二叉决策树，即每个内部节点只能有两个分支。这可能限制了模型的表达能力，无法很好地处理具有多个类别或多个输出变量的问题。

(4) 对缺失数据的处理困难：CART 算法对于包含缺失数据的样本处理起来比较困难。通常需要进行额外的处理，如删除带有缺失值的样本或使用插补方法，这可能导致信息丢失或引入偏差。

(5) 特征选择偏向：CART 算法使用基尼指数或信息增益等指标来选择最佳的特征和分割点。然而，这些指标在某些情况下可能会偏向选择具有更多取值或更高度分散的特征，而忽略其他潜在有用的特征。

7.4.2 CART 算法的应用

假设我们有一个数据集如表 7-4 所示，其中包含样本特征：是否有房、婚姻状况和年收入，其中有房情况和婚姻状况是离散型取值，而年收入是连续型取值，是否贷款属于分类的结果。

表 7-4 数据集特征表

序 号	是否有房	婚姻状况	年收入	是否贷款
1	是	单身	125k	否
2	否	已婚	100k	否
3	否	单身	70k	否
4	是	已婚	120k	否
5	否	离婚	95k	是
6	否	已婚	60k	否
7	是	离婚	220k	否
8	否	单身	85k	是
9	否	已婚	75k	否
10	否	单身	90k	是

(1) 对于是否有房这个特征，它是一个二分类离散数据，其基尼指数如表 7-5 所示。

表 7-5 是否有房的基尼指数

		是否有房	
		是	否
是否贷款	是	0	3
	否	3	4

$$\text{Gini}(是否有房) = \frac{3}{10}\text{Gini}(有房) + \frac{7}{10}\text{Gini}(无房)$$

$$= \frac{3}{10}\left(1 - \left(\left(\frac{3}{3}\right)^2 + \left(\frac{0}{3}\right)^2\right)\right) + \frac{7}{10}\left(1 - \left(\left(\frac{4}{7}\right)^2 + \left(\frac{3}{7}\right)^2\right)\right)$$

$$\approx 0.343$$

(2) 对于婚姻状况这个有 3 个取值的离散型特征，它有 3 种分类情况，计算每一种分类情况的基尼指数如表 7-6～表 7-8 所示。

表 7-6　第 1 种分类情况

		单身或已婚	离婚
是否贷款	否	6	1
	是	2	1

$$\text{Gini}(1) = \frac{2}{10}\text{Gini}(离婚) + \frac{8}{10}\text{Gini}(单身或已婚)$$
$$= \frac{2}{10}\left(1 - \left(\left(\frac{1}{2}\right)^2 + \left(\frac{1}{2}\right)^2\right)\right) + \frac{8}{10}\left(1 - \left(\left(\frac{6}{8}\right)^2 + \left(\frac{2}{8}\right)^2\right)\right)$$
$$= 0.4$$

表 7-7　第 2 种分类情况

		单身或离婚	已婚
是否贷款	否	3	4
	是	3	0

$$\text{Gini}(2) = \frac{4}{10}\text{Gini}(已婚) + \frac{6}{10}\text{Gini}(单身或离婚)$$
$$= \frac{4}{10}\left(1 - \left(\left(\frac{4}{4}\right)^2 + \left(\frac{0}{4}\right)^2\right)\right) + \frac{6}{10}\left(1 - \left(\left(\frac{3}{6}\right)^2 + \left(\frac{3}{6}\right)^2\right)\right)$$
$$= 0.3$$

表 7-8　第 3 种分类情况

		已婚或离婚	单身
是否贷款	否	5	2
	是	1	2

$$\text{Gini}(3) = \frac{4}{10}\text{Gini}(单身) + \frac{6}{10}\text{Gini}(已婚或离婚)$$
$$= \frac{4}{10}\left(1 - \left(\left(\frac{2}{4}\right)^2 + \left(\frac{2}{4}\right)^2\right)\right) + \frac{6}{10}\left(1 - \left(\left(\frac{5}{6}\right)^2 + \left(\frac{1}{6}\right)^2\right)\right)$$
$$\approx 0.367$$

(3) 对于收入这个连续型数据，首先转换为离散型然后再计算，具体如表 7-9 所示。

表 7-9　年收入基尼指数计算结果

	60		70		75		85		90		95		100		120		125		220
		65		72		80		87		92		97		110		122		172	
	≤	>	≤	>	≤	>	≤	>	≤	>	≤	>	≤	>	≤	>	≤	>
是	0	3	0	3	0	3	1	2	2	1	3	0	3	0	3	0	3	0
否	1	6	2	5	3	4	3	4	3	4	3	4	4	3	5	2	6	1
Gini	0.400		0.375		0.343		0.417		0.400		0.300		0.343		0.375		0.400	

通过计算我们得出当以 97 作为分类点时其基尼指数最小，因此选择 97 作为此时该特征的二元分类点。此时通过比较，我们可以发现已婚作为婚姻状况的分类点和 97 作为收入的分类点的基尼指数一样，所以我们随便选择其中之一作为最有特征的最优特征值。选择的点不一样，构造出来的决策树也不一样。在选择一个点后，将数据分为了 D_1 和 D_2 两个部分，对这两个部分用上面的方法计算其基尼指数。

我们选择婚姻状况作为最优特征得到的决策树如图 7-3 所示。

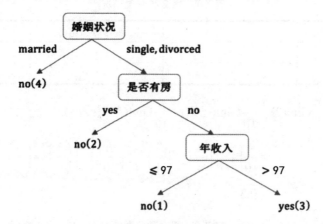

图 7-3　以婚姻状况为最优特征得到的决策树

这只是一个简单的示例，实际中的数据集和决策树可能更加复杂。CART 算法能够根据特征的重要性和数据的分布构建出适应性较好的决策树模型，用于分类和回归问题。

小　　结

决策树分析方法是常用的风险分析决策方法，它是一个利用像树一样的图形或决策模型的决策支持工具。决策树分析方法的基本原理是根据问题的关键特征进行分支，并根据不同特征的可能取值预测各种结果。在构建决策树时，决策者需要定义问题的目标、可选的特征和可能的结果，然后通过分析各种特征之间的关系，逐步构建树状结构。每个分支代表一个决策点，而叶子节点则表示最终的结果或决策。本章重点讲解了决策树分析的有关概念，以及 ID3 算法、C4.5 算法和 CART 算法的原理和实际应用，通过本章的学习，读者可以基本掌握决策树分析方法的有关重要算法和具体应用。

思 考 题

1. 简述决策树分析的步骤。
2. 什么是 ID3 算法? ID3 算法是如何实现的?
3. ID3 算法具有哪些特点?
4. 简述 C4.5 算法的执行步骤。
5. CART 算法中,如何选取最优的划分特征? 如何计算基尼指数?

第 **8** 章

SPSS 数据挖掘基础

SPSS(statistical product and service solutions)是全球最早的统计分析软件之一，其功能强大，包括统计学分析运算、数据挖掘和预测分析等。它在自然科学、技术科学和社会科学等领域应用广泛，受到研究人员和数据分析师的青睐。

SPSS 的用户界面相对友好，提供了各种菜单和工具栏，使用户能够方便地进行数据分析。在使用 SPSS 进行数据挖掘之前，首先需要了解一些基本操作，如数据录入方法，数据变量的属性定义，插入或删除变量、个案，数据排序，数据合并，拆分数据文件，计算产生变量，对个案内值计数，重新编码等。

8.1 SPSS 的发展

1968 年，SPSS 的前身是由两位斯坦福大学教授 Nathaniel L. Hart 和 Norman H. Nie 以及他们的学生开发的一款统计软件包，最初名为"社会科学统计软件包"(statistical package for the social sciences)。

1970 年，SPSS 软件发布了第一个商业版本，面向社会科学研究人员提供了数据分析和统计建模的工具。此后，SPSS 逐渐成为社会科学领域最受欢迎的统计软件之一。

1984 年，SPSS 公司在美国成立，开始专注于 SPSS 软件的开发和销售。

1992 年，SPSS 推出了图形用户界面(GUI)版本，使用户能够通过直观的图形界面进行操作，进一步提高了软件的易用性。

1994—1998 年，SPSS 公司陆续收购了 SYSTAT 公司、BMDO 软件公司、Quantime 公司、ISL 公司等，并将各公司的主打产品纳入旗下，从而使 SPSS 公司由原来单一开发统计软件转向为企业、教育科研提供统计产品和决策支持服务。

2000 年，SPSS 11.0 发布，随着 SPSS 产品服务领域的扩大和服务深度的增加，SPSS 公司将英文全称改为 Statistical Product and Service Solutions，即统计产品和服务解决方案，标志着 SPSS 的战略方向做出了重大调整。

2006 年，SPSS 15.0.1 发布。

2008 年，SPSS 16.0 和 SPSS Statistics 17.0.1 发布。从 SPSS 16.0 起推出 Linux 版本。

2009 年，IBM 收购了 SPSS 公司，将 SPSS 软件整合到 IBM 的商业智能和数据分析解决方案中，以增强其在统计和预测分析领域的竞争力。

2010 年，PASW Statistics 18.0.2、IBM SPSS Statistics 18.0.3、IBM SPSS Statistics 19.0 发布。

2011 年，IBM SPSS Statistics 20.0 发布。

2012 年，IBM SPSS Statistics 21.0 发布。

2013 年，IBM 公司发布了最新版本 IBM SPSS Statistics 22.0，支持 Windows 8、Mac OS X、Linux、UNIX，提供 Mac、Windows、Linux 及 UNIX 四种平台产品版本下载。

随着时间的推移，SPSS 不断发展和更新，增加了许多功能和分析方法，包括数据挖掘、机器学习、文本分析等。它成为全球范围内广泛应用的统计软件，涉及的领域不仅限于社会科学，还包括自然科学、医学、市场调研等多个领域。

8.2 SPSS 应用入门

SPSS 软件在 Windows 操作系统上提供全面的支持，并且具有友好的用户界面，使其易于学习和使用。

1. SPSS 的启动

(1) 安装后双击桌面上的 SPSS Statistics 22.0 图标即可，或者在"程序"中找到 IBM SPSS Statistics 文件夹，单击 IBM SPSS Statistics 22 命令。启动后程序界面如图 8-1 所示。

图 8-1　SPSS 启动界面

(2)　接着进入启动选项界面，启动选项界面的模块包括五项内容。

①　新建文件(new files)：创建新文件。

②　最近的文件(recent files)：打开近期打开过的文件。

③　新增功能(what's new)：介绍本版本的新功能。

④　模块和可编程性(modules and programmability)：链接 IBM SPSS 的其余模块和程序。

⑤　教程(tutorials)：运行教程，对 SPSS 操作进行指导。

用户可以在启动选项界面通过创建新文件或者打开已有文件进入 SPSS，也可以关闭启动选项界面后进入 SPSS 界面。

2. SPSS 的退出

选择"文件"→"退出"菜单命令，或者单击 SPSS 窗口右上角的"关闭"按钮，即可退出 SPSS。

8.3　SPSS 界面介绍

SPSS 的界面主要包括 SPSS 的窗口和 SPSS 的菜单，它们提供了丰富的功能和统计分析方法，适用于数据分析和统计建模的各种任务。通过熟悉 SPSS 界面和功能，研究者可以有效地处理和分析数据，得出有意义的结论。

8.3.1　SPSS 的窗口

SPSS 共有三个主要窗口：数据视图窗口(data view)、变量视图窗口(variable view)、结果输出窗口(viewer)。

1. SPSS 的数据视图窗口

数据视图窗口是 SPSS 的主界面，主要用于查看、导入、编辑数据以及通过此界面对数据进行一系列处理和统计分析。数据视图窗口由标题栏、菜单栏、工具栏、编辑栏、变量名栏、内容区、窗口切换标签页和状态栏组成。

(1) 标题栏：显示当前打开的 SPSS 文件的名称。它位于数据视图窗口的顶部。

(2) 菜单栏：位于标题栏下方，提供了各种菜单选项，用于执行各种操作，如导入数据、编辑变量、运行分析等。

(3) 工具栏：位于菜单栏下方，包含常用的操作按钮，直接使用这些按钮有利于提高操作效率。

(4) 编辑栏：位于工具栏下方，选中单元格后可以在编辑栏中输入单元格的内容。

(5) 变量名栏：位于编辑栏下方，显示每个变量的名称。在数据视图窗口中，每列对应一个变量，变量名栏列出了这些变量的名称。

(6) 内容区：变量名栏下方的一大片区域为内容区，用于存储和显示数据。

(7) 窗口切换标签页：内容区下方的左下角有两个标签，为窗口切换标签页，用于切换数据视图窗口和变量视图窗口。

(8) 状态栏：位于数据视图窗口的最底端，显示当前数据编辑的状态，如导入数据的进度、运行分析的状态等。

2. SPSS 的变量视图窗口

通过数据视图窗口下方的窗口切换标签页，可以切换到变量视图窗口，此窗口主要用于对变量的属性进行定义，从左到右依次为：变量名称、变量类型、变量宽度、变量小数点位、变量标签、变量值标签、缺失值、列属性、值对齐方式、测量方式、角色。

3. SPSS 的结果输出窗口

对数据进行操作后，会同时出现 SPSS 结果输出窗口，用于显示和管理 SPSS 操作的 syntax 语句、统计分析的结果、图形与表格等信息。

结果输出窗口由左、右两部分构成。左边部分是索引输出区，用于显示已有的分析结果的标题和内容索引，便于用户单击查找；右边部分为详解输出区，显示每一个分析的具体结果，详解输出区中的表格都可以单击后进行编辑操作。

8.3.2 SPSS 的菜单

SPSS 的菜单栏中主要有文件、编辑、视图、数据、转换、分析、直销、图形、实用程序、窗口、帮助等菜单选项，具体的选项名称及功能如表 8-1 所示。

表 8-1　SPSS 菜单选项及功能

中文名	英文名	功　能
文件	File	打开、保存、导入和导出 SPSS 文件等
编辑	Edit	包含剪切、复制、粘贴、删除和查找等编辑数据的操作
视图	View	对数据视图窗口的显示对象进行显示或隐藏设置等

中文名	英文名	功　能
数据	Data	定义变量、合并文件、排序等
转换	Transform	对已有变量生成新变量、缺失值处理等
分析	Analyze	各种统计分析方法，如 t 检验、方差分析、回归等
直销	Direct Marketing	更容易获得预先建立的模型，更智能、更直观的结果输出等
图形	Graphs	生成图形，如直方图、饼图等
实用程序	Utilities	查看变量信息、运行脚本
窗口	Windows	切换窗口，改变窗口显示方式
帮助	Help	操作帮助、查看版本、注册信息等

8.4　建立 SPSS 文件

SPSS 文件是由 SPSS 软件创建或打开的数据文件，它包含多种文件类型，不同类型的文件保存不同类型的数据。在 SPSS 中，可以在数据编辑器中添加新的变量和样本，并为每个样本的每个变量手动录入对应的数据，同时也可以导入外部数据，以及添加数据库的数据。

8.4.1　SPSS 文件类型

SPSS 软件使用多种文件类型来保存和管理数据，SPSS 文件类型如下。

(1) 数据文件：数据文件是 SPSS 中最常见的文件类型，用于保存数据集。它包含了变量和观察值数据，以及与之相关的变量属性和标签。数据文件的扩展名为 ".sav"。

(2) 输出文件：输出文件保存了 SPSS 分析的结果和报告。它记录了执行分析过程后产生的统计结果、图表和数据摘要等信息。输出文件的扩展名为 ".spv"，输出文件可以再次打开并查看分析结果，也可以导出为其他格式，如 PDF、Excel 等。

(3) 图形文件：扩展名为 ".cht"。

(4) 语法文件：语法文件记录了一系列命令和操作，可以用于重复性分析、自动化数据处理和报告生成。语法文件的扩展名为 ".sps"，包含了 SPSS 的语法命令。

(5) 模板文件：模板文件定义了图表的样式、布局和格式设置，可以用于创建一致的图表和可视化效果。模板文件的扩展名为 ".sgt"，包含了 SPSS 图形模板。

(6) 导入说明文件：导入说明文件记录了数据导入的源文件、数据字段的匹配和转换规则，方便后续的数据导入操作。它以 ".spss" 为扩展名，用于存储数据导入的设置和规范。

8.4.2　数据录入

SPSS 的数据存储在数据视图窗口的内容区中，以二维表的形式展示。每一列对应一个变量，每一行代表一个观测值或样本的数据。每个单元格则表示一个样本在一个变量上的取值。

数据录入可以通过以下两种方式进行。

1) 在 SPSS 环境下新建数据

用户可以在 SPSS 软件中手动输入数据。选择"文件"→"新建"→"数据"菜单命令，生成一个新的数据文件。在数据视图窗口中，可以逐个单元格地录入数据，或者按列一次性输入多个样本的数据。用户可以定义变量的名称、类型、标签等属性，并在数据表中相应的单元格中输入数据。

2) 导入外部数据

SPSS 还支持从外部文件或数据库中导入已有的数据文件。用户可以选择"文件"→"打开"→"数据"菜单命令，选择一个已有的数据文件进行导入。SPSS 支持导入多种数据文件格式，如文本文件(CSV、TXT 等)、Excel 电子表格、数据库等。通过导入外部数据，用户可以快速将现有数据导入到 SPSS 中进行进一步的分析。

3) 添加数据库的数据

SPSS 使用了 ODBC(open database capture)的数据接口，使程序可以直接访问以结构化查询语言(SQL)作为数据访问标准的数据库管理系统。选择"文件"→"打开数据库"→"新建查询"菜单命令，数据库向导的窗口中会列出机器上已安装的所有数据库驱动程序，选中所需的数据源，然后单击"下一步"按钮，根据向导进行添加，直至将数据读入 SPSS。

8.4.3　文件的保存与导出

1. 数据文件的保存

在数据视图窗口选择菜单栏中的"文件"选项，选择"保存"或者"另存为"命令即可保存数据。SPSS 支持多种数据保存格式，包括 Excel、dBASE、SAS、Stata 等，为方便后续的导入和计算，一般存为 SPSS 自己的数据格式(*.sav 文件)。

2. 结果文件的保存

为方便研究者随时便利地查看数据分析结果，SPSS 可以将结果输出窗口作为结果文件保存。在结果输出窗口选择菜单栏中的"文件"选项，选择"保存"或者"另存为"命令即可保存结果文件(*.spv 文件)。

3. 结果文件的导出

结果文件的保存方便研究者查看分析结果，但是由于常用的 Office 软件不能直接读取 spv 格式的文件，因此分析结果不便使用，特别是分析结果较多时，反复复制粘贴会降低工作效率，这时可以将结果文件导出。在结果输出窗口选择"文件"→"导出"菜单命令，可以将结果文件中的部分或者全部结果导出到 Excel、PPT、Word 等常用软件中。

8.5　SPSS 数据的变量属性定义

除了存储数据本身之外，SPSS 数据文件还包含了变量的属性定义。这些属性定义了变量的名称、类型、宽度、小数点位数、标签、值标签、缺失值、列属性、值对齐方式、测量方式和角色。

8.5.1 变量名称和类型

1. 变量名称

SPSS 系统会为每一个变量自动生成一个变量名(name)，以 VAR 开头，后面跟 5 个数字，为了便于理解，一般需要对变量重新定义一个有具体含义的变量名。变量名的定义需要满足以下条件。

(1) 变量名的首字符必须是字母、汉字或者字符"@"；

(2) 变量名中的字符可以是任何字母、汉字或者数字，但不能包括"！""？""*"等字符；

(3) 变量名的结尾不能是圆点、句号、下画线；

(4) 变量名必须唯一，不可以有空格，不区分大小写；

(5) 变量名长度应少于 64 个字符(32 个汉字)；

(6) SPSS 的保留字段(ALL、NE、LE、BY、GE、EQ、GT、AND、OR、NOT、WITH等)不能作为变量名。

2. 变量类型

单击"类型"相应单元格中的按钮后，弹出"变量类型"对话框，为每一个变量选择合适的变量类型，如图 8-2 所示。

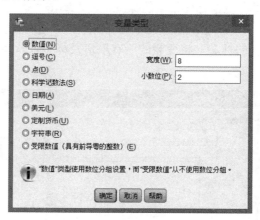

图 8-2 "变量类型"对话框

SPSS 的变量类型主要有 9 种。

(1) 数值：标准数值型，默认长度为 8 个字符，小数位数为 2 个字符，可以进行设置。

(2) 逗号：带逗号的数值型，整数部分从右到左每三位用一个逗号作分隔符。

(3) 点：带圆点的数值型，整数部分从右到左每三位用一个圆点作分隔符，用逗号作小数与整数间的分隔符。

(4) 科学记数法：科学记数，适合数值很大或很小的变量。

(5) 日期：日期型，用于表示日期和时间的变量，可以选择具体的变量格式。

(6) 美元：带美元符号的数值型变量。

(7) 定制货币：自定义货币类型。

(8) 字符串：字符型，用于存储字符串类型的数据，数据不能参与运算。

(9) 受限数值(具有前导零的整数)：限制位数的整数型，只从右到左截取规定位数，前面的部分强制为 0。

8.5.2 变量宽度和小数

在"宽度"和"小数"对应的单元格中输入数值，以定义变量的长度和小数点位数。当变量为日期型格式时，变量宽度和小数点位无效；当变量为字符型或者受限数值时，小数点位无效。

8.5.3 标签和值

添加标签是为了在处理变量、解读结果的时候，更一目了然地明白变量以及值的含义，尤其是处理大规模数据时，变量数目繁多，标签有利于弄清楚每个变量和每个变量值代表的实际含义。

其中，定义变量标签是为了进一步注释变量的含义，双击"标签"对应的单元格，输入变量含义即可定义变量标签，变量标签可使用中文，总长度应少于 120 个字符，尽量简单明了。

定义变量值的标签是对变量的每一个取值做进一步描述，由于连续变量无法获取所有取值，因此一般只对分类变量进行变量值的标签定义。单击"值"相应单元格中的按钮后，弹出"值标签"对话框，如图 8-3 所示。在"值"输入框中输入变量值，"标签"输入框中输入对该值含义进行解释的标签，将变量的所有取值及标签依次单击添入下方框中即对变量值的标签进行了定义。

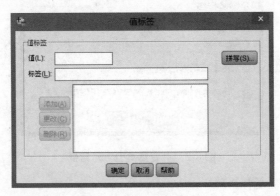

图 8-3 "值标签"对话框

8.5.4 变量缺失值

在数据分析过程中，如果存在超出范围、明显错误或不合理的数据，直接使用这些数据可能会导致分析结果的失真。如果有一组大学生的年龄调查数据，其中有的 8 岁，有的 90 岁。这些数据明显不合理，通过将这些不合理的年龄值定义为缺失值，可以避免它们对整体年龄均值等统计指标的影响，从而更准确地描述和分析大学生的年龄分布。

单击"缺失"相应单元格中的按钮后，弹出"缺失值"对话框，如图 8-4 所示。

图 8-4 "缺失值"对话框

(1) 没有缺失值：默认情况为没有缺失值，认为所有数据都有效。

(2) 离散缺失值：可以定义 3 个以内的离散缺失值。例如，单项选择题，如果学生选择的选项超过了 1 个，就将数据表中该学生在该题上的数据录入为 99，此处输入 99，即定义此种情况下，数据中的 99 为缺失值，不纳入正常计算。

(3) 范围加上一个可选离散缺失值：对于连续型变量，可以定义一个缺失值区间外加一个离散的缺失值。例如，定义最低 90 至最高 100 之内的所有数据以及 85 都为缺失值。

8.5.5 变量显示列、对齐方式

在"列"对应的单元格中输入数值，可以定义变量所在列的显示宽度，默认为 8 个字符。

单击"对齐"对应单元格中的下拉菜单，可以修改变量值显示时的对齐方式，包括左对齐、右对齐、居中对齐。数值型数据默认的都是右对齐，字符型数据默认为左对齐。

8.5.6 变量测量方式和变量角色

1. 变量测量方式

单击"测量"(measure)对应单元格中的下拉菜单，可以修改变量类型，具体有以下三种。

(1) 度量：定距型数据，表示间距测度的变量或者表示比值的变量，如身高、体重等，此类数据通常只针对连续型数值变量。

(2) 有序：定序型数据，表示顺序的变量，如对某事物的赞成程度、职称等，此类数据有内在的大小或高低顺序，既可以是数值型变量，也可以是字符型变量。

(3) 名义：定类型数据，表示不同类别的变量，如性别，既可以是字符型变量"男""女"，也可以是数值型变量 1、2，其中 1 代表男、2 代表女。此类数据不存在内部顺序，只有类别之分。

2. 变量角色

单击"角色"对应单元格中的下拉菜单，可以修改变量在后续统计分析中的功能作用，包括"输入"变量、"目标"变量、"两者"(既可以是输入变量，又可以是目标变量)、"无""分区""拆分标"。一般情况下都默认为输入变量。

8.6 SPSS 数据管理

在 SPSS 中，数据管理是指对数据进行清洗、转换、整理和处理的过程。SPSS 提供了丰富的数据管理功能，使用户能够有效地处理和准备数据，具体如插入或删除个案与变量、数据的行列转置等，通过数据管理便于更好地适应分析和建模的需求。

8.6.1 插入或删除个案

1. 插入新个案

插入新个案有以下两种方式。

(1) 在数据视图窗口中单击要插入新个案的行，然后右击，在弹出的快捷菜单中选择"插入个案"命令，即在此行前生成一行新个案数据。

(2) 选中内容区中的某个单元格，再选择菜单栏中的"编辑"选项，选择"插入个案"命令，即可在选中单元格前生成一行新个案数据。

2. 删除个案

删除个案同样有以下两种方式。

(1) 在数据视图窗口中选中要删除个案的行，然后右击，在弹出的快捷菜单中选择"清除"命令即可。

(2) 在数据视图窗口中选中要删除个案的行，选择菜单栏中的"编辑"选项，选择"清除"命令即可。

8.6.2 插入或删除变量

1. 插入新变量

插入新变量有以下三种方式。

(1) 在数据视图窗口中单击要插入新变量的列，然后右击，在弹出的快捷菜单中选择"插入变量"命令，即在此列前生成一列新变量，再到变量视图窗口对新变量进行变量定义。

(2) 在变量视图窗口中单击要插入新变量的行，然后右击，在弹出的快捷菜单中选择"插入变量"命令，即在此行前生成一行需要定义的新变量，数据视图窗口中会自动生成一列新变量。

(3) 选中内容区中的某个单元格，选择菜单栏中的"编辑"选项，选择"插入变量"命令，在单元格中即可生成多列新变量，再到变量视图窗口对新变量进行变量定义。

2. 删除变量

删除变量同样有以下三种方式。

(1) 在数据视图窗口中选中要删除变量的列，然后右击，在弹出的快捷菜单中选择"清除"命令即可。

(2) 在变量视图窗口中选中要删除变量的行，然后右击，在弹出的快捷菜单中选择"清除"命令即可。

(3) 在数据视图窗口中选中要删除变量的列，或者在变量视图窗口中选中要删除变量的行，再选择菜单栏中的"编辑"选项，选择"清除"命令即可。

8.6.3 数据排序

排序有利于研究者根据需要重新排列数据的呈现形式，SPSS 既可以对个案进行排序，又可以对变量进行排序。

1. 个案排序

最常见的排序为个案排序，即根据个案在变量上的取值，从大到小或者从小到大重新排序。个案排序有以下两种方式。

(1) 如果根据一个变量的取值对个案进行排序，则在数据视图窗口中选中用于排序的这列变量，然后右击，在弹出的快捷菜单中选择"升序排列"或者"降序排列"命令，即可将个案按照相应规则重新排序。

(2) 如果根据多个变量的取值对个案进行排序，选择菜单栏中的"数据"→"排序个案"命令，弹出"排序个案"对话框如图 8-5 所示。

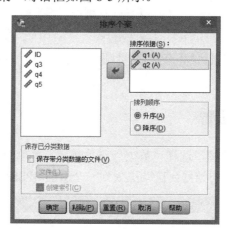

图 8-5 "排序个案"对话框

在"排序个案"对话框中有三个选项。

① 排序依据：排序根据的变量框，将用于排序的变量选入此框中，靠前的变量为主关键字，依次按变量顺序对个案进行排序。例如，此处选入了 q1 和 q2 两个变量，先根据 q1 的取值对个案进行排序，在 q1 取值相同的情况下，再按 q2 的取值对个案进行排序。

② 排列顺序：可选择"升序"或者"降序"。

③ 保存已分类数据：可以将排序后的数据重新存入一个新的文件中。

2. 变量排序

当变量太多不便于查看时，可以对变量的呈现顺序进行重新排列，变量排序同样有两种方式。

(1) 在变量视图窗口中选中用于排序的变量属性，然后右击，在弹出的快捷菜单中选择"升序排列"或者"降序排列"命令，即可将变量按照相应规则重新排序。

(2) 选择"数据"→"排序变量"菜单命令，会弹出"排列变量"对话框，如图 8-6 所示。

图 8-6 "排列变量"对话框

① 变量视图列：排序根据变量属性，可以选择"变量名""变量类型""变量宽度"等属性对变量进行排序，最常见的是根据变量名排序。

② 排列顺序：可选择"升序"或者"降序"。

③ 在新属性中保存当前(预先分类)变量顺序：可以将排序后的变量顺序重新存为一个新属性，并取相应的名字。

8.6.4　数据的行列转置

要对数据进行行列转置时，选择"数据"→"变换"菜单命令，弹出"变换"对话框，如图 8-7 所示。行列转置后的数据会自动生成到一个新的 SPSS 文件中。

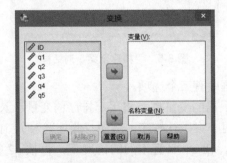

图 8-7 "变换"对话框

(1) 变量：选入要进行行列转置的变量，此处为 q1 至 q5。

(2) 名称变量：用来定义转置后的变量名，此处选入 ID，因为转置后每一列变量代表原来的每一个个案，用个案的 ID 定义新的变量名有利于理解变量含义。如果不定义名称变量，系统会为转置后的每一个变量自动生成一个变量名。

8.6.5　选取个案

在统计分析时，有可能不需要全部的个案，研究者会根据需要选取部分个案进行数据分析。选择"数据"→"选择个案"菜单命令，弹出"选择个案"对话框，如图 8-8 所示。根据一定规则选取个案后，系统会自动生成一个新的过滤变量，变量名为"filter_$"，变量值为 1 的个案为选中个案，变量值为 0 的个案为未选中个案。

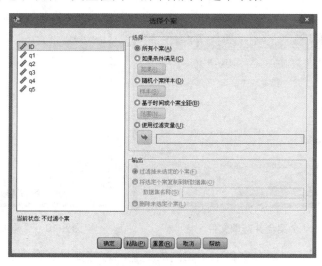

图 8-8　"选择个案"对话框

1. 选择

(1)　所有个案：所有个案都选取。

(2)　如果条件满足：满足一定条件的个案被选取，if 语句中可以输入公式设置条件。

(3)　随机个案样本：随机选取一定比例的样本。

(4)　基于时间或个案全距：基于时间或者输入的个案范围。

(5)　使用过滤变量：将某一个变量作为过滤变量，该变量取值为 1 的个案被选中，取值为 0 的个案未被选中。

2. 输出

(1)　过滤掉未选定的个案：即未选择个案不参与计算，其编号内标有对角斜线，其过滤变量取值为 0，但仍然存储在数据文件中。

(2)　将选定个案复制到新数据集：选取的个案重新复制到一个新的数据库。

(3)　删除未选定个案：直接删掉未选择的个案。

8.6.6　数据合并

数据合并有利于快速地将两个文件中的数据合并在一起，既包括纵向合并增加个案，又包括横向合并增加变量。

1. 个案合并

要对两个文件的个案进行合并时，选择"数据"→"合并文件"→"添加个案"菜单命令，弹出"将个案添加到基础.sav[数据集 1]"对话框，如图 8-9 所示。从打开的数据集中或者外部 SPSS Statistics 数据文件中导入需要与当前数据文件合并个案的 SPSS 数据。例如，此处选择了"基础 2"与当前文件"基础"进行个案合并。

选择文件后，弹出"添加个案"对话框，如图 8-10 所示。

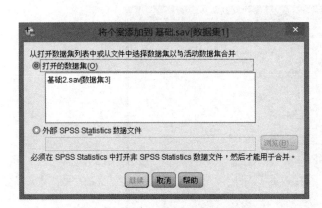

图 8-9　个案合并选取文件

图 8-10　"添加个案"对话框

(1) 非成对变量：即两个文件中不相同的变量，这些变量在个案合并后的数据文件中不会再呈现。

(2) 新的活动数据集中的变量：这些变量是两个文件中的共同变量，拥有相同的变量名以及相同的变量属性。因此，为保证能够进行个案合并，两个文件中必须拥有至少一个相同变量。合并后的数据文件中，变量为两个文件的共同变量，个案为两个文件的个案总和。

2. 变量合并

变量合并意味着对个案横向增加数据，必须有一个共同的关键字段将两个数据文件横向链接起来，因此变量合并前要满足两个条件。

(1) 两个数据文件至少有一个共同变量，拥有相同的变量名以及相同的变量属性。变量取值唯一不重复，这个字段将作为"关键变量"链接两个文件，一般用个案的 ID 号作为关键变量。

(2) 两个数据文件都必须事先按照"关键变量"值进行升序排列，如果没有进行排序，会影响最终的变量合并结果。

要对两个文件的变量进行合并时，选择"数据"→"合并文件"→"添加变量"菜单命令，同样，从打开的数据集中或者外部 SPSS Statistics 数据文件中导入需要与当前数据文件合并变量的 SPSS 数据，选择文件后，弹出"添加变量"对话框，如图 8-11 所示。

"添加变量"对话框中各选项意义如下。

(1) 已排除的变量：即两个文件中的相同变量。

(2) 新的活动数据集：新数据文件中的变量，默认为两个文件排除相同变量后的所有变量，可以根据实际需要进行排除，将不需要呈现在新文件中的变量选入左边的框中。

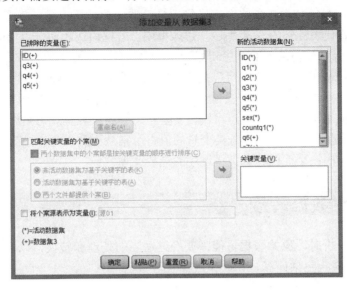

图 8-11　"添加变量"对话框

(3)　匹配关键变量的个案：勾选后，将选出来链接两个数据文件的"关键变量"从"已排除的变量"框中拉入"关键变量"框中，此处选择 ID。关键变量的被试选择有以下三种模式。

①　非活动数据集为基于关键字的表：以非活动数据文件(被选择的文件)中的个案为准。

②　活动数据集为基于关键字的表：以当前数据文件中的个案为准。

③　两个文件都提供个案：以两个文件中共同的个案为准。

8.6.7　拆分数据文件

在进行数据处理时，有时需要根据某些分类变量将个案进行分组分析，例如，对男生和女生的情况分别进行统计，此时就需要将数据文件拆分。选择"数据"→"拆分文件"菜单命令，弹出"拆分文件"对话框，如图 8-12 所示。

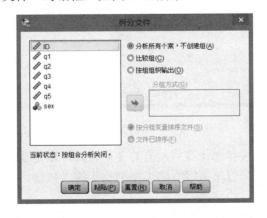

图 8-12　"拆分文件"对话框

(1) 分析所有个案，不创建组：分析所有变量，不进行分组。

(2) 比较组：根据分类变量将个案进行拆分。选中此项后，将分类变量选入"分组方式"框中，此处将代表性别的变量"sex"选入框中。若框内选入两个以上的分类变量(最多可选择 8 个)，拆分顺序与选入的顺序相同。

(3) 按组组织输出：与"比较组"的操作方式相同，也是根据分类变量将个案进行拆分。唯一不同的是后续统计分析时输出结果的显示方式不同，"比较组"是在一张表格中同时呈现不同组的结果，而"按组组织输出"是按每一组单独呈现每组结果。

(4) 按分组变量排序文件：按分类变量的值将个案从小到大升序排列后，再拆分文件。

(5) 文件已排序：个案已经分类排过序的选择此项。

8.7 SPSS 数据转换

在进行统计分析时，原始数据可能需要经过适当的处理和转换，以满足分析的要求。SPSS 常用的数据转换包括计算、计数和重新编码等。

8.7.1 计算产生变量

计算产生变量是对原始变量进行函数处理，使其替换原始变量的值或者产生新变量。例如，q1 至 q5 代表学生在一个问卷 5 个维度上的得分，要计算学生 5 个维度的平均得分。选择"转换"→"计算变量"菜单命令，弹出"计算变量"对话框，如图 8-13 所示。

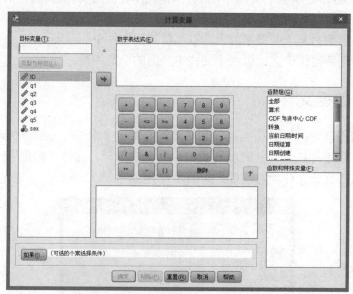

图 8-13 "计算变量"对话框

(1) 目标变量：即输入存储计算后的值的变量名，可以是新变量名，也可以输入已有变量名。输入变量名后，可以单击下方的"类型与标签"按钮，对变量的变量类型及标签进行设置。

(2) 数学表达式：即输入计算生成变量的公式，可以直接利用键盘输入，也可以选择

"函数组"中的函数。例如，此处选择求平均的函数 Mean(q1,q2,q3,q4,q5)。

(3) 如果：定义条件，打开后可以设置一定规则和条件，符合规则的记录才会计算。

8.7.2　对个案内的值计数

数据分析之前经常会对个案在某些变量上达到一定水平的数量进行统计。例如，在 q1 这个维度上得分超过 2 分的学生人数有多少。选择"转换"→"对个案内的值计数"菜单命令，弹出"计算个案内值的出现次数"对话框，如图 8-14 所示。

(1) 目标变量：即输入存储计数的变量名，一般为新变量。

(2) 目标标签：目标变量的标签，即对新变量的标签进行定义。

(3) 变量：将需要进行计数的变量选入框中，此处选入 q1。

(4) 定义值：对变量需满足的条件进行定义，单击后，弹出"统计个案内的值：要统计的值"对话框，如图 8-15 所示，在左方"值"处选择相应的值条件，单击"添加"按钮，相应的值条件会添加到右方"要统计的值"框中。

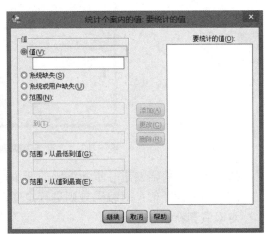

图 8-14　"计算个案内值的出现次数"对话框　　图 8-15　"统计个案内的值：要统计的值"对话框

具体的值的定义有以下几种方式。

(1) 值：输入固定值。例如，输入 2，代表对变量取值等于 2 的个案进行计数。

(2) 系统缺失：对变量取值为系统缺失数据的个案进行计算统计。

(3) 系统或用户缺失：对变量取值为系统缺失或用户缺失数据的个案进行计算统计。

(4) 范围：对变量取值范围进行定义。例如，输入 2～4，代表对变量取值在 2～4 之间的个案进行计数统计。

(5) 范围，从最低到值：对小于某值的范围进行定义。例如，输入 2，代表对变量取值小于 2 的个案进行计数统计。

(6) 范围，从值到最高：对大于某值的范围进行定义。例如，输入 2，代表对变量取值大于 2 的个案进行计数统计。

设置完成后，SPSS 会根据用户定义的目标变量生成一列新变量。其中，变量值为 1 代表个案满足设定的条件，变量值为 0 代表个案不满足条件。

8.7.3 重新编码

重新编码是将原始数据按一定规则进行转换、整合等过程，最常用的编码方式包括编码到相同变量和编码到不同变量两种。

1. 编码到相同变量

编码到相同变量意味着用转换后的数据覆盖掉原始数据，一般用于量表的反向题处理。例如，采用 4 点计分的职业倦怠量表调查一所学校教师的职业倦怠情况，共 10 道题，每道题取值为 1、2、3、4 中的一个。一般情况下，值越高，代表倦怠情况越严重，但其中有两道题：a3 和 a4 为反向题，这两道题的值越低，倦怠情况越严重。通常计算 10 道题的平均分作为每位教师的职业倦怠得分，因此，需要将两道反向题的值进行重新编码。

选择"转换"→"重新编码为相同变量"菜单命令，弹出如图 8-16 所示的对话框。

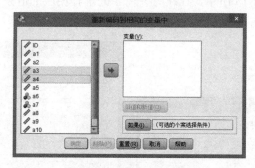

图 8-16　"重新编码到相同的变量中"对话框

(1) 变量：将需要进行重新编码的变量选入框中，此处选入 a3 和 a4。
(2) 旧值和新值：对编码规则进行定义，单击后，弹出如图 8-17 的对话框。
对旧值和新值进行定义。
(1) 旧值：输入旧值，输入方式与"对个案内的值计数"中的方式相同。
(2) 新值：输入旧值对应重新编码的新值。

本例中需要对 a3 和 a4 两个反向题进行反向编码，即原来的 1 编码为 4，原来的 2 编码为 3，原来的 3 编码为 2，原来的 4 编码为 1，则在"旧值"和"新值"中依次输入对应的值，并添加到"旧→新"框中，如图 8-18 所示。全部值替换以后，原来的 a3 和 a4 的值就会被新值覆盖。

2. 编码到不同变量

与编码到相同变量不同的是，编码到不同变量将转换后的数据生成到新变量中，保留了原始数据。例如，每一位教师的职业倦怠得分为 1～5 分的连续变量，为了方便理解，将得分为 1～2 分的教师定义为低职业倦怠，2～4 分的教师定义为中等职业倦怠，4～5 分的教师定义为高职业倦怠。这时，可以将职业倦怠得分重新编码，将编码后的分类变量数据生成到新变量中。

选择"转换"→"重新编码为不同变量"菜单命令，弹出如图 8-19 所示的对话框。

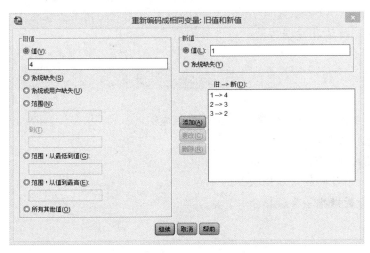

图 8-17　"重新编码成相同变量：旧值和新值"对话框

图 8-18　对旧值与新值定义案例

图 8-19　"重新编码为其他变量"对话框

(1) 输入变量→输出变量：将需要进行重新编码的变量选入框中，此处选入代表职业倦怠得分的变量 tired。

(2) 输出变量：定义一个新变量的变量名和标签，单击"更改"按钮后，会显示到"输入变量→输出变量"框中。

(3) 旧值和新值：对编码规则进行定义，定义方式与"重新编码为相同变量"方式相同。本例中，在"旧值"中依次输入范围：1～2、2～4、4～5，"新值"中依次输入数值1、2、3，分别代表低职业倦怠、中等职业倦怠、高职业倦怠。规则定义后，代表职业倦怠的分类变量就会存储到新变量中。

小　结

本章主要讲解 SPSS 的基本操作、建立 SPSS 文件、SPSS 数据的变量属性定义、SPSS 数据管理及 SPSS 数据转换等。SPSS 作为一款功能强大的数据分析软件，提供了丰富的工具和功能，帮助用户进行数据挖掘、数据管理和数据转换等操作，支持用户进行全面、深入的数据分析和研究。通过 SPSS 的数据挖掘工具，用户可以进行聚类分析、分类分析、关联规则挖掘等操作，以揭示数据中的有价值的信息。无论是初学者还是专业研究人员，都可以通过 SPSS 来探索和发现数据中有价值的信息。

思　考　题

1. SPSS 的数据视图窗口由哪些功能模块组成？
2. SPSS 包括哪些文件类型？
3. 在 SPSS 中如何进行数据录入？
4. 如何进行个案的插入或删除？
5. 如何进行数据排序及数据合并？

第 9 章

SPSS 数据挖掘统计分析方法

  SPSS 作为一款强大的统计分析软件，提供了广泛的统计分析方法，能够满足不同研究目的和数据类型的需求。本章将介绍基本描述统计、T 检验、方差分析、多元回归分析、聚类分析、相关分析和因子分析等常用的统计分析方法。在介绍每种分析方法的详细操作之前，本章将对每种方法的适用条件和特点进行详细说明，以帮助读者根据具体研究目的和数据特点选择最合适的统计分析方法。通过掌握这些统计分析方法和操作技巧，读者能够进行准确、可靠的统计分析，并得出有意义的研究结论。

9.1 基本描述统计

在进行深度数据挖掘之前，需要了解数据的基本特征和基本描述统计，如变量的数据分布，变量的平均值、离散程度、正态性等。学习基本描述统计，是数据挖掘的基础。

9.1.1 频数分析

频数分析是一种常用的统计方法，用于计算某个变量各个取值的频数(数量)并进行统计。它可以帮助研究人员了解变量的取值状况和数据的分布特征。频数分析一般没有特别的使用前提和理论假设，是适用性较广的一类分析方法。

1. 频数分析的适用条件

频数分析的适用条件有以下两个。

(1) 一般在数据分析前期用于了解数据的分布特征。

(2) 分析变量一般为分类变量。

案例：某电器品牌在我国东部、北部、南部、西部各个地区多个城市都设有经销商，试了解各个地区的经销商数量。数据存储于"商铺所在地区"变量中。

---

2. 在 SPSS 中执行频数分析

在 SPSS 中执行频数分析的步骤如下。

(1) 选择"分析"→"描述统计"→"频率"菜单命令，将弹出"频率"对话框，将需要进行频数分析的变量"商铺所在地区"选入"变量"列表框中，如图 9-1 所示。

(2) 单击 Statistics 按钮，弹出"频率：统计"对话框，如图 9-2 所示，该对话框中的参数主要是频数分析过程中需要分析的基本统计量。该对话框中各选项的含义如下。

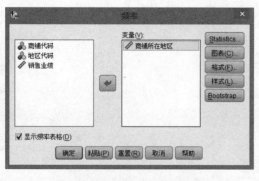

图 9-1 "频率"对话框	图 9-2 "频率：统计"对话框

① "百分位值"选项组：选择百分位值进行统计分析。

◎ "四分位数"复选框：计算四分位数。

◎ "分割点"复选框：计算分割点处的百分位数，可以在右边的文本框中输入 2～100 的数值。例如，输入"10"，意味着将数据平分为 10 份，来计算每个分割点的百分位数。

◎ "百分位数"复选框：在其文本框中输入 0～100 的数值，会显示相应的百分位数。可通过单击"添加"按钮进行添加，通过单击"更改"和"删除"按钮进行修改和移除。

② "离散"选项组：计算数据的离散情况，包括"标准偏差""方差""范围""最小值""最大值"和"平均值的标准误差"几个复选框。

③ "集中趋势"选项组：统计数据的基本情况，包括"平均值""中位数""众数"和"合计"几个复选框。

④ "值为组的中点"复选框：如果数据已经分组，而且数据取值为初始分组的中点，选中此复选框将统计百分位数和数据的中位数。

⑤ "分布"选项组：考察数据分布情况与正态分布相比较的两个指标。

◎ "偏度"复选框：描述数据分布对称性的统计量。当偏度为 0 时，说明数据对称；当偏度大于 0 时，说明数据向右偏；当偏度小于 0 时，说明数据向左偏。

◎ "峰度"复选框：描述数据分布形态陡缓程度的统计量。当峰度为 0 时，与正态分布的陡缓程度相同；当峰度大于 0 时，比正态分布的高峰更陡；当峰度小于 0 时，比正态分布的高峰更平。

(3) 单击"图表"按钮，将弹出"频率：图表"对话框，如图 9-3 所示，该对话框中的参数用于对变量作图，各选项的功能如下。

① "图表类型"选项组：选择输出的图表形式，包括"无""条形图""饼图"和"直方图"几个复选框。若选中"直方图"复选框，还可以在直方图上显示正态曲线。

② "图表值"选项组：设置图表上的值显示为频率或者百分比。

(4) 单击"格式"按钮，将弹出"频率：格式"对话框，如图 9-4 所示，该对话框中的参数用于对输出的频数分布表格进行格式设置，各选项的功能如下。

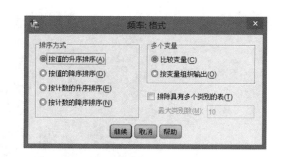

图 9-3 "频率：图表"对话框　　图 9-4 "频率：格式"对话框

① "排序方式"选项组：可以按值或计数进行升序或降序排序。

② "多个变量"选项组：多个变量的情况，当"频率"对话框的"变量"列表框中选入了多个变量时，对输出表格进行格式设置。

◎ "比较变量"单选按钮:将多个变量的统计结果显示在同一张表格中,方便用户进行比较。

◎ "按变量组织输出"单选按钮:将多个变量分别输出到单独的表格中。

③ "排除具有多个类别的表"复选框:限制表格的最大类别数,在下面的"最大类别数"文本框中输入数值,则输出的表格组数不得大于该值。

3. 解释其结果

(1) 查看基本描述统计结果,如表 9-1 所示。本例中,共有有效数据 243 条,缺失值 0 个。

表 9-1　基本描述统计结果

商铺所在地区

N	Valid	243
	Missing	0

(2) 查看频数分析结果,如表 9-2 所示。

表 9-2　频数分析结果

商铺所在地区

		Frequency	Percent	Valid Percent	Cumulative Percent
Valid	东部地区	63	25.9	25.9	25.9
	北部地区	72	29.6	29.6	55.6
	南部地区	72	29.6	29.6	85.2
	西部地区	36	14.8	14.8	100.0
	Total	243	100.0	100.0	

在输出的频数分析表中,可以看到商铺分别在四个地区的分布数量和百分比,最后两列为有效百分比和累计百分比。有效百分比是排除缺失值后进行的计算。

(3) 查看图形,如图 9-5 所示。

图 9-5 可以更直观地看到商铺在各个地区的分布情况。

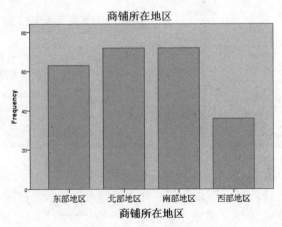

图 9-5　频数分析直方图

9.1.2　描述分析

描述分析是对变量的基本特征进行统计分析，其中包括平均值、标准差、方差、最小值、频数、百分比等统计量。在 SPSS 中，描述分析提供了一系列统计量，其中一些统计量与频数分析中的统计量是相同的。

1. 描述分析的适用条件

描述分析的适用条件主要有以下两个。

(1)　一般在数据分析前期用于了解数据的总体情况。

(2)　分析变量一般为连续变量。

案例： 某电器品牌在我国东部、北部、南部、西部各个地区多个城市都设有经销商，试了解该电器在所有地区的平均销售业绩。每个商铺销售业绩数据存储于"销售业绩"变量中。

---

2. 在 SPSS 中执行描述分析

在 SPSS 中执行描述分析的步骤如下。

(1)　选择"分析"→"描述统计"→"描述"菜单命令，弹出"描述性"对话框，将需要进行描述分析的变量"销售业绩"选入"变量"列表框中，如图 9-6 所示。

在"描述性"对话框中选中"将标准化得分另存为变量"复选框，代表将当前变量中的数据标准化，并重新生成一个新变量。

(2)　单击"选项"按钮，将弹出"描述：选项"对话框，如图 9-7 所示，该对话框中的参数与频数分析中的基本统计类似，用于分析变量的基本特征。

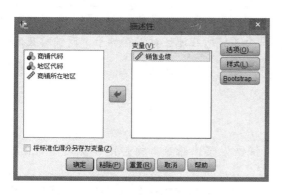

图 9-6　"描述性"对话框

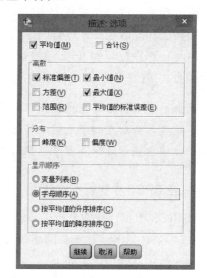

图 9-7　"描述：选项"对话框

3. 解释其结果

查看描述分析结果，如表 9-3 所示。

表9-3　描述分析结果

Descriptive Statistics

	N	Minimum	Maximum	Mean	Std. Deviation
销售业绩	243	189.7	567.3	310.298	58.0016
Valid N (listwise)	243				

从表9-3中可以看出：243个商铺的销售业绩最小值为189.7，最大值为567.3，平均销售额为310.298，标准差为58。

9.1.3　探索分析

探索分析是在计算数据的基本统计量之后，进一步进行简单的检验和图形分析，以便为研究者提供进一步分析数据的方向。它有助于研究人员更好地理解数据，发现数据中的模式、趋势和异常情况。

1. 探索分析的适用条件

探索分析的适用条件主要有以下四个。

(1) 分组变量：适用于存在分组变量的情况，通过根据不同分组变量的取值对变量进行统计分析，可以比较不同组别之间的差异和关系。

(2) 分类变量和连续变量：分类变量作为分组依据，用于分析的变量一般为连续变量。通过对连续变量在不同分类变量取值下的分布和关系进行分析，可以深入了解不同组别之间的差异和趋势。

(3) 观察数据分布和离散情况：适用于使用茎叶图和箱线图等可视化工具来观察数据的分布情况和离散程度，这有助于发现数据中的模式、异常值和离群点。

(4) 正态性检验和方差齐性检验：适用于对数据是否符合正态分布和不同组别数据的方差是否相等(方差齐性)进行检验，这有助于了解数据是否满足统计分析的假设前提。

案例：某电器品牌在我国东部、北部、南部、西部各个地区多个城市都设有经销商铺，试了解该电器分别在四个地区的销售业绩。每个商铺所在地区数据存储于"商铺所在地区"变量中，销售业绩数据存储于"销售业绩"变量中。

---

2. 在SPSS中执行探索分析

在SPSS中执行探索分析的步骤如下。

(1) 选择"分析"→"描述统计"→"探索"菜单命令，将弹出"探索"对话框，如图9-8所示，选项设置如下。

① "因变量列表"列表框：将需要进行分析的变量"销售业绩"选入该列表框中。

② "因子列表"列表框：将用于分组的分组变量"商铺所在地区"选入该列表框中。

③ "标注个案"列表框：用于标注个案的变量，一般为ID号。

④ "输出"选项组：可以选中"两者都"单选按钮，既输出显示统计结果，又输出

图表；也可以只显示统计结果或者图表中的一种。

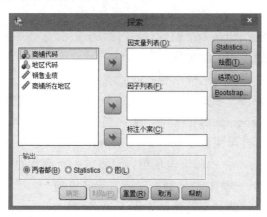

图 9-8　"探索"对话框

(2)　单击 Statistics 按钮，将弹出"探索：统计"对话框，如图 9-9 所示，该对话框中的参数主要是设置变量基本特征的描述分析，其功能如下。

①　"描述性"复选框：输出基本描述性统计量，如均值、中位数、标准差、最大值、最小值、峰度、偏度等。

②　"平均值的置信区间"文本框：默认为 95%。

③　"M-估计量"复选框：输出描述集中趋势的统计量。若选中该复选框，则在计算时会根据观测值距离中心点的远近对所有观测值赋权重，离得越远的观测值权重越小，以此减少极端值的影响。

④　"界外值"复选框：极端值，输出 5 个极大值和 5 个极小值。

⑤　"百分位数"复选框：输出变量的 5%、10%、25%、50%、75%、90%、95%分位数。

(3)　单击"绘图"按钮，弹出"探索：图"对话框，如图 9-10 所示，该对话框中的参数用于设置输出的图形，功能如下。

图 9-9　"探索：统计"对话框

图 9-10　"探索：图"对话框

①　"箱图"选项组：包括"按因子级别分组""不分组"和"无"三个单选按钮。

◎ "按因子级别分组"单选按钮：按因子的不同类别分组，为每一个因变量绘制箱图。

◎ "不分组"单选按钮：多个因变量同时绘制箱图。

◎ "无"单选按钮：不绘制箱图。

② "描述性"选项组：可选择绘制茎叶图或者直方图。

③ "带检验的正态图"复选框：绘制正态分布图，并检验数据的正态性。当数据量大于 5000 时，参考 Kolmogorov-Smirnov 结果；当数据量小于 5000 时，参考 Shapiro-Wilk 结果。当相应方法的显著性结果大于 0.05 时，认为数据服从正态分布。

④ "伸展与级别 Levene 检验"选项组：设置绘图时变量的转换方式，并检验各分组变量之间的方差是否齐性。一般对原始数据进行方差齐性检查，选中"未转换"单选按钮。显著性结果大于 0.05 时，认为各组之间方差齐性。

(4) 单击"选项"按钮，弹出"探索：选项"对话框，如图 9-11 所示，该对话框的功能是用于设置缺失值处理。

处理缺失值一般有以下三种方式。

① "按列表排除个案"单选按钮：成列删除，含有缺失值的被试的所有数据都不被分析。

图 9-11　"探索：选项"对话框

② "按对排除个案"单选按钮：成对删除，只删除统计分析的变量中缺失的数据，对含有缺失值的被试的其他数据不受影响。

③ "报告值"单选按钮：报告缺失值。

3. 解释其结果

(1) 查看样本的分组情况，包括各组样本数量、缺失值等，如表 9-4 所示。

表 9-4　样本分组统计表

Case Processing Summary

商铺所在地区		Cases					
		Valid		Missing		Total	
		N	Percent	N	Percent	N	Percent
销售业绩	东部地区	63	100.0%	0	0.0%	63	100.0%
	北部地区	72	100.0%	0	0.0%	72	100.0%
	南部地区	72	100.0%	0	0.0%	72	100.0%
	西部地区	36	100.0%	0	0.0%	36	100.0%

(2) 查看样本分组以后的描述统计量，如表 9-5 所示，本表只呈现了东部地区和西部地区的描述统计结果。由表 9-5 可看出，东部地区的销售业绩平均值为 306.879，西部地区的销售业绩平均值为 287.692，除此以外，还呈现了各个地区销售业绩的中位数、标准差、最大值、最小值等。这种探索性的描述统计分析，为以后进一步分析不同地区销售业绩的差异提供了方向。

表 9-5　分组描述统计表

Descriptives

		商铺所在地区		Statistic	Std. Error
销售业绩	东部地区	Mean		306.879	7.9096
		95% Confidence Interval for Mean	Lower Bound	291.068	
			Upper Bound	322.690	
		5% Trimmed Mean		306.331	
		Median		322.200	
		Variance		3941.371	
		Std. Deviation		62.7803	
		Minimum		189.7	
		Maximum		428.5	
		Range		238.8	
		Interquartile Range		109.7	
		Skewness		-.031	.302
		Kurtosis		-1.020	.595
	西部地区	Mean		287.692	10.1331
		95% Confidence Interval for Mean	Lower Bound	267.120	
			Upper Bound	308.263	
		5% Trimmed Mean		287.040	
		Median		301.950	
		Variance		3696.453	
		Std. Deviation		60.7985	
		Minimum		190.2	
		Maximum		398.2	
		Range		208.0	
		Interquartile Range		105.0	
		Skewness		.010	.393
		Kurtosis		-1.138	.768

(3) 以东部地区为例，其茎叶图效果如图 9-12 所示。

茎叶图是一种可视化工具，用于更直观地观察数据的分布情况。它主要由三个部分组成：频数(frequency)、茎(stem)和叶(leaf)。茎代表数据的整数部分，叶上的每一个值代表数据的小数部分，叶的数量即左边频数的数量。茎和叶上每个值组成的数，再乘以茎宽度，即数据值的前两位。例如，第一行 1.8×100=180，代表有一个数据取值在 180～189 范围内，另一个数据取值在 190～199 范围内；第二行有一个数据在 210～219 范围内，另一个数据在 220～229 范围内。与直方图相比，茎叶图不仅呈现了数据的频数分析情况，还近似地给出了每一个数据的大小，呈现的信息更完整。

(4) 查看箱图，效果如图 9-13 所示。

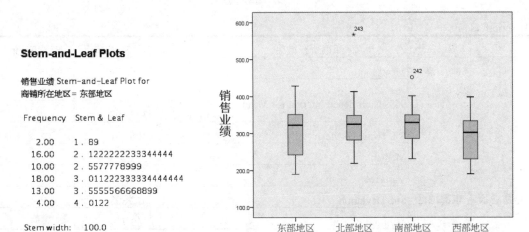

Stem-and-Leaf Plots

销售业绩 Stem-and-Leaf Plot for
商铺所在地区 = 东部地区

Frequency   Stem & Leaf

    2.00   1 . 89
   16.00   2 . 1222222233344444
   10.00   2 . 5577778999
   18.00   3 . 011222333334444444
   13.00   3 . 5555566668899
    4.00   4 . 0122

Stem width: 100.0
Each leaf: 1 case(s)

图 9-12　茎叶图　　　　　　　　　　　图 9-13　箱图

　　箱图(box plot)是一种常用的可视化工具，用于更直观地观察数据的离散情况和异常值。它主要由五个数据节点组成，包括最小值(底部的水平线段)、最大值(顶部的水平线段)、第一个四分位数(箱子底，25%分位数)、第三个四分位数(箱子顶，75%分位数)和中位数(箱子中间，50%分位数)。最小值和最大值都没有包含极端值，独立于外的为极端值。本例中北部地区和南部地区分别有一个极端值：243 和 242。由图 9-13 所示的箱图中可以看出，东部地区的销售业绩差异较大。

9.1.4　交叉表分析

　　交叉表(crosstab)分析是一种统计方法，用于研究两个或多个分类变量之间的关系。它通过将样本按照分类变量的取值组合进行分组，生成一个二维或多维的交叉表(也称为列联表)，并比较各组的频数分布情况，以揭示变量之间的关系。

　　在交叉表分析中，最常用的方法之一是卡方检验(chi-square test)。卡方检验用于检验交叉表中不同组别的频数是否存在显著差异。它通过计算观察频数与期望频数之间的差异来评估变量之间的关联程度。

1. 交叉表分析的适用条件

　　交叉表分析的适用条件的一般描述如下。

　　(1) 分类变量：交叉表分析适用于所有变量都是分类变量的情况。分类变量是指具有离散的、有限数量取值的变量。例如，性别(男、女)、教育水平(高中、大学、研究生)等。

　　(2) 相互排斥：不同变量的类别之间应相互排斥，互不包容。换句话说，一个样本只能属于一个类别，不能同时属于多个类别。例如，一个人只能是男性或女性，不能同时属于两个类别。

　　(3) 样本独立性：进行交叉表分析时，样本应该是相互独立的。这意味着每个样本的观测结果不会受到其他样本的影响。确保样本的独立性可以提高分析结果的可靠性。

(4) 频数分布差异分析：交叉表分析常用于分析不同组别的频数分布是否存在差异。这通常涉及一个因变量和一个或多个自变量。因变量一般是计数数据，如取值为 1 和 0，表示某个事件的发生与否。自变量是用于分组的分类变量。

案例：某电器品牌在我国东部、北部、南部、西部各个地区多个城市都设有经销商，试了解该电器在四个地区的盈利情况是否存在差异。每个商铺所在地区数据存储于"商铺所在地区"变量中；是否盈利的数据存储于"是否盈利"变量中。其中，1 代表盈利，0 代表未盈利。

2. 在 SPSS 中执行交叉表分析

在 SPSS 中执行交叉表分析的步骤如下。

(1) 选择"分析"→"描述统计"→"交叉表格"菜单命令，弹出"交叉表格"对话框，如图 9-14 所示。

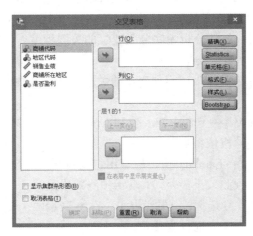

图 9-14　"交叉表格"对话框

① "行"列表框：行变量，将分类变量"商铺所在地区"选入该列表框中。

② "列"列表框：列变量，将分析变量"是否盈利"选入该列表框中。行、列变量可以互换。

③ "显示集群条形图"复选框：以条形图的形式显示数据。

④ "取消表格"复选框：选中该复选框后不会显示频数分布表格。

(2) 单击"精确"按钮，弹出"精确检验"对话框，如图 9-15 所示，该对话框中的各参数用于选择不同条件下的检验方式来检验行列变量的相关性，其功能如下。

① "仅渐进法"单选按钮：适用于具有渐进分布的大样本数。

② Monte Carlo 单选按钮：蒙特卡罗法，不需要数据具有渐进分布的假设，是一种非常有效的计算确切显著性水平的方法。在"置信度"文本框内输入置信区间，在"样本数"文本框内输入数据的样本容量。

③ "精确"单选按钮：观察结果概率，同时在下面的"每个检验的时间限制为"文本框内，可以输入进行精确检验的最大时间限度。

(3) 单击 Statistics 按钮，将弹出"交叉表格：统计"对话框，如图 9-16 所示，该对话框中的参数主要用于设置统计量的输出，其功能如下。

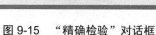

图 9-15 "精确检验"对话框   图 9-16 "交叉表格：统计"对话框

① "卡方"复选框：卡方检验，选中该复选框后会进行卡方检验。

② "相关性"复选框：相关检验，选中该复选框会进行行变量和列变量的相关性检验。

③ "名义"选项组：统计分析无序分类变量的关联程度。如性别：1 代表男生，2 代表女生，数值没有大小、顺序之分。

◎ "相依系数"复选框：描述行列变量的关联程度，其数值从 0～1，值越大，关联性越强。

◎ "Phi 和 Cramer V"复选框：Phi 值和 Cramer V 值，同样描述行列变量的关联程度，其数据意义同相依系数。

◎ "Lambda 复选框：Lambda 值，检验用自变量预测因变量的预测效果值，其数值从 0～1，0 表示预测效果最差，1 表示预测效果最好。

◎ "不确定性系数"复选框：其数值从 0～1，0 表示两个变量无关，1 表示后一变量的信息很大程度上来自前一变量。

④ "有序"选项组：统计分析有序分类变量的关联程度。例如对阅读的喜爱程度，4 代表非常喜欢，3 代表比较喜欢，2 代表比较不喜欢，1 代表非常不喜欢。有"伽玛"、Somers'd、Kendall's tau-b、Kendall's tau-c 四种相关的计算方法，四种方法的系数都是从 -1～1，-1 代表完全负相关，1 代表完全正相关，0 代表完全不相关。绝对值越大，关联性越强。

⑤ "按区间标定"选项组：统计分析一个无序分类变量和一个等距变量的关联程度，可采用 Eta 相关方法。其数值从 0～1，值越大，关联性越强。

⑥ Kappa 复选框：内部一致性系数，值越大，一致性越高。只适合几个变量的分类数量相同的情况，即 P×P 列表。

⑦ "风险"复选框：相对危险度，检验事件发生与某因素之间的关联性，只适合计算没有空数据的 2×2 列表。

⑧ McNemar 复选框：分类变量的配对卡方检验。

⑨ "Cochran's and Mantel-Haenszel 统计"复选框：检验两分类变量之间的独立性。

(4) 单击"单元格"按钮，将弹出"交叉表格：单元格显示"对话框，如图 9-17 所示。该对话框中的参数主要用于设置列表输出表格中的数据显示，其功能如下。

① "计数"选项组：用于输出频数。

◎ "观察值"复选框：输出各单元格观测到的频数。

图 9-17　"交叉表格：单元格显示"对话框

◎　"期望值"复选框：输出各单元格的期望频数。

◎　"隐藏较小计数"复选框：不输出频数低于某个数量(如 5)的数值。

②　"百分比"选项组：用于输出百分比。

◎　"行"复选框：输出各单元格观测频数占本行总数据的百分比。

◎　"列"复选框：输出各单元格观测频数占本列总数据的百分比。

◎　"总计"复选框：行、列都输出。

③　"Z-检验"选项组：对列的比例进行 Z 检验。

④　"残差"选项组：三种残差结果输出形式。

◎　"未标准化"复选框：观测频数与期望频数的差值。

◎　"标准化"复选框：将差值标准化(均值为 0，标准差为 1)。

◎　"调节的标准化"选项组：将残差进行调整，一般用差值除以标准误差。

⑤　"非整数权重"复选框：对非整数进行权重调节。

◎　"四舍五入单元格计数"单选按钮：将单元格计数的非整数部分四舍五入为整数。

◎　"四舍五入个案权重"单选按钮：将观测值权重的非整数部分四舍五入为整数。

◎　"截断单元格计数"单选按钮：将单元格计数的非整数部分直接截断，变成整数。

◎　"截断个案权重"单选按钮：将观测值权重的非整数部分直接截断，变成整数。

◎　"无调节"单选按钮：不做调整。

(5)　单击"格式"按钮，弹出"交叉表格：表格格式"对话框，如图 9-18 所示，该对话框中的参数主要用于设置表的输出排列顺序，排序方式可选择"升序"或"降序"。

图 9-18　"交叉表格：表格格式"对话框

3. 解释其结果

(1)　查看样本情况，包括有效样本数、缺失值、总数等，如表 9-6 所示。

表 9-6　样本基本情况统计表

Case Processing Summary

	Cases					
	Valid		Missing		Total	
	N	Percent	N	Percent	N	Percent
商铺所在地区 * 是否盈利	243	100.0%	0	0.0%	243	100.0%

(2)　查看交叉列联表的描述性统计结果。由表 9-7 可以看到，东部地区商铺盈利的比例最高，为 76.2%；其次是西部；南部地区商铺盈利的百分比最低，为 63.9%。

表 9-7　交叉列联表描述性统计结果

商铺所在地区 * 是否盈利 Crosstabulation

			是否盈利		Total
			未盈利	盈利	
商铺所在地区	东部地区	Count	15	48	63
		% within 商铺所在地区	23.8%	76.2%	100.0%
	北部地区	Count	25	47	72
		% within 商铺所在地区	34.7%	65.3%	100.0%
	南部地区	Count	26	46	72
		% within 商铺所在地区	36.1%	63.9%	100.0%
	西部地区	Count	10	26	36
		% within 商铺所在地区	27.8%	72.2%	100.0%
Total		Count	76	167	243
		% within 商铺所在地区	31.3%	68.7%	100.0%

(3)　查看卡方检验结果，如表 9-8 所示，检验不同地区商铺盈利的比例是否存在差异。

表 9-8　卡方检验结果

Chi-Square Tests

	Value	df	Asymp. Sig. (2-sided)
Pearson Chi-Square	3.020ª	3	.389
Likelihood Ratio	3.081	3	.379
Linear-by-Linear Association	.590	1	.442
N of Valid Cases	243		

a. 0 cells (0.0%) have expected count less than 5. The minimum expected count is 11.26.

一般参考第一行的 Pearson 卡方检验结果，卡方值为 3.020，显著性大于 0.05(p=0.389)，说明不同地区商铺盈利的比例没有显著差异。

表 9-8 下面的说明 a：它表示期望频数低于 5 的格子(cell)的数量。如果是一个 2×2 的交叉列联表，会出现不同的卡方检验结果，如表 9-9 所示。查看结果需要根据说明 a 进行选择。

表 9-9　卡方检验结果示例

Chi-Square Tests

	Value	df	Asymp. Sig. (2-sided)	Exact Sig. (2-sided)	Exact Sig. (1-sided)
Pearson Chi-Square	2.903[a]	1	.088		
Continuity Correction[b]	2.450	1	.118		
Likelihood Ratio	2.912	1	.088		
Fisher's Exact Test				.098	.059
Linear-by-Linear Association	2.891	1	.089		
N of Valid Cases	243				

a. 0 cells (0.0%) have expected count less than 5. The minimum expected count is 37.84.

b. Computed only for a 2x2 table.

一般来说，如果所有格子(每一类组别)里的期望频数 $T \geq 5$，且总样本量 $n \geq 40$ 时，用 Pearson 卡方(Pearson Chi-square)进行检验。

如果有一类的期望频数 $T < 5$ 但 $T \geq 1$，并且总样本量 $n \geq 40$ 时，用连续性校正的卡方(continuity correction)进行检验。

如果有一类的期望频数 $T < 1$ 或者总样本量 $n < 40$ 时，则用 Fisher's 检验(Fisher's extract test)。

9.2　T 检验

T 检验是用 t 分布理论来推论差异发生的概率，用于比较两个样本均值是否存在显著差异。T 检验的适用条件有以下三个。

(1) 连续变量：T 检验适用于比较连续变量(也称为数值变量或定量变量)。连续变量是指具有无限可能取值的变量，例如身高、体重、血压等。T 检验不适用于比较分类变量(如性别、种类等)。

(2) 小样本：T 检验通常在小样本情况下适用，其中每个组别的样本量相对较小。虽然没有明确的样本量界限，但一般来说，当样本量较大时，T 检验的结果可能会逼近于 Z 检验(适用正态分布)，而不再适用 t 分布。

(3) 服从正态分布：T 检验建立在样本服从正态分布的假设上。这意味着每个组别的观测值应近似地遵循正态分布。当样本量较大时，中心极限定理可以保证样本均值的分布接近正态分布，即使原始数据不满足服从正态分布的假设，也可以适用 T 检验。

9.2.1　单样本 T 检验

单样本 T 检验是一种用于比较一个样本的平均值与已知总体平均值之间是否存在差异的统计方法。它通过计算样本平均值与已知总体平均值之间的差异，并考虑样本的方差和样本大小，来评估这种差异是否显著。

1. 单样本 T 检验的适用条件

(1) 符合 T 检验的使用条件。

(2) 已知总体均值：在单样本 T 检验中，研究者需要提供一个已知的总体均值，用作比较的参考。这个已知的总体均值可以基于先前的研究、理论预期或其他来源确定。研究者希望通过单样本 T 检验判断样本的均值与已知总体均值之间是否存在显著差异。

案例： 分析某小学中 10 岁学生的身高是否达到了 130cm 的标准身高。X1 变量中存储了该校 70 名 10 岁学生的身高。

2. 在 SPSS 中执行单样本 T 检验

在 SPSS 中执行单样本 T 检验的步骤如下。

(1) 选择"分析"→"比较平均值"→"单样本 T 检验"菜单命令，弹出"单样本 T 检验"对话框，如图 9-19 所示，选项设置如下。

① 检验变量：将要进行分析的变量 X1 选入列表框中。

② 检验值：输入要被对比的已知总体均数，默认值为 0，此处输入 130。

(2) 单击"选项"按钮，弹出"单样本 T 检验：选项"对话框，如图 9-20 所示，对话框中的命令用于设置单样本 T 检验的选项。

① 置信区间百分比：默认设置 95%。

② 缺失值：处理缺失值的方法，包括按分析顺序排除个案和按列表排除个案两种方式。

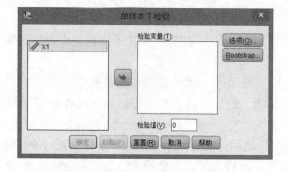

图 9-19 "单样本 T 检验"对话框

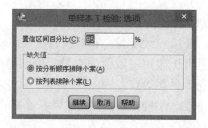

图 9-20 "单样本 T 检验：选项"对话框

3. 解释其结果

(1) 查看描述统计结果如表 9-10 所示，70 名学生的平均身高为 128.09cm，同时还显示了标准差和标准误。

表 9-10 描述统计结果

One-Sample Statistics

	N	Mean	Std. Deviation	Std. Error Mean
X1	70	128.09	12.103	1.447

(2) 查看 T 检验结果如表 9-11 所示，结果显示：$t=-1.323$，说明学生身高平均值低于 130cm，但是 P 值>0.05（$p=0.190$），说明学生的平均身高与 130cm 并没有显著差异，这意味

着从统计学意义上来说，某校 10 岁学生的身高达到了标准身高 130cm。

表 9-11   T 检验结果

One-Sample Test

| | \multicolumn{5}{c}{Test Value = 130} |
	t	Df	Sig. (2-tailed)	Mean Difference	95% Confidence Interval of the Difference Lower	Upper
X1	−1.323	69	.190	−1.914	−4.80	.97

9.2.2 独立样本 T 检验

独立样本 T 检验用来检验两类样本分别代表的总体均值是否相等。

1. 独立样本 T 检验的适用条件

(1) 符合 T 检验的使用条件。

(2) 仅适用于两组均值比较：独立样本 T 检验是用于比较两个独立样本所代表的总体均值是否存在显著差异的方法。它适用于只有两个组别需要进行均值比较的情况。例如，比较两个不同治疗组的效果、比较男性和女性的身高等。

(3) 样本的独立性：独立样本 T 检验要求两类样本的观测值之间是独立的，即两个样本之间没有依赖关系。这意味着一个样本的观测值与另一个样本的观测值是相互独立的，彼此之间的差异不会受到其他样本的影响。

(4) 方差齐性：独立样本 T 检验通常假设两个样本的观测值具有相等的方差，这被称为方差齐性假设。方差齐性的意思是两个样本的方差在总体上是相等的。如果两个样本的方差不相等，可以采用调整后的 T 检验方法，如 Welch's T 检验。

案例：分析某小学 10 岁男生和女生的身高是否有差异，男生是否显著高于女生。X1 变量中存储了该校 70 名 10 岁学生的身高，X2 变量中存储了每一个学生的性别，值 1 和 2 分别代表男性和女性。

----

2. 在 SPSS 中执行独立样本 T 检验

在 SPSS 中执行独立样本 T 检验的步骤如下。

(1) 选择"分析"→"比较平均值"→"独立样本 T 检验"菜单命令，弹出"独立样本 T 检验"对话框，如图 9-21 所示。

① 检验变量：将要进行分析的因变量 X1 选入列表框中。

② 分组变量：选入代表不同样本的分组变量，此处为 X2。

③ 定义组：选入组间变量后，要对进行比较的两个组别进行定义，如图 9-22 所示，"定义组"对话框包括以下两项内容。

◎ 使用指定值：分别输入代表不同组的值，此处第一组值为 1(男生)，第二组的值为 2(女生)。

◎ 分割点：如果分组变量为连续变量，则输入一个分割点，低于这个分割点的为第

第 9 章 SPSS 数据挖掘统计分析方法

一组，高于分割点的为第二组。

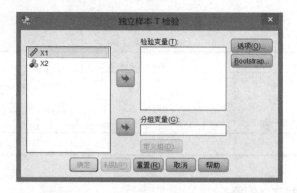

图9-21 "独立样本T检验"对话框

(2) 单击"选项"按钮，弹出"独立样本T检验：选项"对话框，如图9-23所示，对话框中的选项与单样本T检验中的选项完全一致。

图9-22 "定义组"对话框

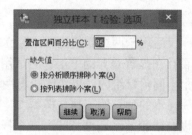

图9-23 "独立样本T检验：选项"对话框

3. 解释其结果

(1) 查看描述统计结果，如表9-12所示，男生和女生的平均身高分别为131.20cm和124.97cm。除了平均值以外，表格中同时还呈现了每组的标准差和标准误差。

表9-12 描述统计结果

Group Statistics

	X2	N	Mean	Std. Deviation	Std. Error Mean
X1	男	35	131.20	11.955	2.021
	女	35	124.97	11.592	1.959

(2) 查看T检验结果，如表9-13所示，检验男生和女生的身高是否有显著差异。首先查看方差齐性的假设检验结果(levene's test for equality of variances)，$p>0.05$(Sig.=0.616)，说明满足了方差齐性的假设，因此此处选择第一行数据结果(Equal variances assumed)；如果$p<0.05$时，说明方差不齐，需要查看第二行的数据结果。

表 9-13　T 检验结果

Independent Samples Test

		Levene's Test for Equality of Variances		t-test for Equality of Means						
									95% Confidence Interval of the Difference	
		F	Sig.	t	df	Sig. (2-tailed)	Mean Difference	Std. Error Difference	Lower	Upper
X1	Equal variances assumed	.254	.616	2.213	68	.030	6.229	2.815	.612	11.845
	Equal variances not assumed			2.213	67.935	.030	6.229	2.815	.612	11.846

结果显示 $t=2.213$，说明男生身高的均值比女生高，同时，$p<0.05(\text{Sig.}=0.030)$，意味着男生和女生的身高差异达到统计学意义的显著。

9.2.3　配对样本 T 检验

配对样本 T 检验也被称为相关样本 T 检验，用于比较同一组个体或样本在两个相关条件或时间点下的均值差异是否显著。它通常用于评估在实验前后或处理前后，个体或样本的均值是否发生显著变化。在配对样本 T 检验中，我们首先计算每对配对样本的差值，然后通过计算这些差值的平均值和标准差，以及样本大小，来评估均值差异的显著性。

1. 配对样本 T 检验的适用条件

(1) 符合 T 检验的使用条件。

(2) 数据类型：配对样本 T 检验适用于连续变量，即数值型数据，如体重、身高等连续测量。

(3) 符合正态分布：配对样本 T 检验假设在每个条件或时间点下的测量值是来自正态分布。当样本量较大时，中心极限定理可以保证样本均值的分布接近正态分布，即使原始数据不满足服从正态分布的假设，也可以使用 T 检验。

(4) 配对设计：配对样本 T 检验适用于具有配对设计的数据，其中每个个体或样本在两个相关的条件或时间点下都有测量。这些配对可以是在相同个体上的前后测量，或者是根据某种配对标准对个体进行匹配后的测量。

(5) 数据的相关性：配对样本 T 检验要求在两个相关的条件或时间点下的测量值之间存在相关性。这意味着在两个条件或时间点下的测量是相互依赖的，比如在同一个个体或样本上进行的测量。

案例：分析某校 10 岁学生早晨和晚上的身高是否有差异。X3 变量中存储了该校 70 名 10 岁学生早晨的身高，X4 变量中存储了每一个学生对应的晚上的身高。

2. 在 SPSS 中执行配对样本 T 检验

在 SPSS 中执行配对样本 T 检验的步骤如下。

(1) 选择"分析"→"比较平均值"→"配对样本 T 检验"菜单命令，弹出"配对样本 T 检验"对话框，如图 9-24 所示。

在其中的"成对变量"列表框中，将要进行比较的两个变量 X3 和 X4 分别选入 Variable1 列和 Variable2 列中。

(2) 单击"选项"按钮，弹出"配对样本 T 检验：选项"对话框，如图 9-25 所示，对话框中的选项与单样本 T 检验和独立样本 T 检验中的选项完全一致。

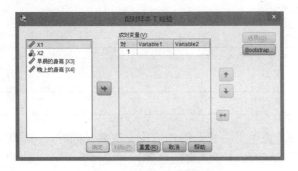

图 9-24　"配对样本 T 检验"对话框

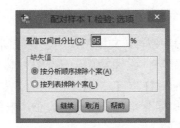

图 9-25　"配对样本 T 检验：选项"对话框

3. 解释其结果

(1) 查看描述统计结果，如表 9-14 所示，学生早晨和晚上的平均身高分别为 128.184cm 和 127.987cm，除了均值以外，表格中同时还呈现了两个不同时间点学生身高的标准差和标准误差。

表 9-14　描述统计结果

Paired Samples Statistics

		Mean	N	Std. Deviation	Std. Error Mean
Pair 1	早晨的身高	128.184	70	12.0930	1.4454
	晚上的身高	127.987	70	12.1272	1.4495

(2) 查看 T 检验结果，如表 9-15 所示，检验学生早晨和晚上的身高是否有显著差异。检验结果显示 $t=2.004$，$p<0.05$(Sig.=0.049)，说明从统计学意义上来说，学生早晨的身高显著高于晚上的身高。

表 9-15　T 检验结果

Paired Samples Test

		Paired Differences							
					95% Confidence Interval of the Difference				
		Mean	Std. Deviation	Std. Error Mean	Lower	Upper	t	df	Sig. (2-tailed)
Pair 1	早晨的身高 - 晚上的身高	.1971	.8232	.0984	.0009	.3934	2.004	69	.049

9.3　方差分析

方差分析(analysis of variance，ANOVA)，是一种用于比较两组及两组以上样本均值差异显著性的统计方法，又称 F 检验。它的基本思想是分析不同来源的变异对总变异的贡献大小，从而判断样本之间的均值差异是否显著。

方差分析假设样本的均值差异主要来自两个方面。

(1) 随机误差(组内误差)：随机误差是由个体间的差异或测量误差等因素引起的，它代表了样本内部的变异。组内差异反映了个体或样本内部的随机差异，而不是由于分组或处理的影响。

(2) 分组差异(组间差异)：分组差异是由不同组别导致的差异。它代表了样本之间的差异。如果组间差异对总差异的贡献较大，就说明不同组别之间存在显著差异，即各组样本来自不同总体。

方差分析通过计算组间方差与组内方差的比值(F 值)，并进行 F 检验来评估组间均值差异是否显著。F 检验通过比较计算得到的 F 值与 F 分布的临界值，或者计算得到的 p 值与事先设定的显著性水平(通常为 0.05)进行比较，来判断差异的显著性。

方差分析的使用条件包括以下几点。

(1) 连续变量：方差分析适用于比较连续变量(也称为数值变量或定量变量)的不同组别之间的差异。连续变量是指具有无限可能取值的变量，如身高、体重等。

(2) 样本相互独立：方差分析通常要求各组样本是相互独立的。这意味着每个样本之间的观测值是独立采集的，彼此之间没有关联或依赖关系。然而，当进行重复测量的方差分析时(如重复测量设计或配对设计)，可以容忍样本之间的相关性，因为相同个体或样本在不同条件下的测量值是相关的。

(3) 服从正态分布：方差分析假设各组样本在总体水平上符合正态分布。当样本量较大时，中心极限定理可以保证样本均值的分布接近正态分布，即使原始数据不满足服从正态分布的假设时，方差分析仍然可以提供合理的近似结果。

(4) 方差齐性：方差齐性假设指不同组别的样本具有相等的方差。这意味着各组样本的方差在总体上是相等的。方差齐性假设是方差分析的一个重要假设，它对于方差分析结果的有效性和解释具有重要影响。在方差齐性不满足的情况下，可能需要采用调整后的方差分析方法，如 Welch's 方差分析。

9.3.1　单因素方差分析

单因素方差分析是一种用于研究单个因素(一个自变量)对因变量的影响的统计方法。它用于比较单个因素的不同组别的样本均值是否存在差异。在单因素方差分析中，我们有一个自变量(也称为因子)和一个因变量。自变量是有两个或两个以上水平(组别)的分类变量，而因变量是连续变量(数值型)。我们的目标是评估不同组别之间的均值差异是否显著，以确定自变量对因变量的影响是否存在。

单因素方差分析的基本思想是分析不同组别的均值差异与组内差异(由个体间的随机误差引起)和组间差异(由分组因素引起)的比较。它通过计算组间方差和组内方差的比值(F 值)，并进行 F 检验来评估组别均值差异的显著性。

1. 单因素方差分析的适用条件

(1) 符合方差分析的使用条件。

(2) 单因素方差分析适用于只有一个自变量的情况，这个自变量是分类变量，即具有有限数量的离散取值的变量；而因变量是连续变量，即具有无限可能取值的变量。例如，自变量可以是不同的治疗组别，而因变量可以是治疗效果的连续测量。

(3) 单因素方差分析适用于进行均值的多重比较。这意味着我们可以对自变量的各个组别的均值进行两两比较，以检验不同组别之间的均值差异是否显著。常用的多重比较方法包括 Tukey's HSD(Honestly Significant Difference)方法和 Bonferroni 校正方法等。

案例： 某电器品牌在我国东部、北部、南部、西部各个地区多个城市都设有经销商，分析某年该电器品牌在四大区域的销售业绩是否存在差异。ID1 变量代表各个经销商的商铺代码；ID2 代表商铺所属的城市代码；X1 代表商铺所在地区，其中，2 代表东部地区，3 代表北部地区，4 代表南部地区，5 代表西部地区；Y 代表每一个商铺某年销售该电器的业绩。

---

2. 在 SPSS 中执行单因素方差分析

在 SPSS 中执行单因素方差分析的步骤如下。

(1) 选择"分析"→"比较平均值"→"单因素 ANOVA"菜单命令，弹出"单因素方差分析"对话框，如图 9-26 所示。

图 9-26　"单因素方差分析"对话框

① 因变量列表：选入需要分析的因变量。可以选入多个因变量，此处选入了因变量"销售业绩[Y]"。

② 因子：选入分组变量，即自变量。只能选入一个，此处选入了分组变量"商铺所在地区[X1]"。

(2) 单击"对比"按钮，弹出"单因素 ANOVA：对比"对话框，如图 9-27 所示，对话框用于对精细趋势检验和精确两两比较的选项进行设置。

① 多项式：选择是否在方差分析中对均值的多项式进行精细比较。"度"下拉列表中可以选择对均值进行从线性到五次项的多项式转换。

② 系数：设置精确两两比较的选项。按照分组变量升序依次给每组一个系数，最终所有系数值相加必须为 0。如果不为 0，虽然仍可检验，但会输出错误结果。本例中有四个组，依次为东部、北部、南部、西部，要对东部和西部进行单独比较，则在此依次输入 1、0、0、-1。

(3)　单击"事后多重比较"按钮，弹出"单因素 ANOVA：事后多重比较"对话框，如图 9-28 所示，对话框用于选择进行各组间两两比较的方法。

图 9-27　"单因素 ANOVA：对比"对话框　　图 9-28　"单因素 ANOVA：事后多重比较"对话框

①　假定方差齐性：当方差齐性时可选择的两两比较方法。其中，LSD 和 S-N-K 最常用。

②　未假定方差齐性：当方差不齐时可选择的两两比较方法。其中，Dunnett's C 最常用。

③　显著性水平：对显著性水平的临界值进行定义，一般为 0.05。

(4)　单击"选项"按钮，弹出"单因素 ANOVA：选项"对话框，如图 9-29 所示，对话框用于对以下选项进行设置。

图 9-29　"单因素 ANOVA：选项"对话框

①　Statistics：设置统计量。

◎　描述性：输出描述性统计结果。

◎　固定和随机效果：输出固定效应和随机效应结果。

◎　方差同质性检验：输出方差齐性检验结果。

◎　Brown-Forsythe：用 Brown-Forsythe 分布的统计量对各组均值是否相等进行检验。

◎　Welch：用 Welch 分布的统计量对各组均值是否相等进行检验。

②　平均值图：用各组的均值做图，以直观地观察不同组的均值差异。

③ 缺失值：缺失值处理的两种办法和 T 检验的方法一致。

3．解释其结果

(1) 查看描述统计结果，如表 9-16 所示，表格中分别显示了四个地区的商铺数量、电器平均销售业绩、标准差、标准误差、置信区间，以及每个地区的最低销售业绩和最高销售业绩。

表 9-16 描述统计结果

Descriptives

销售业绩

	N	Mean	Std. Deviation	Std. Error	95% Confidence Interval for Mean		Minimum	Maximum
					Lower Bound	Upper Bound		
东部地区	54	316.681	59.9231	8.1545	300.326	333.037	189.7	428.5
北部地区	60	319.388	61.1980	7.9006	303.579	335.197	219.1	567.3
南部地区	60	318.810	48.8688	6.3089	306.186	331.434	231.3	451.7
西部地区	48	287.435	59.3802	8.5708	270.193	304.678	190.1	398.2
Total	222	311.665	58.4135	3.9205	303.939	319.391	189.7	567.3

(2) 查看方差齐性检验结果，如表 9-17 所示，$p>0.05$(Sig.=0.142)，说明满足方差齐性假设。

表 9-17 方差齐性检验结果

Test of Homogeneity of Variances

销售业绩

Levene Statistic	df1	df2	Sig.
1.836	3	218	.142

(3) 查看方差分析结果，如表 9-18 所示，第一行代表组间差异，第二行代表了组内差异，第三行是总差异。组间差异的 F 值为 3.662，$p<0.05$(Sig.=0.013)，说明组间均值存在显著性差异，即不同地区的电器销售业绩存在显著差异。

表 9-18 方差分析结果

ANOVA

销售业绩

	Sum of Squares	df	Mean Square	F	Sig.
Between Groups	36180.459	3	12060.153	3.662	.013
Within Groups	717901.867	218	3293.128		
Total	754082.326	221			

(4) 为具体比较地区之间的差异状况，查看两两比较的结果，如表 9-19 所示。由于方差齐性，因此选择 LSD 方法。表 9-19 中将每两个地区进行了两两比较，结果显示：西部地区的销售业绩显著低于东部($p=0.011$)、北部($p=0.004$)和南部($p=0.005$)，而其余三个地区之间没有显著差异(p 均大于 0.05)。

表 9-19　两两比较结果

Multiple Comparisons

Dependent Variable: 销售业绩

LSD

(I) 商铺所在地区	(J) 商铺所在地区	Mean Difference (I-J)	Std. Error	Sig.	95% Confidence Interval	
					Lower Bound	Upper Bound
东部地区	北部地区	-2.7069	10.7643	.802	-23.922	18.508
	南部地区	-2.1285	10.7643	.843	-23.344	19.087
	西部地区	29.2461*	11.3838	.011	6.810	51.682
北部地区	东部地区	2.7069	10.7643	.802	-18.508	23.922
	南部地区	.5783	10.4772	.956	-20.071	21.228
	西部地区	31.9529*	11.1127	.004	10.051	53.855
南部地区	东部地区	2.1285	10.7643	.843	-19.087	23.344
	北部地区	-.5783	10.4772	.956	-21.228	20.071
	西部地区	31.3746*	11.1127	.005	9.472	53.277
西部地区	东部地区	-29.2461*	11.3838	.011	-51.682	-6.810
	北部地区	-31.9529*	11.1127	.004	-53.855	-10.051
	南部地区	-31.3746*	11.1127	.005	-53.277	-9.472

*. The mean difference is significant at the 0.05 level.

（5）均值图能够更直接地看出四个地区销售业绩的差异状况，如图 9-30 所示。

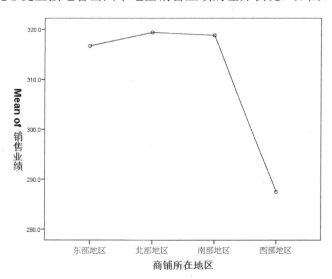

图 9-30　均值图

9.3.2　多因素方差分析

多因素方差分析是一种用于同时考察两个或两个以上自变量对因变量的影响的统计方法。它能够帮助研究人员探究两个或多个因素(自变量)以及它们之间的交互作用对因变量的影响是否显著。由于有多个自变量，自变量本身存在相互关系，因此多因素方差分析一般研究以下方面的内容。

(1) 单个自变量的主效应：在多因素方差分析中，我们关注每个自变量对因变量的独立影响，即主效应。主效应是在其他自变量保持不变的情况下，单独考察一个自变量对因变量的影响。通过主效应，我们可以确定每个自变量对因变量的独立贡献。

(2) 变量的交互效应：在多因素方差分析中，自变量之间存在相互关系和相互依赖，它们共同对因变量的变化产生影响，称为变量的交互效应。交互效应反映了自变量之间的相互作用，即一个自变量的影响会随着另一个自变量的水平不同而有所不同。

由于多个因素之间的交互作用难以解释，因此两因素方差分析是一种常见的多因素方差分析方法。如果一个自变量 A 有两个水平，另一个自变量 B 有 3 个水平，称为 2×3 的两因素方差分析。方差分析会同时给出每个自变量的主效应和交互作用是否显著的结果。当交互作用不显著的时候，两个自变量相互独立，可以直接从其主效应是否显著来判断自变量对因变量的影响大小；当两个自变量间的交互作用显著时，说明两个自变量存在相互关系，这时，自变量的主效应有可能被歪曲或掩盖，因此，不能简单地从主效应是否显著来直接判断它是否对因变量有影响，而是要进行简单效应检验，分别考察其在另一自变量不同水平上的变化情况。

1. 多因素方差分析的适用条件

(1) 符合方差分析的使用条件。

(2) 多因素方差分析适用于存在多个自变量的情况。通常情况下，多因素方差分析涉及两个自变量，也称为两因素方差分析。其中一个自变量可以有两个或多个水平，另一个自变量也可以有两个或多个水平。

(3) 多因素方差分析适用于同时考察自变量的独立影响和交互作用。主效应用于评估每个自变量对因变量的独立影响，即单独考察一个自变量对因变量的影响。交互作用用于检验自变量之间是否存在相互作用，即它们的组合效应是否与各自的主效应不同。

案例：某电器品牌在我国东部、北部、南部、西部各个地区多个城市都设有经销商，同时存在两种不同的供货方式，分析各个区域不同的供货方式对销售业绩是否有影响。ID1 变量代表各个经销商的商铺代码；ID2 代表商铺所在的城市代码；X1 代表商铺所在地区，其中，2 代表东部地区，3 代表北部地区，4 代表南部地区，5 代表西部地区；X2 代表不同的供货方式，其中，0 代表由厂家直接供货，1 代表由代理商间接供货；Y 代表每一个商铺某年销售该电器的业绩。

---

2. 在 SPSS 中执行多因素方差分析

在 SPSS 中执行多因素方差分析的步骤如下。

(1) 选择"分析"→"一般线性模型"→"单变量"(单因素 ANOVA)菜单命令，弹出"单变量"对话框，如图 9-31 所示。

① 因变量：需要分析的因变量，只能选入一个，此处选入了"因变量销售业绩[Y]"。

② 固定因子：选入固定因子，固定因子指的是包含了总体的所有分类(取值)的自变量，比如本例中的商铺所在地区(X1)有 4 种区域分类，供货方式(X2)有 0 和 1 两种方式，因此此处选入了商铺所在地区(X1)和供货方式(X2)。固定因子可以选入多个，如果只选一个，则为单因素方差分析。

③ 随机因子：选入随机因子，随机因子指总体的部分分类(取值)在样本中没有都出现的自变量。要用样本中区组的情况来推论总体中未出现的那些区组取值的情况时就会存在误差，因此被称为随机因子。

④ 协变量：需要去除某个变量对因变量的影响时，选入"协变量"列表框中。例如当研究学习时间对学习成绩的影响时，学生原有的学习能力会对研究结果产生干扰，因此要使其成为协变量。将协变量对因变量的影响从自变量中分离出去，可以进一步提高自变量影响的准确性。

⑤ WLS 权重：最小二乘法的权重。需要分析权重变量的影响时，将权重变量选入该列表框中。

(2) 单击"模型"按钮，弹出"单变量：模型"对话框，如图 9-32 所示，对话框用于设置在模型中包含哪些主效应和交互因子。

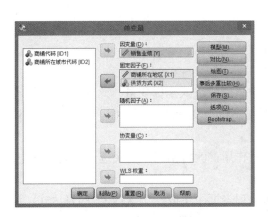

图 9-31 "单变量"对话框 　　　　　图 9-32 "单变量：模型"对话框

① 通过"指定模型"栏对方差分析的模型进行设置。

◎ 全因子：为默认选项，即分析所有的主效应和交互效应。

◎ 定制：可以将"因子与协变量"列表框中列出的自变量选入右边的"模型"列表框中。

② 构建项：模型中变量的分析内容，包括分析所有的交互效应(interaction)、主效应(main effects)、2 维交互效应(All 2-way)、3 维交互效应(All 3-way)、4 维交互效应(All 4-way)、5 维交互效应(All 5-way)。交互效应维数越多，结果解释越复杂。

③ 平方和：平方和选项包括类型Ⅰ、类型Ⅱ、类型Ⅲ、类型Ⅳ四种。系统默认的处理方法为类型Ⅲ，应用这一类型的假设是各组的样本量差异不大。

④ 在模型中包含截距：默认为选中状态，如果能假设数据通过原点，可以不包括截距，即不选中此项。

(3) 单击"对比"按钮，弹出"单变量：对比"对话框，如图 9-33 所示，对话框用于对精细趋势检验和精

图 9-33 "单变量：对比"对话框

确两两比较的选项进行设置。

① 因子：选择想要改变比较方法的变量，单击即可选中。

② 更改对比：改变比较的方法，有以下几种。

◎ 无：不进行比较。

◎ 偏差：除参照组外，选中变量其余的每个水平相互比较。可以选择"最后一个"或"第一个"单选按钮设置参照组。

◎ 简单：选中变量的每个水平与参照组进行比较。可以选择"最后一个"或"第一个"单选按钮设置参照组。

◎ 差值：选中变量的每个水平都与前面的各水平进行比较。

◎ Helmert：选中变量的每个水平都与后续的各水平进行比较。

◎ 重复：选中变量的每个水平都与它的前一个水平进行比较。

◎ 多项式：多项式比较。

(4) 单击"绘图"按钮，弹出"单变量：概要图"对话框，如图 9-34 所示，对话框中的命令用于做图，以便更直观地观察变量是否存在交互作用。

① 因子：自变量列表。

② 水平轴：横坐标，将自变量列表中的一个自变量选入坐标变量，此处选择 X1。

③ 单图：所有的线绘制在一个图中，若要观察两个变量的交互作用，则选入自变量中的其余变量，此处选择 X2。

④ 多图：如果要观察两个以上的变量的交互作用，就将第三个变量选入此列表框中，会根据该变量的每个水平生成一个线图。

变量选择后，单击"添加"按钮，会在"图"列表框中生成一个 X1×X2 的表达式，说明图形中会呈现两个变量的均值比较。如果图中代表两个变量的两条线平行，说明变量之间没有交互作用；如果不平行，甚至交叉，说明变量间存在一定的交互作用。

(5) 单击"事后多重比较"按钮，弹出"单变量：观测平均值的事后多重比较"对话框，如图 9-35 所示，对话框用于选择进行各组间两两比较的方法。将需要进行两两比较的自变量从左边的"因子"列表框中选入到右边的"事后检验"列表框中，再根据方差是否齐性选择不同的比较方法。具体的方法与单因素方差分析相同。

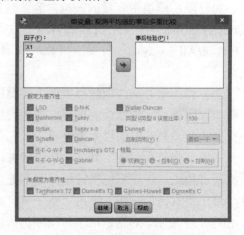

图 9-34　"单变量：概要图"对话框　　图 9-35　"单变量：观测平均值的事后多重比较"对话框

(6) 单击"保存"按钮，弹出"单变量：保存"对话框，如图 9-36 所示，在对话框中可以将所计算的预测值、残差和检测值等作为新的变量保存在编辑数据文件中。

(7) 单击"选项"按钮，弹出"单变量：选项"对话框，如图 9-37 所示，对话框中的选项用于对以下选项进行设置。

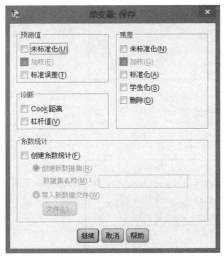
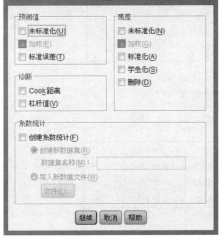

图 9-36　"单变量：保存"对话框

图 9-37　"单变量：选项"对话框

① 估计边际平均值：将需要进行统计计算的变量从左边的"因子与因子交互"列表框中选入到右边的"显示平均值"列表框中。

◎ OVERALL：代表全部选入，包括各变量的主效应以及交互效应。

◎ X1 或 X2：只考察变量的主效应，这时可以选中"比较主效应"复选框，对主效应的边际均值进行组间的配对比较。具体的比较方法包括"置信区间调节"下拉列表框中的 LSD(无)、Bonferroni、Sidak 三种。

◎ X1*X2：代表对变量的交互效应进行统计分析。

② 输出：输出显示各种结果，如描述统计结果；同质性检验的方差齐性检验结果；功效估计的效应量估计结果；分布-水平图，绘制观测量均值对标准差和对方差的图形；观察势，计算各种检验假设的功效；绘制残差图；各自变量的模型参数估计，包括标准误差、T 检验的 t 值、p 值和 95% 的置信区间等；缺乏拟合优度检验，检查独立变量和非独立变量间的关系是否被充分描述；对比系数矩阵，显示协方差矩阵；一般估计函数，自定义假设检验。

③ 显著性水平：改变显著性水平，以改变置信区间，默认值为 0.05。

3. 解释其结果

(1) 查看组间因素统计结果，如表 9-20 所示，表格中分别显示了两个自变量对应的样本数量。

进一步查看描述统计结果，如表 9-21 所示，表格中显示了四个地区采用不同供货方式所取得的销售业绩。其中，东部地区采用厂家直接供货方式取得的销售业绩最好，为 329.925，而西部地区采用厂家直接供货方式取得的销售业绩最差，为 284。

表 9-20　组间因素基本统计结果

Between-Subjects Factors

		Value Label	N
商铺所在地区	2	东部地区	54
	3	北部地区	60
	4	南部地区	60
	5	西部地区	48
供货方式	0	由厂家直接供货	106
	1	由代理商间接供货	116

表 9-21　描述统计结果

Descriptive Statistics

Dependent Variable: 销售业绩

商铺所在地区	供货方式	Mean	Std. Deviation	N
东部地区	由厂家直接供货	329.925	58.6783	24
	由代理商间接供货	306.087	59.7530	30
	Total	316.681	59.9231	54
北部地区	由厂家直接供货	318.320	69.8364	35
	由代理商间接供货	320.884	47.8926	25
	Total	319.388	61.1980	60
南部地区	由厂家直接供货	328.297	51.4046	29
	由代理商间接供货	309.935	45.4100	31
	Total	318.810	48.8688	60
西部地区	由厂家直接供货	284.000	60.2199	18
	由代理商间接供货	289.497	59.8080	30
	Total	287.435	59.3802	48
Total	由厂家直接供货	317.849	62.3316	106
	由代理商间接供货	306.014	54.2439	116
	Total	311.665	58.4135	222

(2) 查看方差分析结果，如表 9-22 所示。

表 9-22　方差分析结果

Tests of Between-Subjects Effects

Dependent Variable: 销售业绩

Source	Type III Sum of Squares	df	Mean Square	F	Sig.
Corrected Model	49244.426[a]	7	7034.918	2.136	.041
Intercept	20671352.66	1	20671352.66	6276.152	.000
X1	37010.405	3	12336.802	3.746	.012
X2	3895.216	1	3895.216	1.183	.278
X1 * X2	8562.312	3	2854.104	.867	.459
Error	704837.900	214	3293.635		
Total	22318049.66	222			
Corrected Total	754082.326	221			

a. R Squared = .065 (Adjusted R Squared = .035)

表 9-22 中第一行是对方差分析模型的检验，F 值为 2.136，$p < 0.05$(Sig.=0.041)，说明采用的模型有统计学意义。首先查看交互作用，即 X1*X2 这一行，F 值为 0.867，$p > 0.05$(Sig.=0.459)，说明 X1 和 X2 不存在交互作用。这时再考察 X1 和 X2 两个自变量的主效应是否显著。结果显示，X1 主效应显著，F 值为 3.746，$p < 0.05$(Sig.=0.012)，X2 主效应不显著，说明只有商铺所在地区(X1)对销售业绩有影响，供货方式(X2)对销售业绩没有影响，两者也不存在交互作用。

9.3.3　重复测量方差分析

重复测量(repeated measures)方差分析是一种用于分析在多个时间点上对同一被试进行多次测量的统计方法。它不仅可以分析自变量对因变量的影响，还可以研究因变量随时间的变化情况。

在重复测量方差分析中，因变量的多次测量是针对同一被试进行的，因此与传统的方差分析不同，它既包含了组间变异(即不同组别之间的差异)，也包含了组内变异(即同一被试在不同时间点上的差异)。

重复测量方差分析的基本思想与传统方差分析相似，重复测量方差分析的目标是分析不同来源的变异对总变异的贡献大小。它认为差异主要来源于两个方面：组间变异和组内变异。组间变异包括不同组别引起的差异，以及被试个体间的差异，类似于传统方差分析中的组间效应。

组内变异在重复测量方差分析中包括以下三个方面。

(1) 测量时间引起的变异：因变量在不同时间点上的测量值可能会发生变化，这是由于时间的推移而引起的变异。

(2) 测量时间与组间变量的交互作用引起的变异：重复测量方差分析允许研究时间与其他自变量之间的交互作用。这意味着因变量随着时间的变化在不同组别之间可能存在差异。

(3) 组内测量误差：重复测量方差分析还考虑了组内的测量误差，即同一被试在不同时间点上的测量值的变异。

因此，重复测量方差分析不仅对组间效应进行方差分析，还对组内效应进行方差分析。它能够同时考虑因变量随时间的变化以及组间和组内的差异，提供更全面和详细的信息。此外，在进行重复测量方差分析之前，也需要满足一些前提条件，具体如下。

1. 重复测量方差分析的适用条件

(1) 符合方差分析的使用条件。

(2) 在重复测量方差分析中，自变量是组间变量，即具有有限数量的离散取值的变量。通常情况下，自变量是分类变量，具有两个或两个以上的水平，如不同的治疗组别或不同的处理条件。

(3) 在重复测量方差分析中，因变量是组内变量，即同一被试在不同时间点上的连续变量测量值。因变量可以是连续的定量变量，如生物测量数据、心理测量数据等。

(4) 重复测量方差分析假设协方差矩阵具有球形结构，即各个时间点的观测值之间的协方差是相等的。这意味着各个时间点之间的相关性是相同的，没有特定的相关结构存在。

案例: 某电器品牌在我国东部、北部、南部、西部各个地区多个城市都设有经销商铺,对每一个商铺 4 个季度的销售业绩进行了统计,并分析不同区域的销售业绩是否有差异、不同季度的销售业绩是否有差异,以及不同区域在不同季度的销售业绩是否有交互作用。

ID1 变量代表各个经销商的商铺代码;ID2 代表商铺所在的城市代码;X1 代表商铺所在地区,其中,2 代表东部地区,3 代表北部地区,4 代表南部地区,5 代表西部地区;Y1~Y4 分别代表每一个商铺从第一季度到第四季度销售该电器的业绩。

2. 在 SPSS 中执行重复测量方差分析

在 SPSS 中执行重复测量方差分析的步骤如下。

(1) 选择"分析"→"一般线性模型"→"重复测量"菜单命令,弹出"重复测量定义因子"对话框,如图 9-38 所示。

① 被试内因子名称:组内变量名称,因为因变量被重复测量了几次,需将几个因变量看成一个统一变量,因此要对统一变量自定义命名,默认为"因子 1",此处改成 time。

② 级别数:指因变量不同水平的数量,因变量重复测量的次数。本例中是 4 个季度,因此输入 4,单击"添加"按钮,该变量被加入。

③ 测量名称:对测量进行命名,如输入"不同季度"。

(2) 定义完重复测量的变量后,单击"定义"按钮,进行具体的变量定义和模型设置,如图 9-39 所示。

① 主体内部变量:将要进行分析的所有因变量选入列表框中,此处选入 Y1、Y2、Y3、Y4。

② 因子列表:即组间因子,将要进行分析的组间变量选入此列表框中,此处选入 X1。

③ 协变量:将需要控制的协变量选入此列表框中。

图 9-38 "重复测量定义因子"对话框

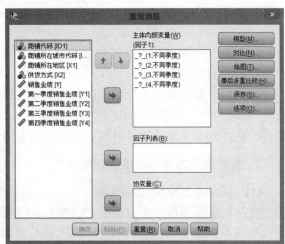

图 9-39 "重复测量"对话框

(3) 变量选择完成后,对"模型""绘图""事后多重比较""选项"等进行设置,重复测量方差分析的这些按钮功能与多因素方差分析完全一致。

3. 解释其结果

(1) 查看描述统计结果,如表 9-23 所示,呈现了四个地区四个季度的销售业绩。其中,东部地区第二季度的销售业绩最好,为 98.09;西部地区第四季度的销售业绩最差,为 45.85。

表 9-23 描述统计结果

Descriptive Statistics

	商铺所在地区	Mean	Std. Deviation	N
第一季度销售业绩	东部地区	79.41	24.725	54
	北部地区	77.98	24.232	60
	南部地区	74.07	25.745	60
	西部地区	60.75	20.703	48
	Total	73.55	24.917	222
第二季度销售业绩	东部地区	98.09	24.597	54
	北部地区	91.05	23.960	60
	南部地区	89.90	26.037	60
	西部地区	83.25	22.301	48
	Total	90.77	24.713	222
第三季度销售业绩	东部地区	85.17	25.074	54
	北部地区	65.07	26.163	60
	南部地区	79.75	26.726	60
	西部地区	69.06	26.499	48
	Total	74.79	27.190	222
第四季度销售业绩	东部地区	65.54	20.976	54
	北部地区	61.32	21.490	60
	南部地区	62.13	24.540	60
	西部地区	45.85	18.810	48
	Total	59.22	22.735	222

(2) 查看协方差矩阵的球形检验结果,如表 9-24 所示。Mauchly 球形检验结果显示,$p > 0.05$(Sig.=0.248),说明重复测量数据之间不存在相关性,满足了协方差矩阵球形假设,不需要对结果的组内效应进行校正,直接查看组内效应的一元方差分析结果;如果协方差矩阵的球形检验未通过,即 $p < 0.05$,说明一元方差分析结果的效能不高,则需要查看多元方差分析的结果,或者一元方差分析的校正结果。

表 9-24 协方差矩阵的球形检验结果

Mauchly's Test of Sphericity[a]

Measure: MEASURE_1

Within Subjects Effect	Mauchly's W	Approx. Chi-Square	df	Sig.	Epsilon[b] Greenhouse-Geisser	Huynh-Feldt	Lower-bound
time	.970	6.655	5	.248	.981	1.000	.333

Tests the null hypothesis that the error covariance matrix of the orthonormalized transformed dependent variables is proportional to an identity matrix.

a. Design: Intercept + X1
 Within Subjects Design: time

b. May be used to adjust the degrees of freedom for the averaged tests of significance. Corrected tests are displayed in the Tests of Within-Subjects Effects table.

(3) 如果协方差矩阵的球形检验未通过,查看组内效应的多元方差分析结果,如表 9-25 所示,表中显示了时间对销售业绩的影响,以及时间和商铺地区的交互作用,采用了四种多元检验方法。一般来说，四种检验方法的结果差异不大；如果存在差异，通常采用 Pillai's Trace 方法。由于本例满足了协方差矩阵球形假设，所以不参考此表结果。

表 9-25　组内效应的多元方差分析结果

Multivariate Tests[a]

Effect		Value	F	Hypothesis df	Error df	Sig.
time	Pillai's Trace	.488	68.496[b]	3.000	216.000	.000
	Wilks' Lambda	.512	68.496[b]	3.000	216.000	.000
	Hotelling's Trace	.951	68.496[b]	3.000	216.000	.000
	Roy's Largest Root	.951	68.496[b]	3.000	216.000	.000
time * X1	Pillai's Trace	.073	1.825	9.000	654.000	.061
	Wilks' Lambda	.927	1.846	9.000	525.838	.058
	Hotelling's Trace	.078	1.861	9.000	644.000	.055
	Roy's Largest Root	.069	5.001[c]	3.000	218.000	.002

a. Design: Intercept + X1
　 Within Subjects Design: time

b. Exact statistic

c. The statistic is an upper bound on F that yields a lower bound on the significance level.

(4) 查看组内效应的一元方差分析结果，如表 9-26 所示。表格中同样显示了时间对销售业绩的影响，以及时间和商铺地区的交互作用，第一行(sphericity assumed)为满足球形检验的结果。后面三行为未满足球形检验时，一元方差分析的校正结果；三种方法的结果存在差异时，一般选用第二行结果(greenhouse-geisser)。

表 9-26　组内效应的一元方差分析结果

Tests of Within-Subjects Effects

Measure:　MEASURE_1

Source		Type III Sum of Squares	df	Mean Square	F	Sig.
time	Sphericity Assumed	112181.809	3	37393.936	59.104	.000
	Greenhouse-Geisser	112181.809	2.942	38132.634	59.104	.000
	Huynh-Feldt	112181.809	3.000	37393.936	59.104	.000
	Lower-bound	112181.809	1.000	112181.809	59.104	.000
time * X1	Sphericity Assumed	10948.537	9	1216.504	1.923	.046
	Greenhouse-Geisser	10948.537	8.826	1240.535	1.923	.047
	Huynh-Feldt	10948.537	9.000	1216.504	1.923	.046
	Lower-bound	10948.537	3.000	3649.512	1.923	.127
Error(time)	Sphericity Assumed	413769.994	654	632.676		
	Greenhouse-Geisser	413769.994	641.331	645.174		
	Huynh-Feldt	413769.994	654.000	632.676		
	Lower-bound	413769.994	218.000	1898.027		

本例协方差矩阵满足球形假设，因此参考第一行结果：时间和商铺地区的交互作用显著($p=0.046$)，同时，不同时间的销售业绩也存在显著差异($p=0.000$)。

(5) 查看组间效应的方差分析结果，如表 9-27 所示。表格中显示了组间变量 X1(商铺所在地区)对销售业绩的影响，结果达到统计学意义的显著，说明不同地区的销售业绩存在显著差异。

表 9-27 组间效应的方差分析结果

Tests of Between-Subjects Effects

Measure: MEASURE_1

Transformed Variable: Average

Source	Type III Sum of Squares	df	Mean Square	F	Sig.
Intercept	4857467.674	1	4857467.674	11335.718	.000
X1	31664.408	3	10554.803	24.631	.000
Error	93415.165	218	428.510		

9.4 在 SPSS 中应用多元回归分析

多元回归分析是一种用于探究单个因变量与多个自变量之间关系的统计分析方法。它被广泛应用于研究因果关系，并用于基于观察到的多个自变量预测一个因变量的值。

在多元回归分析中，每个自变量会被加权，以找到最佳的预测因变量的方式。这些权重反映了各个自变量对因变量的影响程度。

一般来说，多元回归分析中的自变量和因变量都应该是连续变量，以进行有效的分析。然而，对于特殊情况，我们可以采取如下处理方法。

(1) 如果自变量是分类变量，即具有有限数量的离散取值的变量，可以使用虚拟编码(dummy coding)进行处理。虚拟编码将分类变量转换为一组虚拟变量(如 0 或 1)，用于表示不同的类别。这样可以将分类变量纳入多元回归模型中进行分析。

(2) 如果因变量是分类变量，即具有离散取值的变量，多元回归分析通常不直接适用。而是采用逻辑回归(logistic regression)等方法进行分析。逻辑回归可以用于预测和解释二分类或多分类的因变量，它通过计算概率来确定因变量属于不同类别的可能性。

9.4.1 多元线性回归分析的应用

1. 多元线性回归的适用条件

1) 样本量的要求

(1) 样本量与自变量数量的比值至少为 5 : 1，理想状态是 15 : 1 至 20 : 1。

(2) 使用逐步方法进行多元线性回归时，样本量与自变量数量的比值要增加到 50 : 1，因为此方法只挑选最强的因果关系。

(3) 样本量太大或太小都不利于多元线性回归。小样本，如低于 30 人时，只适合使用一个自变量的简单回归，即使这样，也只有特别强的因果关系才能够被鉴别出来；大样本，如超过 1000 人时，则特别容易使变量间的因果关系达到显著，即使关系极其微弱，也可能会被认定为存在显著的因果关系。

2) 自变量和因变量均为连续变量

如果有自变量为分类变量，则需要进行虚拟编码。

3) 假设检验

(1) 线性假设：因变量与自变量之间存在一定程度的线性关系。若发现因变量和自变量呈现非线性关系，可以通过转换数据变成线性关系后，再进行回归分析。

(2) 自变量方差齐性。

(3) 误差独立：自变量的误差，相互之间应该独立，即误差与误差之间没有相互关系，否则在估计回归参数时会降低统计的鉴定力。

(4) 自变量的误差服从正态分布。

案例：分析学生的阅读能力、计算能力、信息提取能力、学习习惯对学生的数学成绩的影响。X1、X2、X3分别代表上述的三种能力，X4代表学生的学习习惯，Y代表学生的数学成绩。

---

2. 在SPSS中执行多元线性回归分析

在SPSS中执行多元线性回归分析的步骤如下。

(1) 选择"分析"→"回归"→"线性"菜单命令，弹出"线性回归"对话框，如图9-40所示。

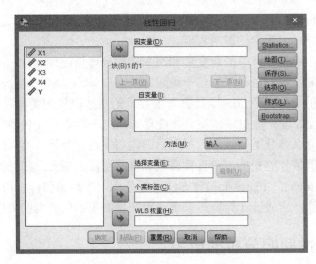

图9-40 "线性回归"对话框

① 因变量、自变量：选择因变量和自变量，将研究假设确定出的因变量 Y 选入"因变量"列表框中，将自变量 X1～X4 选入"自变量"列表框中。

② 块1的1：由"上一页"和"下一页"两个按钮组成，用于将"自变量"列表框中选入的自变量分组。由于回归分析中自变量有多种选入方法，如果对不同的自变量选择不同的选入方法，则通过这两个按钮将自变量分成不同的组即可。

③ 方法："方法"后的下列表框用于选择回归分析中自变量的选入方法。

◎ 输入：强制进入法，这种方法是强制使用"自变量"列表框中的所有自变量。此为默认选项。

◎ 删除：强制删除法，将定义的全部自变量均删除。

◎ 前进：向前增加法，选取达到了显著水平的自变量。根据解释力的大小，以逐步增加的方式，依次选取进入回归方程中。

◎ 后退：往后删除法，先将所有自变量选入回归方程中，得出一个回归模型。然后逐步将最小解释力的自变量删除，直到所有未达到显著水平的自变量都删除为止。

◎ 逐步：逐步法，结合向前增加法和往后删除法，解释力最大的自变量最先进入，成为一个简单回归；接着检查偏相关系数，选取剩下自变量中最显著的变量进入方程；每新增一个自变量，就利用往后删除法检验回归方程中的所有原变量是否仍然显著，如果不显著就删除相应变量。不断通过向前增加法选取变量，往后删除法进行检验，直到所有选取的自变量都达到显著水平。

④ 选择变量：选入一个控制变量，单击右侧的"规则"按钮，在弹出的"线性回归：设置规则"对话框中建立一个规则条件，只有满足该变量设置条件的观测值才会进入回归分析，如图 9-41 所示。

在"线性回归：设置规则"对话框中，右边的"值"文本框用于输入数值，左边的下拉列表中列出了各种条件，包括等于、不等于、小于、小于或等于、大于、大于或等于。

⑤ 个案标签：标签变量。选择一个变量，它的取值将作为每条记录的标签。最经常使用的是记录 ID 号或者年份的变量。

⑥ WLS 权重：加权变量。选择一个变量作为加权变量，这一变量将会进行权重最小二乘法的回归分析。一般只有回归模型的残差存在方差不齐时，才采用加权变量。

(2) 单击 Statistics 按钮，弹出"线性回归：统计"对话框，如图 9-42 所示，对话框中的选项功能主要是对需要的数据进行描述性统计。

① 回归系数：包括如下内容。

◎ 估计：输出各自变量的回归系数 B 及其标准误、标准化的回归系数 beta、t 值和 p 值。

◎ 误差条形图的表征：可自定义一个置信区间，默认状态下输出每个回归系数的 95% 置信区间。

◎ 协方差矩阵：输出各个自变量的相关矩阵和方差-协方差矩阵。方差-协方差矩阵的对角线上为方差，对角线以外的数据为协方差。

图 9-41　"线性回归：设置规则"对话框

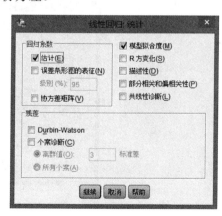

图 9-42　"线性回归：统计"对话框

② 残差：用于检验残差的独立性。

◎ Durbin-Watson：用 D-W 方法对残差相关性进行检验。

◎ 个案诊断：对被试个案进行诊断，可以规定超出 n 倍标准差的被试残差列表，或者输出所有被试的残差。

③ 模型拟合度：显示模型拟合过程中进入模型和从模型中删除的自变量，并输出模型拟合度的相关统计量(R^2、调整的 R^2、标准误差及方差分析表)。

④ R 方变化：显示由于添加或者删除自变量而引起的 R^2、F 值和 p 值的变化。R^2 代表回归模型的拟合程度，R^2 越大，回归模型的拟合度越好。如果某个变量的添加或删除引起了较大的 R^2 变化，则说明该自变量对因变量的解释力较大。

⑤ 描述性：输出显示每个变量的均值、标准差、有效样本量等描述性分析结果，同时还输出一个所有变量间的相关矩阵。

⑥ 部分相关和偏相关性：显示变量间的部分相关和偏相关系数。

◎ 部分相关：指每个自变量剔除了其他自变量影响后，单独与因变量的相关性。

◎ 偏相关：指每个自变量剔除了其他自变量的影响，同时，因变量也剔除了其他自变量可以解释的那部分后，每个自变量与因变量之间剩余的相关性。

⑦ 共线性诊断：输出多重共线性诊断的统计量，如容忍度、方差膨胀因子、特征根、条件指数等。

◎ 容忍度：代表一个变量没有被其他变量所解释的差异，容忍度为 0～1，值越大容忍度越好。容忍度越接近 1，代表多重共线性问题越小。

◎ 方差膨胀因子：variance inflation factor 的缩写，容忍度的倒数。VIF 表示标准误被共线性影响的程度。例如，VIF 是 4，表示标准误被扩大了 2 倍。因此，VIF 越小越好，越接近 1，代表多重共线性问题越少，如果 VIF 大于 10，说明多重共线性问题比较严重。

◎ 特征根：特征根接近 0，代表存在多重共线性问题。

◎ 条件指数：若条件指数大于 10，代表存在多重共线性问题。

(3) 单击"绘图"按钮，弹出"线性回归：图"对话框，如图 9-43 所示。通过对话框中的选项设置绘制出图形，主要用于检验正态性、线性和方差齐性等问题。

图 9-43 "线性回归：图"对话框

① 散点 1 的 1：在左边的列表框中选取两个变量绘制散点图，其中一个为 X 轴的变量，另一个为 Y 轴的变量。一般来说，用 ZPRED(标准化预测值)和 ZRESID(标准化残差值)绘制图形，可以检验线性关系和方差齐性。

② 标准化残差图：包括直方图和正态概率图两项。

◎ 直方图：用直方图显示标准化残差。

◎ 正态概率图：将标准化残差的分布与正态分布进行比较。

③ 产生所有部分图：输出每一个自变量残差与因变量残差的散点图。

(4) 单击"保存"按钮，弹出"线性回归：保存"对话框，如图 9-44 所示，对话框中的命令用于保存预测值、残差和其他统计量。

(5) 单击"选项"按钮，弹出"线性回归：选项"对话框，如图 9-45 所示，对话框中的命令用于设置回归分析的选项。

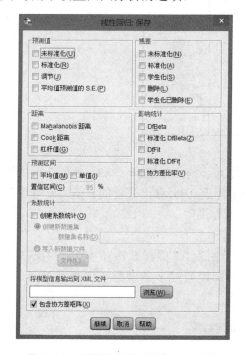

图 9-44 "线性回归：保存"对话框

图 9-45 "线性回归：选项"对话框

① 步进法标准：用于设置逐步回归方法中进入和剔除的标准，可按 P 值或 F 值来设置。

◎ 使用 F 的概率：如果某个变量的 F 值的概率(即 p 值)小于所设置的"进入"值，那么该变量将被选入回归方程；如果 F 值的概率大于所设置的"删除"值，则该变量将从回归方程中被剔除。

◎ 使用 F 值：如果某个变量的 F 值大于所设置的"进入"值，那么这个变量将被选入回归方程；如果 F 值小于设置的"删除"值，则该变量将从回归方程中被剔除。

② 在等式中包含常量：设置是否在模型中包括常数项。

③ 缺失值：处理缺失值的三种方式如下所述。

◎ 按列表排除个案：成列删除，含有缺失值的被试的所有数据都不被分析。

◎ 按对排除个案：成对删除，只删除统计分析的变量中缺失的数据，对含有缺失值的被试的其他数据不受影响。

◎ 使用平均值替换：用变量的均值取代缺失值。

3. 解释其结果

(1) 查看进入回归方程的自变量结果，如表 9-28 所示。

表 9-28　进入回归方程的自变量结果

Variables Entered/Removed^a

Model	Variables Entered	Variables Removed	Method
1	X3		Stepwise (Criteria: Probability-of-F-to-enter <= .050, Probability-of-F-to-remove >= .100).
2	X2		Stepwise (Criteria: Probability-of-F-to-enter <= .050, Probability-of-F-to-remove >= .100).

a. Dependent Variable: Y

　　表 9-28 中显示了模型的筛选过程，模型 1 通过逐步进入法选择了 X3，模型 2 再次用逐步进入法加入了 X2。加入标准为进入变量 p 值小于等于 0.05，移出变量的 p 值大于等于 0.1，X1 和 X4 没有达到进入标准，因此没有进入回归方程模型。

　　(2) 查看模型整体拟合度，如表 9-29 所示。

　　表 9-29 显示了 1 和 2 两个模型的拟合度，R^2 分别为 0.772 和 0.795，说明含有 X3 的回归模型能解释 Y 变异的 77.2%，而加入 X2 后，回归模型对 Y 的解释率提高到 79.5%，调整后 R^2 显著提高，因此选择模型 2。

表 9-29　模型拟合度结果

Model Summary

Model	R	R Square	Adjusted R Square	Std. Error of the Estimate
1	.879^a	.772	.772	38.0639556
2	.892^b	.795	.795	36.1095626

a. Predictors: (Constant), X3

b. Predictors: (Constant), X3, X2

　　进一步查看方差分析结果，如表 9-30 所示，两个模型的方差分析检验结果都达到显著水平，说明模型具有统计学意义。

表 9-30　方差分析结果

ANOVA^a

Model		Sum of Squares	df	Mean Square	F	Sig.
1	Regression	3639406.350	1	3639406.350	2511.902	.000^b
	Residual	1072159.892	740	1448.865		
	Total	4711566.242	741			
2	Regression	3747983.764	2	1873991.882	1437.220	.000^c
	Residual	963582.477	739	1303.901		
	Total	4711566.242	741			

a. Dependent Variable: Y

b. Predictors: (Constant), X3

c. Predictors: (Constant), X3, X2

(3) 查看回归系数，如表 9-31 所示。

表 9-31　回归系数结果

Coefficients^a

Model		Unstandardized Coefficients		Standardized Coefficients	t	Sig.	Collinearity Statistics	
		B	Std. Error	Beta			Tolerance	VIF
1	(Constant)	70.332	9.824		7.159	.000		
	X3	.859	.017	.879	50.119	.000	1.000	1.000
2	(Constant)	24.769	10.573		2.343	.019		
	X3	.816	.017	.835	48.173	.000	.922	1.085
	X2	.133	.015	.158	9.125	.000	.922	1.085

a. Dependent Variable: Y

对模型的截距和各个变量进行 T 检验，p 值均低于 0.05，说明模型 2 中的所有系数都具有统计学意义。读取各个变量的回归系数 B，得出最终的回归模型：Y=24.769+0.816*X3+0.133*X2。

同时，多重共线性检验结果发现，容忍度和方差膨胀因子都在可接受范围内，说明多重共线性问题较小。

9.4.2　Logistic 回归的应用

Logistic 回归是一种广义线性模型，一般用于当因变量为二分类或多分类的情况。与线性回归相比，Logistic 回归对假设(正态性、方差齐性)的要求比较低。此外，Logistic 回归和线性回归在模型的基本形式上是相似的。两者都使用自变量的线性组合来预测因变量。不同之处在于，Logistic 回归通过逻辑函数将线性组合转换为概率，并使用最大似然估计来估计模型的参数；而线性回归则直接使用线性组合来预测连续的因变量。

1. Logistic 回归的适用条件

(1) 一般为了保证 Logistic 回归模型的稳定性和可靠性，建议样本量与自变量数量的比值至少为 5∶1。这意味着在模型中每个自变量应该有足够的样本支持，以获得可靠的参数估计。理想情况下，样本量与自变量数量的比值应在 15∶1 至 20∶1 之间。

(2) Logistic 回归适用于自变量既可以是连续变量，又可以是分类变量的情况。这使得我们可以同时考虑不同类型的自变量对因变量的影响。连续变量可以直接进入模型，而分类变量则需要进行虚拟编码处理，将其转换为一组虚拟变量来表示不同的类别。

(3) Logistic 回归主要用于因变量为分类变量的情况，特别是二分类变量(两个类别)。例如，预测患病与否、购买与否等二分类问题。对于多分类变量，可以使用多项 Logistic 回归或其他适当的分类模型。

案例：为分析学生网瘾的成因，现选择两组人群，一组是有网瘾的学生组，一组是没有网瘾的学生组。因变量为是否有网瘾，值为"有"或"无"，需要考虑的自变量包括学生父母对网络行为的指导、学生的情绪管理能力、时间管理能力、学生的行为习惯、学生的学习兴趣。Y 代表学生是否有网瘾，X1～X5 代表上述五种自变量。

2. 在 SPSS 中执行 Logistic 回归

在 SPSS 中执行 Logistic 回归的步骤如下。

(1) 选择"分析"→"回归"→"二元 Logistic"菜单命令，弹出"Logistic 回归"对话框，如图 9-46 所示。

① 因变量、协变量：选择因变量和自变量，将确定出的因变量 Y 选入"因变量"列表框中，自变量 X1～X5 选入"协变量"列表框中。

② 方法：与多元线性回归选入自变量的方法不同，Logistic 回归选入自变量的方法共有以下三种。

◎ 输入：强制进入法，这种方法是强制选取进入"协变量"框中的所有自变量。此为默认选项。

◎ 向前：向前增加法，选取达到了显著水平的自变量。根据解释力的大小，以逐步增加的方式，依次选取进入回归方程中。

◎ 向后：往后删除法，先将所有自变量选入回归方程中，得出一个回归模型，然后逐步将最小解释力的自变量删除，直到所有未达到显著水平的自变量都删除为止。

其中，向前和向后两种方法剔除变量的方式又分为有条件的(conditional)、LR 和 Wald 三种。

(2) 如果自变量中有分类变量，则单击"分类"按钮，弹出"Logistic 回归：定义分类变量"对话框，如图 9-47 所示。将为分类变量的自变量选入"分类协变量"列表框中，对分类变量进行设置。

图 9-46 "Logistic 回归"对话框

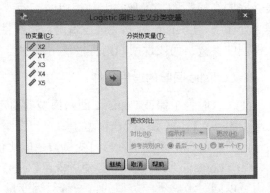

图 9-47 "Logistic 回归：定义分类变量"对话框

自变量若为分类变量，需通过"更改对比"选项组对它进行虚无变量设置。如果变量有 K 类，系统会自动生成 K-1 个虚无变量。虚无变量的具体取值方法如下。

◎ 指示灯、简单：分类变量中的参照分类编码为 0，其余为 1，各分类与参照分类的平均效应比较。

◎ 差值：除第一类分类外，各分类与其之前各类的平均效应比较。

◎ 重复：除第一类分类外，各分类与其之前一类的平均效应比较。

◎ Helmert：除最后一类外，各分类与其之后各类的平均效应比较。

◎ 多项式：仅适用于数字型变量和正交多项式设置。

◎ 偏差：除参照分类外，每一类与总体效应比较。

"参照类别"可选择"最后一个"或者"第一个"。

(3) 单击"保存"按钮，弹出"Logistic 回归：保存"对话框，如图 9-48 所示。与多元线性回归类似，对话框中的命令用于保存预测值、残差和影响强度因子。

① 预测值：包括如下两项。

◎ 概率：预测概率值。

◎ 组成员：根据预测概率值判定每一个观测量的分组情况。

② 残差和影响：与多元线性回归的选项基本相同。

(4) 单击"选项"按钮，弹出"Logistic 回归：选项"对话框，如图 9-49 所示，对话框中的命令用于对模型做精确设置。

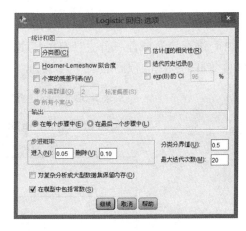

图 9-48　"Logistic 回归：保存"对话框　　　图 9-49　"Logistic 回归：选项"对话框

① 统计和图：包括如下几项。

◎ 分类图：绘制分类图。

◎ 估计值的相关性：参数估计的相关矩阵，各自变量间应相互独立，相关性应低于 0.8。

◎ Hosmer-Lemeshow 拟合度：模型拟合度。

◎ 迭代历史记录：根据迭代的具体情况，观察模型在迭代时是否存在病态。

◎ 个案的残差列表：观测量的残差列表(或者大于设置的某个标准差的观测量的残差)。

◎ exp 的 C1：置信区间。

② 输出：包括如下几项。

◎ 在每个步骤中：显示计算过程中每一步的表格、统计量和图形。

◎ 在最后一个步骤中：只在最后一步显示表格、统计量和图形。

③ 步进概率：确定变量进入模型和被剔除的概率标准。

④ 分类分界值：设置系统划分观测量类别的标准值，大于设置值的观测量被归于一组。

⑤ 最大迭代次数：默认为 20。

⑥ 为复杂分析或大型数据集保留内存：为复杂分析或大数据集节省内存。

⑦ 在模型中包括常数：模型中包括常数项。

3. 解释其结果

(1) 基本描述统计结果，包括计入分析的数据总量、缺失值，具体如表 9-32 所示。

表 9-32　回归分析基本描述统计结果

Case Processing Summary

Unweighted Cases[a]		N	Percent
Selected Cases	Included in Analysis	200	100.0
	Missing Cases	0	.0
	Total	200	100.0
Unselected Cases		0	.0
Total		200	100.0

a. If weight is in effect, see classification table for the total number of cases.

(2) 进行模型拟合，首先计算的模型是不含任何自变量、只含有常数项的模型。不含任何自变量的模型的预测准确率为 51%，如表 9-33 所示。

表 9-33　回归分析只含常数项的模型预测作用

Block 0: Beginning Block

Classification Table[a,b]

			Predicted		
			X3		Percentage Correct
Observed			0	1	
Step 0	X3	0	0	98	.0
		1	0	102	100.0
	Overall Percentage				51.0

a. Constant is included in the model.

b. The cut value is .500.

不含任何自变量的模型各参数的检验结果如表 9-34 所示，此处只有常数项，P 值 (Sig=0.777) 不显著，说明模型没有统计学意义。

表 9-34　回归分析只含常数项的模型参数检验结果

Variables in the Equation

		B	S.E.	Wald	df	Sig.	Exp(B)
Step 0	Constant	.040	.141	.080	1	.777	1.041

进一步查看，如果将其余变量纳入模型后是否有意义，如表 9-35 所示。

表 9-35　变量纳入模型后的拟合度结果

Variables not in the Equation

			Score	df	Sig.
Step 0	Variables	X1	7.046	1	.008
		X2	18.041	1	.000
		X3	21.461	1	.000
		X4	17.609	1	.000
		X5	13.647	1	.000
	Overall Statistics		63.377	5	.000

表 9-35 检验了如果将现有模型外的其余变量纳入模型，整个模型的拟合度改变是否有

统计学意义。结果显示若将 X1～X5 纳入模型，P 值都显著，说明将其余变量纳入后模型有统计学意义。

（3）引入自变量后，进行新模型的拟合，查看纳入新变量后的模型拟合结果，如表 9-36 所示。

表 9-36 纳入新变量后的模型拟合结果

Block 1: Method = Enter

Omnibus Tests of Model Coefficients

		Chi-square	df	Sig.
Step 1	Step	77.567	5	.000
	Block	77.567	5	.000
	Model	77.567	5	.000

表 9-36 显示了加入新变量后模型的统计学意义，采用三种卡方统计量：Step 卡方值是在建立模型过程中，每一步与前一步的似然比结果；Block 卡方值为 Block1 与 Block0 的似然比结果；Model 统计量为上一个模型与变量有变化后的模型的似然比检验结果。由于选择了 Enter 方法，所以三种统计量结果完全一致，P 值都显著，说明新加入的变量使新模型具有统计学意义。

进一步考察总体模型拟合度结果，如表 9-37 所示。表 9-37 为模型的拟合度检验，后两个指标与线性模型中的 R^2 相似，即此模型解释的变异程度。

表 9-37 总体模型拟合度结果

Model Summary

Step	-2 Log likelihood	Cox & Snell R Square	Nagelkerke R Square
1	199.612[a]	.321	.429

a. Estimation terminated at iteration number 5 because parameter estimates changed by less than .001.

接着查看总体模型的预测作用，如表 9-38 所示。表 9-38 显示了新加入变量后的模型对因变量分类的预测作用，由表可以看出，预测准确率提高到了 73.5%，说明自变量的引入提高了模型的预测效果。

表 9-38 总体模型的预测作用

Classification Table[a]

			Predicted		
			X3		Percentage Correct
Observed			0	1	
Step 1	X3	0	70	28	71.4
		1	25	77	75.5
Overall Percentage					73.5

a. The cut value is .500

最后，读出最终模型，得到各个变量的系数，如表 9-39 所示。由其中数据可以看出，X2 的 P 值不显著，说明 X2 对因变量没有显著的影响，而其余四个变量和常数项都达到了显著水平，能较好地预测因变量。

表 9-39　最终模型

Variables in the Equation

		B	S.E.	Wald	df	Sig.	Exp(B)
Step 1^a	X1	-.732	.193	14.347	1	.000	.481
	X2	-.007	.180	.001	1	.970	.993
	X3	.562	.138	16.716	1	.000	1.755
	X4	.940	.252	13.944	1	.000	2.559
	X5	.892	.297	9.014	1	.003	2.439
	Constant	-11.387	2.422	22.111	1	.000	.000

a. Variable(s) entered on step 1: X1, X2, X3, X4, X5.

9.5　在 SPSS 中应用聚类分析

聚类分析是将相似的个体或对象分组成具有内部相似性较高、组间差异较大的群集。聚类分析根据样本之间的相似性或距离进行聚类，不直接对变量进行处理。其目标是通过样本间的相似性来发现数据中的群组结构，从而可以帮助我们理解数据中的模式和群体之间的关系。

聚类分析的使用条件包括以下几点。

(1)　聚类分析的样本量没有具体要求，但需要样本具有代表性。聚类分析对极端值(异常值)非常敏感，因此在进行分析之前需要对极端值进行判断和处理。如果极端值是由于抽样或取值错误而产生的，应该予以删除；如果极端值确实代表了某个类别，则应该保留。

(2)　聚类分析的分类结果完全依赖于所选择的聚类变量。因此，在选择聚类变量时应该有理论基础，选择具有实际意义和解释力的变量。

(3)　聚类分析中，每个变量的权重是相同的，如果变量之间存在多重共线性问题(在聚类变量中存在高度相关的变量)，即这些变量的权重变大，会影响聚类结果。用户可以通过限制每个类别中的变量数量相同，或使用马氏距离来解决多重共线性问题。

(4)　由于聚类分析是基于样本之间的距离测量进行分类的，因此对变量的测量尺度非常敏感。变量的标准差越大，对最终相似性值的影响就越大。为了减少这种影响，通常在进行聚类分析之前需要对变量进行标准化，如使用 Z 分数。

9.5.1　两步聚类分析

两步聚类分析方法是通过聚类特征形成聚类特征树，采用预聚类和正式聚类两步进行聚类分析的方法。

1. 两步聚类分析的适用条件

(1)　符合聚类分析的使用条件。

(2)　两步聚类分析具有较好的可伸缩性和较高的计算效率，可以处理大规模的数据集。相比于一次性对所有样本进行聚类，两步聚类分析允许采用预聚类的方式先对部分数据进行聚类，再将这些预聚类结果作为输入进行正式聚类，从而降低计算复杂度。

(3)　两步聚类分析可以适用于同时包含连续变量和分类变量的数据。它可以根据变量的类型和特征，选择合适的聚类算法和距离度量方法来进行分析。

(4) 两步聚类分析方法通常具有自动识别聚类数的功能，即根据数据的特征和模式自动确定最佳的聚类数。这有助于减少主观干预，提高聚类分析的准确性和可靠性。

(5) 两步聚类分析允许在正式聚类之前使用部分数据构建预聚类模型。这可以提前对数据进行初步聚类，获得一些聚类特征和分组信息，然后将这些信息作为输入，进行更精确和更有效的正式聚类。

案例： q1～q5 是一个小型测量量表的 5 道题，根据这 5 道题的结果，将被试分成不同的类别。

2. 在 SPSS 中执行两步聚类分析

在 SPSS 中执行两步聚类分析的步骤如下。

(1) 选择"分析"→"分类"→"两步聚类"菜单命令，弹出"二阶聚类分析"对话框，如图 9-50 所示。

① 分类变量：将要进行聚类分析的分类变量选入此列表框中。

② 连续变量：将要进行聚类分析的连续变量选入此列表框中。如本例中的 Zq1～Zq5(Zq1～Zq5 是将 q1～q5 进行标准化后转换的 Z 分数)。选择连续变量后，系统会自动统计"连续变量计数"。

③ 距离测量：可选择对数相似值或 Euclidean(欧式距离)两种方式。

④ 聚类数量：包括自动确定和指定固定值两种选项。

◎ 自动确定：可以由程序计算自动确定聚类数量，可输入不超过的最大值，默认为 15。

◎ 指定固定值：可以提前指定聚类数量。

图 9-50 "二阶聚类分析"对话框

⑤ 聚类准则：包括 BIC 和 AIC 两种准则，使 BIC 或者 AIC 函数的模型聚类结果达到最小的即为最优模型。

(2) 单击"选项"按钮，弹出如图 9-51 所示对话框，这一对话框中的命令用于对聚类选项做精确设置。

① 离群值处理：对极端值进行处理。

◎ 使用噪声处理：当聚类特征树的某一个树叶包含的个案数占最大树叶个案数的百分比小于指定百分比时，认为树叶比较稀疏，将稀疏树叶的个案放到"噪声"叶子中重新聚类。

② 内存分配：指定聚类算法应使用的最大内存量。

③ 连续变量的标准化：具体包括如下内容。

◎ 假定已标准化的计数：已提前进行标准化的数据。

◎ 要标准化的计数：没有进行标准化的数据需要进入此列表框中，系统在聚类之前会先对数据进行标准化。

(3) 单击"输出"按钮，弹出"二阶聚类：输出"对话框，如图 9-52 所示。对话框中的命令用于对输出进行设置。

① 输出：具体包括如下内容。

◎ 透视表：输出数据透视表。

◎ 图表和表格：在模型视图中输出图表和表格。用户可以将下方"变量"列表框中的变量选入右方的"评估字段"列表框中，指定为评估字段的变量可以根据描述统计分析输出图表和表格。

② 工作数据文件：创建一个新变量，标记出每一个样本所属类别。

3. 解释其结果

(1) 查看两步聚类分析结果，如图 9-53 所示，显示共生成两类，聚类的质量超过 0.5，属于比较好的水平。

双击图 9-53 中的聚类分析结果，会出现模型视图，模型视图对聚类大小等有具体的描述统计分析，如图 9-54 所示。

图 9-51　"二阶聚类：选项"对话框

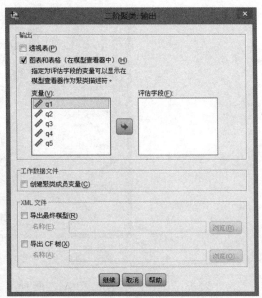

图 9-52　"二阶聚类：输出"对话框

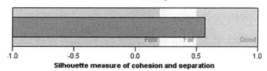

图 9-53 两步聚类分析结果

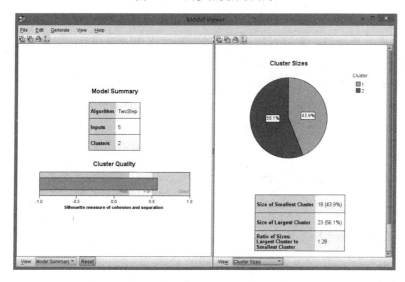

图 9-54 两步聚类分析模型视图

(2) 回到数据表，查看每一个样本所属类别聚类分析结果，如图 9-55 所示，可以看到数据表中增加了一个新变量 TSC_5203，这个变量中的值即代表样本被聚类的类别。

	q1	q2	q3	q4	q5	Zq1	Zq2	Zq3	Zq4	Zq5	TSC_5203
1	4.06	4.02	3.97	4.18	4.10	1.59514	1.65392	1.51282	2.10125	1.62329	1
2	1.81	1.85	2.07	2.00	2.08	-.58549	-.45386	-.31464	-.44831	-.33672	2
3	2.16	2.06	2.11	2.55	3.08	-.24660	-.24933	-.27980	.19787	.63436	2
4	2.97	2.89	2.92	2.91	2.93	.53275	.55754	.50511	.61824	.49153	1
5	2.88	2.97	2.97	1.89	1.76	.45313	.63842	.54983	-.57283	-.64542	2
6	1.11	1.14	1.00	2.54	2.95	-1.26951	-1.13776	-1.34453	.18619	.50832	2
7	3.56	3.07	3.11	3.12	3.66	1.10960	.73218	.68585	.86347	1.19669	1
8	3.89	3.76	4.10	3.01	3.86	1.43006	1.40166	1.63783	.73819	1.39060	1
9	1.13	1.16	1.20	1.14	1.07	-1.25009	-1.12100	-1.15079	-1.45391	-1.31440	2
10	1.00	1.05	1.14	1.11	1.03	-1.37995	-1.22773	-1.21199	-1.47811	-1.35243	2
11	2.97	2.91	2.97	2.97	2.88	.53503	.57886	.55310	.68621	.44045	1
12	1.82	2.10	1.90	2.04	2.11	-.57686	-.20769	-.47583	-.39770	-.30850	2
13	2.92	1.01	2.16	2.11	1.14	.49010	-1.27047	-.22440	-.31593	-1.24389	2
14	2.35	2.04	2.97	2.93	2.07	-.06539	-.26626	.54735	.64472	-.34147	1
15	2.78	2.95	2.98	3.05	3.09	.35217	.62056	.56085	.78173	.64406	1
16	2.00	1.02	1.27	1.09	1.17	-.40660	-1.25683	-1.08348	-1.50701	-1.21745	2
17	1.67	1.53	1.97	2.04	1.98	-.72572	-.76200	-.41203	-.39657	-.43213	2
18	1.06	2.07	2.98	2.95	2.91	-1.31807	-.23851	.56214	.67074	.47145	1
19	4.14	4.11	4.01	3.96	4.07	1.67282	1.74124	1.55129	1.84435	1.59420	1
20	2.03	2.92	1.14	1.68	1.83	-.37613	.58862	-1.20849	-.81805	-.57756	2

图 9-55 两步聚类分析数据结果

9.5.2 K-平均值聚类分析

K-平均值聚类法(又称快速样本聚类法)是聚类分析中最常用的聚类分析方法,它采用的是逐步聚类分析,即先把被聚类的所有样本进行初始分类,然后逐步调整,得到最终 k 个分类。

1. K-平均值聚类分析的适用条件

(1) 符合聚类分析的使用条件。

(2) K-均值聚类算法的计算复杂度相对较低,因此适合处理大规模的数据集。其计算速度较快,是处理大样本数据的有效方法。

(3) K-均值聚类分析是对样本或个体进行聚类,目的是将相似的样本划分到同一簇中。与之不同的是,对变量进行聚类的方法通常是因子分析或特征提取等。

(4) K-均值聚类算法是基于样本之间的距离测量进行聚类的,因此要求聚类变量是连续型的。如果有分类变量,需要对其进行虚拟编码转换为二元变量或采取其他处理方式。

(5) K-均值聚类算法不会自动对数据进行标准化,因此在应用该方法之前,通常需要对数据进行手动的标准化处理,以确保不同变量的尺度对聚类结果没有过大的影响。

(6) K-均值聚类算法需要指定聚类数 k,即将样本分为 k 个簇。聚类数的选择在实际应用中非常重要,通常可以通过手动调整、评估聚类结果的质量、轮廓系数等方法来确定最佳的聚类数。

案例:q1~q5 是一个小型测量量表的 5 道题,根据这 5 道题的结果,将被试分成不同的两类。

----

2. 在 SPSS 中执行 K-平均值聚类分析

在 SPSS 中执行 K-平均值聚类分析的步骤如下。

(1) 选择"分析"→"分类"→"K-平均值聚类"菜单命令,弹出"K 平均值聚类分析"对话框,如图 9-56 所示。

① 变量:将要进行聚类分析的变量选入此列表框中。只能选择连续变量,此处选入 Zq1~Zq5(Zq1~Zq5 是将 q1~q5 进行标准化后转换的 Z 分数)。

② 标注个案:选择一个变量,它的取值将作为每条记录的标签。

③ 聚类数:在后面的文本框中输入聚类数,此处聚类数为 2。

④ 方法:选择聚类方法。

◎ 迭代与分类:即选择初始类中心,在迭代过程中使用 K-平均值算法不断更换类中心,把观测量分派到与之最近的类中心所对应的类中。

◎ 仅分类:即只使用初始类中心对观测量进行分类。

⑤ 聚类中心:可以通过外部数据读取初始聚类中心,也可以将聚类中心写入外部数据。

(2) 单击"迭代"按钮,弹出"K-平均值聚类分析:写入文件"对话框,如图 9-57 所示,对话框中的命令用于设置迭代规则。

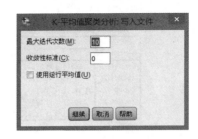

图 9-56　"K 平均值聚类分析"对话框　　图 9-57　"K-平均值聚类分析：写入文件"对话框

①　最大迭代次数：对最大迭代次数进行设置，默认为 10 次。

②　收敛性标准：默认为 0，即当两次迭代计算的类中心的变化距离为 0 时，迭代停止。

③　使用运行平均值：选择此项后，会在每个样本被分配到一类后立刻计算新的类中心；不选此项会节省迭代时间。

(3)　单击"保存"按钮，弹出"K-Means 聚类：保存新变量"对话框，如图 9-58 所示，对话框中的命令用于设置存储新变量。

①　聚类成员：新生成的变量会标记出每一个样本所属类别。

②　与聚类中心的距离：新变量会输出每一个样本与聚类中心的距离。

(4)　单击"选项"按钮，弹出"K 平均值聚类分析：选项"对话框，如图 9-59 所示，对话框中的命令用于对选项进行设置。

图 9-58　"K-Means 聚类：保存新变量"对话框　　图 9-59　"K 平均值聚类分析：选项"对话框

①　Statistics：具体内容包括如下几项。

◎　初始聚类中心：输出初始类中心点。

◎　ANOVA 表：输出方差分析表。

◎　每个个案的聚类信息：输出每个样本的分类信息，如分配到哪一类和该样本距所属类中心的距离。

②　缺失值：包括两种常用的缺失值处理办法，即"按列表排除个案"和"按对排除个案"。

3. 解释其结果

(1) 查看初始聚类中心及迭代情况，如表 9-40 所示，本次聚类一共迭代了两次。

表 9-40　初始聚类中心及迭代情况

Initial Cluster Centers

	Cluster	
	1	2
Zscore(q1)	1.59514	-1.37995
Zscore(q2)	1.65392	-1.22773
Zscore(q3)	1.51282	-1.22772
Zscore(q4)	2.10125	-1.47811
Zscore(q5)	1.62329	-1.35243

Iteration History[a]

Iteration	Change in Cluster Centers	
	1	2
1	1.634	1.707
2	.000	.000

a. Convergence achieved due to no or small change in cluster centers. The maximum absolute coordinate change for any center is .000. The current iteration is 2. The minimum distance between initial centers is 6.807.

(2) 查看最终的聚类中心，如表 9-41 所示。

表 9-41　最终聚类中心

Final Cluster Centers

	Cluster	
	1	2
Zscore(q1)	.99195	-.57228
Zscore(q2)	1.00488	-.57974
Zscore(q3)	.98535	-.56847
Zscore(q4)	.98135	-.56616
Zscore(q5)	1.03010	-.59429

(3) 查看每一类中的样本数量，如表 9-42 所示，第一类共 15 个样本，第二类 26 个样本。

表 9-42　每一类样本数量

Number of Cases in each Cluster

Cluster	1	15.000
	2	26.000
Valid		41.000
Missing		.000

(4) 回到数据表，查看每一个样本所属类别聚类分析结果，如图 9-60 所示，可以看到数据表中增加了一个新变量 QCL_1，这个变量中的值即代表样本被聚类的类别。

	q1	q2	q3	q4	q5	Zq1	Zq2	Zq3	Zq4	Zq5	QCL_1
1	4.06	4.02	3.97	4.18	4.10	1.59514	1.65392	1.51282	2.10125	1.62329	1
2	1.81	1.85	2.07	2.00	2.08	-.58549	-.45386	-.31464	-.44831	-.33572	2
3	2.16	2.06	2.11	2.55	3.08	-.24660	-.24933	-.27980	.19787	.63436	2
4	2.97	2.89	2.92	2.91	2.93	.53275	.55754	.50511	.61824	.49153	1
5	2.88	2.97	2.97	1.89	1.76	.45313	.63842	.54983	-.57283	-.64542	2
6	1.11	1.14	1.00	2.54	2.95	-1.26951	-1.13776	-1.34453	.18619	.50832	2
7	3.56	3.07	3.11	3.12	3.66	1.10960	.73218	.68585	.86347	1.19669	1
8	3.89	3.76	4.10	3.01	3.86	1.43006	1.40166	1.63783	.73819	1.39060	1
9	1.13	1.16	1.20	1.14	1.07	-1.25009	-1.12100	-1.15079	-1.45391	-1.31440	2
10	1.00	1.05	1.14	1.11	1.03	-1.37995	-1.22773	-1.21199	-1.47811	-1.35243	2
11	2.97	2.91	2.97	2.97	2.88	.53503	.57886	.55310	.68621	.44045	1
12	1.82	2.10	1.90	2.04	2.11	-.57686	-.20769	-.47583	-.39770	-.30850	2
13	2.92	1.01	2.16	2.11	1.14	.49010	-1.27047	-.22440	-.31593	-1.24389	2
14	2.35	2.04	2.97	2.93	2.07	-.06539	-.26626	.54735	.64472	-.34147	2
15	2.78	2.95	2.98	3.05	3.09	.35217	.62056	.56085	.78173	.64406	1
16	2.00	1.02	1.27	1.09	1.17	-.40560	-1.25683	-1.08348	-1.50701	-1.21745	2
17	1.67	1.53	1.97	2.04	1.98	-.72572	-.76200	-.41203	-.39657	-.43213	2
18	1.06	2.07	2.98	2.95	2.91	-1.31807	-.23851	.56214	.67074	.47145	2
19	4.14	4.11	4.01	3.96	4.07	1.67282	1.74124	1.55129	1.84435	1.59420	1
20	2.03	2.92	1.14	1.68	1.83	-.37613	.58862	-1.20849	-.81805	-.57756	2

图 9-60　K-平均值聚类分析数据结果

9.5.3　系统聚类分析

系统聚类分析法(hierarchical clustering analysis)是将一定数量的样本或变量各自看成一类，然后根据样本(或变量)的亲疏程度，将亲疏程度最高的两类进行合并，然后考虑合并后的类与其他类之间的亲疏程度，再进行合并；重复这一过程，使具有相似特征的样本聚集在一起，差异性大的样本分离开来。

1. 系统聚类分析的适用条件

(1)　符合聚类分析的使用条件。

(2)　系统聚类分析产生的树状图(聚类树或聚类图)对于小样本更加直观和形象，易于解释和理解。在样本量较小的情况下，系统聚类分析是一种较为合适的聚类方法。

(3)　系统聚类分析可以对样本进行聚类，形成 Q 型聚类；也可以对变量进行聚类，形成 R 型聚类。Q 型聚类是指将相似的样本划分到同一簇中，得到样本的分组；R 型聚类是指将相似的变量划分到同一簇中，得到变量的分组。在实际应用中，用户可以根据需求进行样本聚类或变量聚类，以获得所需的聚类结果。

(4)　系统聚类分析既可以处理连续变量，也可以处理分类变量。对于连续变量，常用的距离度量方法如欧氏距离和曼哈顿距离；对于分类变量，可以使用适当的距离度量方法，如 Hamming 距离。但需要注意的是，不能处理同时包含连续变量和分类变量的数据。

案例：q1～q5 是一个小型测量量表的 5 道题，根据这 5 道题的结果，将被试分成不同的类别。

------

2. 在 SPSS 中执行系统聚类分析

在 SPSS 中执行系统聚类分析的步骤如下。

(1)　选择"分析"→"分类"→"系统聚类"菜单命令，弹出"系统聚类分析"对话框，如图 9-61 所示。

①　变量：将要进行聚类分析的变量选入此列表框中，此处选入 Zq1～Zq5(Zq1～Zq5 是将 q1～q5 进行标准化后转换的 Z 分数)。

②　标注个案：标签变量，选择一个变量，它的取值将作为每条记录的标签。

③　聚类：聚类对象，包括"个案"和"变量"两个选项。

④　输出：输出显示 Statistics 或"图"。

(2)　单击 Statistics 按钮，弹出"系统聚类分析：统计"对话框，如图 9-62 所示，对话框中的命令用于设置输出的统计量。

①　合并进程表：输出聚合过程表。

②　近似值矩阵：输出每个案例之间的欧氏距离平方表。

③　聚类成员：输出聚类成员。

◎　无：不输出，试探性做聚类分析时选择此项。

◎　单一方案：设置固定的聚类数。

◎　方案范围：设置一个聚类数的范围。

图 9-61   "系统聚类分析"对话框   图 9-62   "系统聚类分析：统计"对话框

(3) 单击"绘图"按钮，弹出"系统聚类分析：图"对话框，如图 9-63 所示，对话框中的命令用于设置统计图表。

① 谱系图：树形图。

② 冰柱：冰柱图。

◎   所有聚类：聚类的每一步都表现在图中。此图可以查看聚类的全过程，但如果参与聚类的样本量很大，图就会特别大。

◎   聚类的指定全距：设置聚类范围。可以在"开始聚类"文本框中输入在冰柱图中显示的聚类过程的起始步数，在"停止聚类"文本框中输入在冰柱图中显示的结束步数，在"排序标准"文本框中输入步数增量。例如，设置"开始聚类"为 2，"停止聚类"为 6，"排序标准"为 2。则生成的冰柱图从第二步开始，显示第二、第四、第六步聚类的情况。

◎   无：不生成冰柱图。

③ 方向：可选择"垂直"纵向显示冰柱图，也可选择"水平"横向显示冰柱图。

(4) 单击"方法"按钮，弹出"系统聚类分析：方法"对话框，如图 9-64 所示，对话框中的命令用于设置聚类方法。

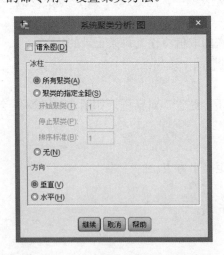

图 9-63   "系统聚类分析：图"对话框   图 9-64   "系统聚类分析：方法"对话框

① 聚类方法：选择聚类方法，包括组之间的链接、组内的链接等多种具体方法。

② 测量：选择距离的具体计算方法，分为"区间"(即等间隔测度的变量，一般为连续变量)、"计数"(一般为分类变量)、"二分类"(即二值变量)三种情况。一般来说，只考虑连续变量的情况。连续变量对距离的计算方法有多种，其中，Pearson 相关性距离适用于 R 型聚类；而 Euclidean 距离、平方 Euclidean 距离、余弦、块等都适用于 Q 型聚类。

③ 转换值：对数据进行标准化转换。

④ 转换测量：对距离测量数据进行转换。

◎ 绝对值：转换为绝对值。

◎ 更改符号：更改数据的正负符号。

◎ 重新标度到 0-1 全距：将数据转换到 0～1 的范围内。

(5) 单击"保存"按钮，弹出"系统聚类分析：保存"对话框，如图 9-65 所示，对话框中的命令用于设置存储新变量。

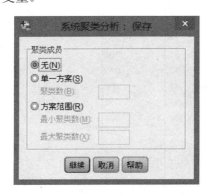

图 9-65 "系统聚类分析：保存"对话框

通过"聚类成员"选项组可设置存储变量。

① 无：不生成新变量。

② 单一方案：设置固定的聚类数，将生成一个新变量，标记出每一个样本所属类别。此处值为 2。

③ 方案范围：设置一个聚类数的范围，将生成若干个新变量，表明聚为若干个类时每个个体聚类后所属的类。例如，范围为 2～4，则会生成 3 个变量，分别表示每一个样本在聚为 2 类、3 类、4 类时所属的类别。

3. 解释其结果

(1) 查看聚类步骤，如表 9-43 所示，可以看到第一步是第 16 号样本与第 32 号样本聚到一类，第二步是 14 号样本与第 30 号样本聚到一类，依此类推。

聚类的全过程如图 9-66 所示的树形图。

(2) 回到数据表，查看每一个样本所属类别聚类分析结果，如图 9-67 所示，可以看到数据表中增加了一个新变量 CLU2_1，这个变量中的值即代表样本被聚类的类别。

表 9-43　聚类步骤

Agglomeration Schedule

Stage	Cluster Combined		Coefficients	Stage Cluster First Appears		Next Stage
	Cluster 1	Cluster 2		Cluster 1	Cluster 2	
1	16	32	.000	0	0	28
2	14	30	.000	0	0	32
3	13	29	.000	0	0	36
4	12	28	.000	0	0	25
5	11	27	.000	0	0	14
6	9	25	.000	0	0	17
7	8	24	.000	0	0	19
8	7	23	.000	0	0	15
9	6	22	.000	0	0	16
10	5	21	.000	0	0	21
11	20	34	.000	0	0	33
12	10	26	.000	0	0	18
13	19	33	.000	0	0	23
14	11	41	.000	5	0	20
15	7	37	.002	8	0	29
16	6	36	.002	9	0	38
17	9	39	.005	6	0	22
18	10	40	.008	12	0	22
19	8	38	.009	7	0	31
20	4	11	.010	0	14	24
21	5	35	.011	10	0	35
22	9	10	.035	17	18	28
23	1	19	.084	0	13	31
24	4	15	.089	20	0	27
25	2	12	.090	0	4	26
26	2	17	.278	25	0	30
27	4	31	.766	24	0	29
28	9	16	.826	22	1	38
29	4	7	1.295	27	15	34
30	2	3	1.576	26	0	33
31	1	8	1.629	23	19	40
32	14	18	2.232	2	0	34
33	2	20	2.383	30	11	35
34	4	14	3.472	29	32	37
35	2	5	3.683	33	21	36
36	2	13	4.265	35	3	37
37	2	4	5.862	36	34	39
38	6	9	6.297	16	28	39
39	2	6	10.550	37	38	40
40	1	2	19.404	31	39	0

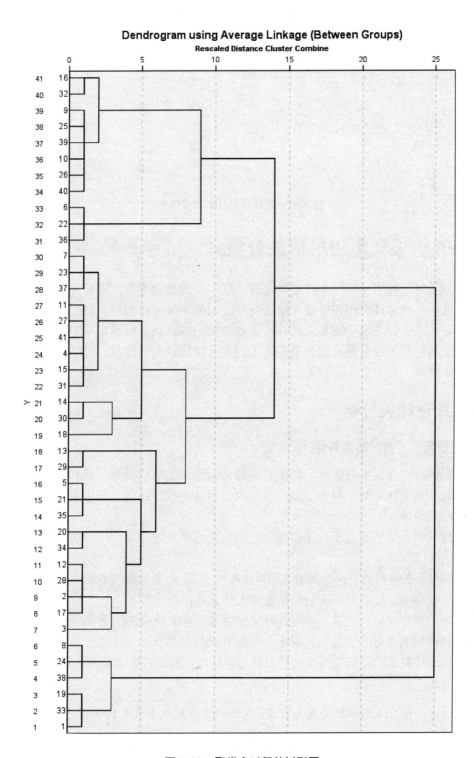

图 9-66　聚类全过程的树形图

	q1	q2	q3	q4	q5	Zq1	Zq2	Zq3	Zq4	Zq5	CLU2_1
1	4.06	4.02	3.97	4.18	4.10	1.59514	1.65392	1.51282	2.10125	1.62329	1
2	1.81	1.85	2.07	2.00	2.08	-.58549	-.45386	-.31464	-.44831	-.33572	2
3	2.16	2.06	2.11	2.55	3.08	-.24660	-.24933	-.27980	.19787	.63436	2
4	2.97	2.89	2.92	2.91	2.93	.53275	.55754	.50511	.61824	.49153	2
5	2.88	2.97	2.97	1.89	1.76	.45313	.63842	.54983	-.57283	-.64542	2
6	1.11	1.14	1.00	2.54	2.95	-1.26951	-1.13776	-1.34453	.18619	.50832	2
7	3.56	3.07	3.11	3.12	3.66	1.10960	.73218	.68585	.86347	1.19669	2
8	3.89	3.76	4.10	3.01	3.86	1.43006	1.40166	1.63783	.73819	1.39060	1
9	1.13	1.16	1.20	1.14	1.07	-1.25009	-1.12100	-1.15079	-1.45391	-1.31440	2
10	1.00	1.05	1.14	1.11	1.03	-1.37995	-1.22773	-1.21199	-1.47811	-1.35243	2
11	2.97	2.91	2.97	2.97	2.88	.53503	.57886	.55310	.68621	.44045	2
12	1.82	2.10	1.90	2.04	2.11	-.57686	-.20769	-.47583	-.39770	-.30850	2
13	2.92	1.01	2.16	2.11	1.14	.49010	-1.27047	-.22440	-.31593	-1.24389	2
14	2.35	2.04	2.97	2.93	2.07	-.06539	-.26626	.54735	.64472	-.34147	2
15	2.78	2.95	2.98	3.05	3.09	.35217	.62056	.56085	.78173	.64406	2
16	2.00	1.02	1.27	1.09	1.17	-.40560	-1.25683	-1.08348	-1.50701	-1.21745	2
17	1.67	1.53	1.97	2.04	1.98	-.72572	-.76200	-.41203	-.39657	-.43213	2
18	1.06	2.07	2.98	2.95	2.91	-1.31807	-.23851	.56214	.67074	.47145	2
19	4.14	4.11	4.01	3.96	4.07	1.67282	1.74124	1.55129	1.84435	1.59420	1
20	2.03	2.92	1.14	1.68	1.83	-.37613	.58862	-1.20849	-.81805	-.57756	2

图 9-67   系统聚类分析数据结果

9.6 在 SPSS 中应用相关分析

相关分析是一种用于探讨不同变量之间关联程度的统计方法,常用来研究变量之间的线性相关性。它通过计算相关系数来描述变量之间的相关方向和相关程度。相关关系并不能证明因果关系。即使两个变量之间存在显著的相关性,也不能确定其中一个变量是因果于另一个变量。相关性只是表明两个变量之间有一种统计上的联系,但并不说明其中一个变量的变化导致了另一个变量的变化。

9.6.1 线性相关分析

1. 线性相关分析的适用条件

(1) 在进行线性相关分析时,样本必须是来自总体的随机抽样,并且样本之间应该是相互独立的。这意味着每个样本点都应该是独立地观察或测量的,样本之间的观测值不应该相互影响或依赖。

(2) 线性相关分析适用于连续型变量之间的关系研究,不适用于分类变量之间的关系研究。

(3) 线性相关分析假设两个变量之间存在线性关系,即变量间的关系可以用直线来表示。

(4) 线性相关分析通常假设变量在总体水平上呈正态分布。

(5) 在进行相关分析之前,需要查看变量中是否存在极端值(也称为异常值或离群值)。极端值可以对相关系数产生较大的影响,导致相关性的估计出现偏差。如果发现有极端值存在,可以选择将其删除或者通过其他方式进行处理,例如替换为缺失值或进行数据转换,以减少其对相关性的影响。

案例:考查学生五门成绩的相关程度,X1~X5 分别代表学生的物理、化学、英语、数学、语文成绩。

2. 在 SPSS 中执行线性相关分析

在 SPSS 中执行线性相关分析的步骤如下。

(1)　选择"分析"→"相关"→"双变量"菜单命令，弹出"双变量相关性"对话框，将需要进行相关分析的变量 X1～X5 选入"变量"列表框中，如图 9-68 所示。

① 相关系数：选择相关系数的不同计算方法并做显著性检验。

◎ Pearson：Pearson 积差相关，适用于检验都为正态分布的连续变量之间的相关性。

◎ Kendall's tau-b：Kendall's tau-b 等级相关，对数据分布没有严格要求，适用于检验分类变量之间的相关性。

◎ Spearman：Spearman 等级相关，对数据分布没有严格要求，适用于检验分类变量或者明显非正态分布的变量之间的相关性。

一般情况下，大规模连续变量基本都符合服从正态分布假设，适合使用 Pearson 相关系数；当变量不服从正态分布时，适合使用 Kendall 或者 Spearman 相关；当变量为完全等级分布的分类变量时，必须使用 Kendall 或者 Spearman 两种等级相关系数。

② 显著性检验：显著性检验可选择"双尾检验"或者"单尾检验"两种方式。

③ 标记显著性相关：用星号标记具有统计学意义的显著性相关。一般来说，$p<0.05$ 时，相关系数旁会标记 1 颗星；$p<0.01$ 时，标记 2 颗星；$p<0.001$ 时，标记 3 颗星。标记的星号越多，说明相关程度越高。

(2)　单击"选项"按钮，弹出"双变量相关性：选项"对话框，如图 9-69 所示，对话框中的命令用于设置相关分析的选项。

图 9-68　"双变量相关性"对话框　　　　图 9-69　"双变量相关性：选项"对话框

① Statistics：统计量。

◎ 平均值和标准差：输出每个变量的均值和标准差。

◎ 叉积偏差和协方差：输出各对变量的离差平方和、协方差矩阵。

② 缺失值：缺失值处理方法。

◎ 按对排除个案：成对删除，只删除统计分析的变量中缺失的数据，含有缺失值的被试的其他数据不受影响。

◎ 按列表排除个案：成列删除，含有缺失值的被试的所有数据都被删除。

3. 解释其结果

查看相关分析的结果，如表 9-44 所示。

表 9-44　相关分析结果

Correlations

		X1	X2	X3	X4	X5
X1	Pearson Correlation	1	.840**	.883**	.713**	.673**
	Sig. (2-tailed)		.000	.000	.000	.000
	N	41	41	41	41	41
X2	Pearson Correlation	.840**	1	.857**	.742**	.773**
	Sig. (2-tailed)	.000		.000	.000	.000
	N	41	41	41	41	41
X3	Pearson Correlation	.883**	.857**	1	.807**	.736**
	Sig. (2-tailed)	.000	.000		.000	.000
	N	41	41	41	41	41
X4	Pearson Correlation	.713**	.742**	.807**	1	.914**
	Sig. (2-tailed)	.000	.000	.000		.000
	N	41	41	41	41	41
X5	Pearson Correlation	.673**	.773**	.736**	.914**	1
	Sig. (2-tailed)	.000	.000	.000	.000	
	N	41	41	41	41	41

**. Correlation is significant at the 0.01 level (2-tailed).

(1)　查看两个变量之间的相关程度，通常包括如下两种方式。

①　相关系数的显著性检验结果，一般来说，$p<0.05$ 时，说明两个变量之间存在统计学意义的显著性相关，P 越小，两个变量的相关程度越高。但是，显著性检验容易受样本量的影响，当样本量较大的时候(如超过 1000 个样本)，即使是微弱的相关关系也有可能导致统计学意义的显著。

②　查看相关系数 r 的大小。相关系数 r 在-1～+1 之间。绝对值越大，说明两个变量之间的相关程度越高；当相关系数接近 0 时，表示两个变量之间几乎没有线性相关关系。一般来说，|r|>0.95 说明两个变量之间存在非常显著的相关关系；0.8≤|r|<0.95 说明两个变量之间高度相关；0.5≤|r|<0.8 说明两个变量中度相关；0.3≤|r|<0.5 说明两个变量低相关；|r|<0.3 说明两个变量关系极弱，认为不相关。

(2)　确定两个变量的相关程度后，查看两者的相关方向。相关系数的正负代表两个变量的相关方向，正相关代表两个变量同增或同减；负相关代表一个变量增时，另一个变量减，反之亦然。

本例中所有变量两两之间都存在显著性的正相关。

9.6.2　偏相关分析

偏相关分析(partial correlation analysis)是一种用于探索两个变量之间关系的统计方法，它通过消除其他变量的影响，来研究两个变量之间的直接关系。偏相关分析可以帮助我们了解两个变量之间的独立关系，即在控制其他变量影响的情况下，两个变量之间是否仍然存在相关性。

1. 偏相关分析的适用条件

(1)　符合线性相关分析的使用条件。

(2)　偏相关分析通常要求样本量足够大，以保证结果的稳定性和可靠性。较小的样本量可能导致偏相关系数的估计不稳定。

(3)　偏相关分析通常基于假设所有变量服从正态分布。服从正态分布是统计分析中常见的假设之一，它意味着变量的分布呈现钟形曲线形状，且均值、中位数和众数相等。如果数据不服从正态分布，可能会影响偏相关分析的结果，因此在进行偏相关分析前，需要检查变量是否满足正态分布。

案例：考查学生物理、化学、英语成绩的相关程度，排除数学和语文成绩的影响。X1~X5 分别代表学生的物理、化学、英语、数学、语文成绩。

2. SPSS 中执行偏相关分析

在 SPSS 中执行偏相关分析的步骤如下。

(1) 选择"分析"→"相关"→"偏相关"菜单命令，弹出"偏相关"对话框，如图 9-70 所示。

① 选择分析变量和控制变量，将需要进行偏相关分析的所有变量 X1、X2、X3 选入"变量"列表框中，需要被控制的变量 X4 和 X5 选入"控制"列表框中。

② 显著性检验：显著性检验选择"双尾检验"或者"单尾检验"。

③ 显示实际显著性水平：在结果中会显示出显著性检验的 P 值。

(2) 单击"选项"按钮，弹出"偏相关性：选项"对话框，如图 9-71 所示，对话框中的命令用于设置偏相关分析的选项。

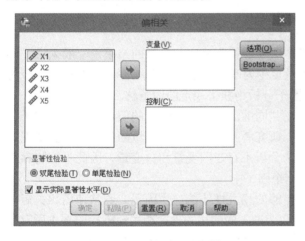

图 9-70 "偏相关"对话框

图 9-71 "偏相关性：选项"对话框

① Statistics：统计量。

◎ 平均值和标准差：输出每个变量的均值和标准差。

◎ 零阶相关系数：输出包括控制变量在内的所有变量的相关矩阵。

② 缺失值：缺失值处理方法，与线性相关分析方法一致。

3. 解释其结果

查看偏相关分析的结果，如表 9-45 所示，结果解释方法与线性相关分析完全一致。通过表 9-45 可以看到，排除数学和语文成绩的影响后，学生的物理、化学、英语成绩仍然存在较高的相关性。

表 9-45　偏相关分析结果

Correlations

Control Variables			X1	X2	X3
X4 & X5	X1	Correlation	1.000	.680	.745
		Significance (2-tailed)	.	.000	.000
		df	0	37	37
	X2	Correlation	.680	1.000	.699
		Significance (2-tailed)	.000	.	.000
		df	37	0	37
	X3	Correlation	.745	.699	1.000
		Significance (2-tailed)	.000	.000	.
		df	37	37	0

9.7　因子分析

因子分析(factor analysis)是一种统计方法，旨在通过识别隐藏在观测变量背后的潜在因子或构建，从而揭示多个观测变量之间的内在结构和关联性。因子分析可以帮助研究者降低多个变量研究的复杂性，找出共同的变量维度，将众多观测变量简化为较少的潜在因子，并解释数据中的变异。

1. 因子分析的适用条件

(1) 样本量。因子分析需要足够的样本量才能得到稳定和可靠的结果。一般来说，每个因子最好包含超过 4 个观测变量，样本量至少为 50，并且样本量与变量数的比值至少为 5∶1，最好超过 10∶1。这样可以确保在因子分析中获得稳定的因子解。

(2) 因子分析是基于观测变量之间存在共同的潜在结构或维度的假设。在进行因子分析之前，需要有理论基础来支持这一假设。研究者应该了解研究领域的相关理论和知识，以确保因子分析的合理性。同时，因为因子分析不存在因变量和自变量，因此不能将存在因果关系假设的因变量、自变量同时放到一个因子中。

(3) 因子分析需要多个变量之间存在足够的相关性才能产生因子。通常使用相关矩阵检验、Bartlett 球形检验和 KMO 检验来评估变量之间的相关性。相关矩阵检验要求所有变量之间的相关性都超过 0.3；Bartlett 球形检验用于检验相关矩阵的显著性(sig<0.05)，即判断相关性是否足够高；KMO 检验评估样本的适用性，KMO 值为 0～1，一般应大于 0.5。 如果小于 0.5，就要使用 Anti-image Correlation 检验每一个变量的 MSA 值，逐次删除 MSA 小于 0.5 的变量，每次删除一个 MSA 值最小的变量，直到总体 KMO 值大于 0.5。

案例：X1～X15 是一个测量量表的 15 道题，对这 15 道题进行降维，提取公共因子。

2. 在 SPSS 中执行因子分析

在 SPSS 中执行因子分析的步骤如下。

(1) 选择"分析"→"降维"→"因子分析"菜单命令，弹出如图 9-72 所示的对话框，将需要进行因子分析的变量 X1～X15 选入"变量"列表框中。

(2) 单击"描述"按钮，弹出"因子分析：描述统计"对话框，如图 9-73 所示，对话框中的命令主要是对变量进行描述性统计和相关矩阵分析的设置。

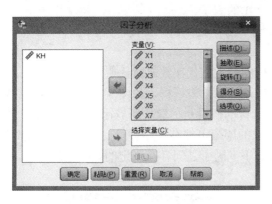

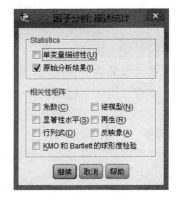

图 9-72 "因子分析"对话框 　　　　图 9-73 "因子分析：描述统计"对话框

① Statistics：统计量。

◎ 单变量描述性：计算每一个变量的平均数、标准差。

◎ 原始分析结果：初始解决方案的统计量，即计算因子分析未转轴时的共同度、特征值、变异数百分比及累积百分比。

② 相关性矩阵：包括以下几项内容。

◎ 系数：显示所有变量之间的两两相关矩阵。

◎ 显著性水平：计算相关矩阵的显著性水平。

◎ 行列式：计算相关矩阵的行列式值。

◎ KMO 和 Bartlett 的球形度检验：计算 KMO 值，检验总体的样本适用性以及 Bartlett 球形检验的结果。

◎ 逆模型：倒数模式，计算相关矩阵的反矩阵。

◎ 再生：重制矩阵，给出因子分析后的相关矩阵及残差，上三角区域数据代表残差值，主对角线及下三角区域数据代表相关系数。

◎ 反映象：即计算反映象的共变量及相关矩阵，主对角线上的值代表每一个变量的 MSA 值。

(3) 单击"抽取"按钮，弹出"因子分析：抽取"对话框，如图 9-74 所示，对话框中的命令主要是对因子分析中因子的抽取选项进行设置。

① 方法：下拉列表框用于选择因子抽取的方法，包括主成分分析法、未加权最小平方法等。其中，最常用的为主成分分析法。

② 分析：具体包括以下两项内容。

◎ 相关性矩阵：以相关矩阵来抽取因子。

◎ 协方差矩阵：以协方差矩阵来抽取因子。

③ 输出：具体包括以下两项内容。

◎ 未旋转的因子解：未旋转因子解决方案，即显示未转轴时因子负荷量、特征值及共同度。

◎ 碎石图：显示一条根据每个因子的特征值绘出的曲线。

④ 抽取：具体包括以下两项内容。

◎ 基于特征值：表示基于特征值的大小抽取因子个数。"特征值大于"默认值为 1，表示因子抽取时，只抽取特征值大于 1 的因子。

◎ 因子的固定数量：表示自定义抽取因子的个数。在"要提取的因子"文本框内填写自定义的因子个数。

⑤ 最大收敛性迭代次数：执行因子分析的最大迭代次数，默认值为 25。

（4）单击"旋转"按钮，弹出"因子分析：旋转"对话框，如图 9-75 所示，对话框中的命令主要用于设置因子分析的转轴。因子分析的假设是提取的所有因子两两正交，也就是说所有因子之间彼此不相关，但实际上提取的因子可能存在相关性。正交转轴状态下，所有的因子间彼此没有相关；但斜交转轴情况下，因子之间存在一定的相关性。

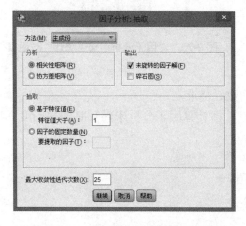

图 9-74 "因子分析：抽取"对话框

图 9-75 "因子分析：旋转"对话框

① 方法：具体包括以下几项内容。

◎ 无：不需要转轴。

◎ 最大方差法：属正交转轴法之一。

◎ 最大四次方值法：属正交转轴法之一。

◎ 最大平衡值法：属正交转轴法之一。

◎ 直接 Oblimin 方法：直接斜交转轴法，属斜交转轴法之一。

◎ Promax：Promax 转轴法，属斜交转轴法之一。

② 输出：具体包括以下两项内容。

◎ 旋转解：转轴后的因子解决方法，即显示转轴后的相关结果。其中，正交转轴显示因子组型矩阵及因子转换矩阵；斜交转轴显示因子组型矩阵、因子结构矩阵和因子相关矩阵。

◎ 载荷图：绘出因子负荷量的图形。

③ 最大收敛性迭代次数：执行转轴后的因子分析的最大迭代次数，默认值为 25。

（5）单击"得分"按钮，弹出"因子分析：因子得分"对话框，如图 9-76 所示。对话框中的命令主要用于设置因子分数。

① 保存为变量：将因子分数存储成变量，默认的新变量名称为 fact_1、fact_2、fact_3 等。

② 方法：计算因子分数的方法，包括回归、Bartlett、Anderson-Rubin。

③ 显示因子得分系数矩阵：输出因子分数的系数矩阵表格。

(6) 单击"选项"按钮，弹出"因子分析：选项"对话框，如图 9-77 所示，对话框中的命令主要是对因子分析的选项进行设置。

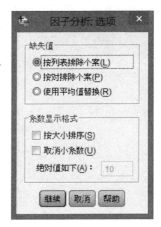

图 9-76　"因子分析：因子得分"对话框　　　图 9-77　"因子分析：选项"对话框

① 缺失值：选择缺失值的处理方法。

② 系数显示格式：设置因子负荷量的显示格式。

◎ 按大小排序：依据因子负荷量的大小排序。

◎ 取消小系数：不显示因子负荷量小的因子，在"绝对值如下"文本框中输入数值，因子负荷量小于这一数值者不被显示，默认值为 0.1。

3. 解释其结果

(1) 检验因子分析的假设，即检测 MSA 值(即 KMO 值)以及 Bartlett 球形检验结果是否显著，如表 9-46 所示。

表 9-46　球形检验结果

KMO and Bartlett's Test

Kaiser-Meyer-Olkin Measure of Sampling Adequacy.		.693
Bartlett's Test of Sphericity	Approx. Chi-Square	932400.695
	Df	105
	Sig.	.000

表 9-46 中，KMO 值为 0.693，大于 0.5；同时，Bartlett 球形检验结果 sig<0.05，达到显著水平，适合进行因子分析。

(2) 查看共同度结果，如表 9-47 所示。

共同度是指某个变量被所有共同因子解释的变异百分比，具体的值为变量与共同因子间多元相关的平方。共同度的数值介于 0～1 之间，体现的是某个原始变量与共同因子间的相关性。值越大，说明原始变量被共同因子解释的程度越大。一般来说，共同度应该要大于 0.5。表 9-47 说明所有变量的共同度较好。

表 9-47 共同度结果

Communalities

	Initial	Extraction
X1	1.000	.950
X2	1.000	.936
X3	1.000	.756
X4	1.000	.981
X5	1.000	.982
X6	1.000	.985
X7	1.000	.984
X8	1.000	.894
X9	1.000	.975
X10	1.000	.974
X11	1.000	.971
X12	1.000	.975
X13	1.000	.941
X14	1.000	.971
X15	1.000	.986

Extraction Method: Principal
Component Analysis.

(3) 确定因子个数及相应的特征根值，如表 9-48 所示。

表 9-48 因子个数及特征根值

Total Variance Explained

Component	Initial Eigenvalues			Extraction Sums of Squared Loadings		
	Total	% of Variance	Cumulative %	Total	% of Variance	Cumulative %
1	12.278	81.855	81.855	12.278	81.855	81.855
2	1.984	13.223	95.078	1.984	13.223	95.078
3	.345	2.303	97.381			
4	.169	1.129	98.510			
5	.092	.611	99.121			
6	.050	.331	99.452			
7	.030	.202	99.654			
8	.018	.122	99.775			
9	.014	.093	99.868			
10	.009	.063	99.931			
11	.004	.030	99.960			
12	.004	.025	99.986			
13	.001	.010	99.996			
14	.001	.004	100.000			
15	2.782E-5	.000	100.000			

Extraction Method: Principal Component Analysis.

　　从表中看出，经过因子分析，一共计算出 15 个因子，但是只有前两个因子的特征值大于 1，说明最终共提取了两个共同因子。由表中可以看到，第一个因子的特征值为 12.278，解释了所有变量的 81.855%；第二个因子的特征值为 1.984，解释了所有变量的 13.223%。

提取的这两个因子累计解释了所有变量的 95.078%。

(4) 检查变量在不同因子上的载荷，如表 9-49 所示。

从表 9-49 可以看到每一个变量分别在两个因子上的载荷。载荷值的绝对值越大，说明某个因子对这一变量的解释率越高。此外，只有 X3 在第二个因子上的载荷绝对值大于第一个因子，说明只有 X3 属于第二个因子，而其余变量都属于第一个因子。

表 9-49　因子载荷结果

Component Matrix^a

	Component	
	1	2
X1	.830	.511
X2	.882	.398
X3	-.553	.671
X4	.983	.122
X5	.918	.373
X6	.965	.231
X7	.984	.124
X8	.808	-.490
X9	-.969	.192
X10	.877	.452
X11	.973	-.153
X12	.986	.059
X13	.941	-.235
X14	.870	-.463
X15	-.935	.335

Extraction Method: Principal
Component Analysis.
a. 2 components extracted.

通常情况，变量在因子上的载荷的绝对值大于 0.4，说明变量能够很好地被这一因子解释。表中的 X2、X4、X5、X6、X7、X9、X11、X12、X13、X15 在第一个因子上的载荷的绝对值都大于 0.4，在第二个因子上的载荷的绝对值都小于 0.4，说明这些变量属于第一个因子。而其余几个变量在两个因子上的载荷的绝对值都大于 0.4，说明这些变量对两个因子都有一定程度的贡献。从严格意义上讲，需要重新检查这几个变量的题目是否存在歧义，方法是删除部分不适合的变量，或者转轴后重新进行因子分析。

小　　结

SPSS 是一款广泛使用的统计软件，可用于数据挖掘和统计分析。本章主要围绕 SPSS 数据挖掘的统计分析方法展开，具体讲解了在 SPSS 中执行基本描述统计(包括频数分析、描述分析、探索分析等)、T 检验(包括单样本 T 检验、独立样本 T 检验等)、方差分析(包括单因素方差分析、多因素方差分析等)、多元回归分析(包括多元线性回归分析的应用、Logistic 回归的应用)、聚类分析(包括两步聚类分析、K-平均值聚类分析等)、相关分析(包括线性相关分析、偏相关分析)、因子分析等统计分析方法的具体实施方法。学习本章后，读者可以知道：对于假设检验，SPSS 提供了 T 检验和方差分析等方法，用于比较不同组别或条件下的均值差异，以及探究因素对结果的影响；多元回归分析是用于探讨多个自变量对因变量的影响，包括多元线性回归和 Logistic 回归等；聚类分析可以帮助将相似的样本或对象分组成群集；相关分析可以用于评估变量之间的相关性；因子分析是一种降维技术，用于简化数据并揭示潜在的因素结构。

思 考 题

1. 在 SPSS 中如何进行频数分析？

2. 简述描述分析的执行步骤。

3. 简述探索分析和交叉表分析的步骤。

4. 什么是 T 检验？

5. 方差分析的使用条件有哪些？

6. 为研究不同地区、不同商业银行对不良贷款率的影响情况，收集到了 30 个银行的数据，见本章数据"不良贷款率.sav"，请回答以下问题。

(1) 不同地区对不良贷款率是否产生显著影响？

(2) 不同商业银行对不良贷款率是否产生显著影响？

(3) 不同地区与不同商业银行对不良贷款率是否存在显著的交互效应？

(4) 若存在交互效应，则分析地区和商业银行对不良贷款率的简单效应。

参 考 文 献

[1] 王振武. 数据挖掘算法原理与实现[M]. 2 版. 北京：清华大学出版社，2017.

[2] 吴思远，邹洋，黄梅根，等. 数据挖掘实践教程[M]. 北京：清华大学出版社，2017.

[3] 李爱国，库向阳. 数据挖掘原理、算法及应用[M]. 西安：西安电子科技大学出版社，2012.

[4] 王仁武. Python 与数据科学[M]. 上海：华东师范大学出版社，2016.

[5] 吴振宇，李春忠，李建锋. Python 数据处理与挖掘[M]. 北京：人民邮电出版社，2020.

[6] 邵峰晶，于忠清，王金龙，等. 数据挖掘原理与算法[M]. 北京：科学出版社，2009.

[7] 丁兆云，周鋆，杜振国. 数据挖掘：原理与应用[M]. 北京：机械工业出版社，2021.

[8] 陈胜可. SPSS 统计分析从入门到精通(第三版)[M]. 北京：清华大学出版社，2015.

[9] 李志辉. SPSS 常用统计分析教程(SPSS 22.0 中英文版)[M]. 4 版. 北京：电子工业出版社，2015.

[10] 谢龙汉. SPSS 统计分析与数据挖掘[M]. 北京：电子工业出版社，2014.